21世纪高等学校计算机
应用技术系列教材

C语言程序设计

微课视频版

◎ 郑晓健 布瑞琴 主 编
　周　波 高世健 副主编

清华大学出版社
北京

内 容 简 介

本书以应用型大学工科学生的教学需求为背景,结合教育部课程培养目标,采用CDIO的思想和教学模式编写,系统地讲述了C语言程序设计知识和实用技术。全书内容包括3部分和4个附录。第1部分基础篇包括第1~4章,介绍C语言概述、C语言的运算符和表达式、选择结构、循环结构;第2部分提升篇包括第5~7章,介绍数组、函数、自定义数据类型;第3部分深入篇包括第8、9章,介绍指针、文件的程序设计知识。附录A~D分别介绍Visual C++ 6.0开发环境、ASCII码表、C语言中的关键字、C语言标准库函数。

本书内容通俗易懂、由浅入深、概念清晰、注重实用、强调基础,兼顾了编程者对中级编程技术的学习要求,提供丰富的编程实例、综合设计案例、实训实验和习题及参考答案,便于读者进行大量的实际应用训练。本书既可作为全国高等学校计算机及相关专业、其他各类工科专业的本科教材,也可作为C语言程序设计爱好者的学习用书,还可作为备考全国计算机等级考试的参考书。

本书封面贴有清华大学出版社防伪标签,无标签者不得销售。
版权所有,侵权必究。举报: 010-62782989,beiqinquan@tup.tsinghua.edu.cn。

图书在版编目(CIP)数据

C语言程序设计: 微课视频版/郑晓健,布瑞琴主编. —北京: 清华大学出版社,2022.9(2023.9重印)
21世纪高等学校计算机应用技术系列教材
ISBN 978-7-302-61319-0

Ⅰ.①C… Ⅱ.①郑… ②布… Ⅲ.①C语言-程序设计-高等学校-教材 Ⅳ.①TP312.8

中国版本图书馆CIP数据核字(2022)第122639号

责任编辑: 陈景辉
封面设计: 刘　键
责任校对: 郝美丽
责任印制: 曹婉颖

出版发行: 清华大学出版社
网　　址: http://www.tup.com.cn, http://www.wqbook.com
地　　址: 北京清华大学学研大厦A座　　　　邮　编: 100084
社 总 机: 010-83470000　　　　邮　购: 010-62786544
投稿与读者服务: 010-62776969, c-service@tup.tsinghua.edu.cn
质量反馈: 010-62772015, zhiliang@tup.tsinghua.edu.cn
课件下载: http://www.tup.com.cn, 010-83470236
印 装 者: 三河市东方印刷有限公司
经　　销: 全国新华书店
开　　本: 185mm×260mm　　印　张: 19.75　　字　数: 484千字
版　　次: 2022年9月第1版　　印　次: 2023年9月第4次印刷
印　　数: 5201~6700
定　　价: 59.90元

产品编号: 095701-01

前 言

C语言是全国高等学校计算机及相关专业必修的专业基础课之一,是培养学生算法思维能力、动手能力的主要课程,也是面向对象程序设计、数据结构等后续课程的先导课。本书作者根据应用型高校的培养目标、教学内容、学时要求和学生的特点,结合多年的C语言程序设计课程教学经验和企业级软件项目开发经验,精心编写了本书,旨在培养具有扎实的理论基础和掌握丰富的实用技术的创新人才。为了突出教学内容的丰富性与实战性,本书还配有相应的学习指导教材。

本书主要内容

全书内容包括3部分和4个附录。

第1部分基础篇包括第1~4章。第1章C语言概述,包括C语言的产生与发展,C语言的特点,一个简单的C语言程序,C语言程序的格式,标识符、变量与常量,数据类型。第2章C语言的运算符和表达式,包括算术运算符,位运算符,赋值运算符及表达式,自增自减运算符,其他运算符,运算符的分类与优先级,不同类型数据之间的转换。第3章选择结构,介绍关系运算符和逻辑运算符,三种条件语句,switch语句。第4章循环结构,包括三种循环语句、循环嵌套、break和continue语句。

第2部分提升篇包括第5~7章。第5章数组,介绍一维数组、二维数组和字符数组。第6章函数,包括函数的定义、调用和声明,函数的参数传递,函数的嵌套调用和递归调用,变量的作用域,变量的存储类型,编译预处理。第7章自定义数据类型,介绍枚举类型、结构体类型、共用体类型。

第3部分深入篇包括第8、9章。第8章指针,包括指针的概念、定义和运算,数组与指针,用指针操作字符串,指针与函数,指针数组和指向指针的指针。第9章文件,介绍文件的概念、文件的打开和关闭、文件的读/写操作、文件的定位操作和出错检测。

附录A~D,分别介绍了Visual C++ 6.0开发环境、ASCII码表、C语言中的关键字、C语言标准库函数。

本书特色

(1) 问题导向,夯实基础。本书采用CDIO的思想和教学模式,对基础知识点、基本编程技术和算法进行详解和演练。

(2) 视频教学,案例丰富。本书配有丰富的微课视频、编程实例、综合设计案例、实训实验和习题,将所有知识点融入实战之中。

(3) 匠心设计,逻辑严谨。代码规范,可读性好,编程风格良好;算法较严谨,鲁棒性好,帮助学生养成良好习惯。

(4) 浅入深出,通俗易懂。语言简明易懂,便于读者学习和阅读;程序实例功能完备,处理过程严谨,应用价值高。

教学特色

在教学内容上,遵循培养学生应用能力的基本规律,采用 CDIO 模式的思想构建教学体系和内容,将 C 语言程序设计、软件工程基础和数据结构的基本知识融入教学之中。教学的基本模式为:

- CDIO 案例及示范
- 知识点的描述和详细说明
- 课堂实例与实战案例的讲解和演练
- 知识点总结、避坑指南
- 综合设计案例

学习思路

领会 C 语言程序设计的基本原理及程序设计的基本思想→研究实际应用问题→研究处理问题的算法→学习 C 语言的语法、程序设计技术和方法→实操大量的编程实践案例。

配套资源

为便于教与学,本书配有微课视频(920 分钟)、源代码、教学课件、教学大纲、教案、教学进度表、习题参考答案、期末考试试卷及参考答案。

(1) 获取微课视频方式:读者可以先刮开并扫描本书封底的文泉云盘防盗码,再扫描书中相应的视频二维码,观看教学视频。

(2) 获取源代码的方式:先刮开并扫描本书封底的文泉云盘防盗码,再扫描下方二维码,即可获取。

源代码

(3) 其他配套资源可以扫描本书封底的"书圈"二维码,关注后回复本书的书号,即可下载。

读者对象

本书既可作为高等学校计算机及相关专业、各类工科专业的本科生教材,也可作为 C 语言程序设计爱好者的学习用书,还可作为备考全国计算机等级考试的参考书。

本书由郑晓健、布瑞琴任主编,由周波、高世健任副主编。全书由郑晓健负责统稿与审定,其中第 3、第 5、第 6、第 9 章由郑晓健编写,第 1、第 2 章由布瑞琴编写,第 4 章由周波编写,第 7、第 8 章由高世健编写。附录 A 由冯瑶编写,附录 B~D 由郑晓健编写。

限于作者技术水平,书中难免还存在疏漏之处,欢迎广大读者批评指正。

作 者

2022 年 5 月

第1部分 基 础 篇

第1章 C语言概述 ... 3

1.1 C语言的产生与发展 ... 3
    1.1.1 程序设计语言简述 ... 3
    1.1.2 C语言的历史 ... 4
1.2 C语言的特点 ... 5
1.3 一个简单的C语言程序 ... 5
1.4 C语言程序的格式 ... 9
1.5 标识符、变量与常量 ... 10
    1.5.1 标识符 ... 10
    1.5.2 变量 ... 10
    1.5.3 常量 ... 11
1.6 数据类型 ... 11
    1.6.1 整型、实型和字符型 ... 12
    1.6.2 C语言程序语句 ... 16
    1.6.3 格式输出/输入函数 ... 17
    1.6.4 实战演练 ... 21
1.7 小结 ... 21
习题1 ... 21
本章实验实训 ... 25

第2章 C语言的运算符和表达式 ... 26

2.1 计算 a/b 和 $a\%b$ 的值 ... 26
    2.1.1 分析与设计 ... 26
    2.1.2 运算符与表达式 ... 27
2.2 算术运算符 ... 27
    2.2.1 算术表达式 ... 27
    2.2.2 数据类型与运算结果的关系 ... 28
    2.2.3 实战演练 ... 28
2.3 位运算符 ... 29
    2.3.1 按位与运算 ... 29

2.3.2 按位或运算 ································· 30
　　2.3.3 按位异或运算 ······························· 30
　　2.3.4 按位取反运算 ······························· 31
　　2.3.5 左移运算 ··································· 31
　　2.3.6 右移运算 ··································· 31
　　2.3.7 实战演练 ··································· 31
2.4 赋值运算符及表达式 ································ 32
　　2.4.1 赋值运算符 ································· 32
　　2.4.2 赋值表达式 ································· 32
　　2.4.3 复合的赋值运算符 ··························· 32
2.5 自增自减运算符 ···································· 33
　　2.5.1 自增运算实例 ······························· 34
　　2.5.2 实战演练 ··································· 34
2.6 其他运算符 ······································· 35
　　2.6.1 逗号运算符 ································· 35
　　2.6.2 求字节数运算符 ····························· 35
2.7 C语言运算符的分类与优先级 ······················· 35
　　2.7.1 运算符的分类 ······························· 36
　　2.7.2 运算符的优先级 ····························· 36
2.8 不同类型数据之间的转换 ··························· 37
　　2.8.1 自动类型转换 ······························· 37
　　2.8.2 强制类型转换 ······························· 38
2.9 综合设计 ··· 38
2.10 小结 ·· 39
习题2 ·· 39
本章实验实训 ·· 43

第3章 选择结构 ······································· 45

3.1 工程师岗位面试(关系运算符和逻辑运算符) ········· 45
　　3.1.1 分析与设计 ································· 45
　　3.1.2 关系运算符和关系表达式 ····················· 46
　　3.1.3 逻辑运算符和逻辑表达式 ····················· 47
　　3.1.4 条件运算符和条件表达式 ····················· 48
3.2 判断身材是否标准(if语句) ························ 49
　　3.2.1 分析与设计 ································· 50
　　3.2.2 if语句 ···································· 50
　　3.2.3 if语句的嵌套 ······························ 56
　　3.2.4 实战演练 ··································· 58
3.3 顾客点餐(switch语句) ···························· 59

  3.3.1 分析与设计 ·· 59
  3.3.2 switch 语句 ·· 61
  3.3.3 使用 switch 语句的注意事项 ··· 63
  3.3.4 多路选择结构的比较 ··· 63
  3.3.5 实战演练 ·· 63
  3.3.6 综合设计(简单界面设计) ·· 64
 3.4 小结 ·· 65
习题 3 ··· 66
本章实验实训 ·· 72

第 4 章 循环结构 ·· 73

 4.1 输出 100 个数(for 语句) ··· 73
  4.1.1 分析与设计 ·· 73
  4.1.2 for 循环语句 ··· 74
  4.1.3 for 语句的几点说明 ·· 76
  4.1.4 实例分析与设计 ··· 77
  4.1.5 实战演练 ·· 80
 4.2 统计英语成绩(while 语句) ·· 81
  4.2.1 分析与设计 ·· 82
  4.2.2 while 循环语句 ··· 83
  4.2.3 实例分析与设计 ··· 83
  4.2.4 实战演练 ·· 84
 4.3 整数逆序输出(do-while 语句) ··· 85
  4.3.1 分析与设计 ·· 85
  4.3.2 do-while 循环语句 ··· 86
  4.3.3 实例分析与设计 ··· 86
  4.3.4 用 while 语句和用 do-while 语句的比较 ································· 87
  4.3.5 实战演练 ·· 88
 4.4 打印矩形(循环嵌套) ·· 89
  4.4.1 分析与设计 ·· 89
  4.4.2 循环嵌套 ·· 91
  4.4.3 死循环 ··· 92
  4.4.4 实战演练 ·· 93
 4.5 找最小数(break 和 continue 语句) ··· 94
  4.5.1 分析与设计 ·· 94
  4.5.2 break 语句 ··· 94
  4.5.3 continue 语句 ··· 95
  4.5.4 用 for 和 while 循环实现 do-while 循环功能 ························· 96
  4.5.5 实战演练 ·· 97

    4.5.6 综合设计 ·············· 97
 4.6 小结 ·············· 98
习题 4 ·············· 99
本章实验实训 ·············· 107

第 2 部分　提　升　篇

第 5 章　数组 ·············· 111

 5.1 厨师选鱼(一维数组) ·············· 111
    5.1.1 分析与设计 ·············· 111
    5.1.2 一维数组 ·············· 112
    5.1.3 实战演练 ·············· 119
 5.2 果园里的竞赛(二维数组) ·············· 120
    5.2.1 分析与设计 ·············· 121
    5.2.2 二维数组 ·············· 122
    5.2.3 实战演练 ·············· 127
 5.3 古诗词填空(字符数组) ·············· 128
    5.3.1 分析与设计 ·············· 128
    5.3.2 字符数组 ·············· 129
    5.3.3 字符串处理函数 ·············· 133
    5.3.4 实战演练 ·············· 137
 5.4 综合设计 ·············· 138
    5.4.1 解决数据的存储问题 ·············· 139
    5.4.2 找出摘桃子最多的选手 ·············· 140
    5.4.3 计算选手的总成绩 ·············· 141
 5.5 小结 ·············· 143
习题 5 ·············· 143
本章实验实训 ·············· 148

第 6 章　函数 ·············· 150

 6.1 阶乘之和(函数的定义、调用和声明) ·············· 150
    6.1.1 分析与设计 ·············· 150
    6.1.2 函数的定义和调用 ·············· 152
    6.1.3 函数原型、函数的声明与函数的调用 ·············· 154
    6.1.4 实战演练 ·············· 157
 6.2 成绩统计(函数的参数传递) ·············· 158
    6.2.1 分析与设计 ·············· 158
    6.2.2 函数的参数传递 ·············· 160
    6.2.3 实战演练 ·············· 164

6.3 计算三角形面积(嵌套调用和递归调用) ……………………………………… 164
　　6.3.1 分析与设计 ………………………………………………………… 165
　　6.3.2 嵌套调用 …………………………………………………………… 166
　　6.3.3 递归调用 …………………………………………………………… 167
　　6.3.4 实战演练 …………………………………………………………… 168
6.4 迎接第 15 亿个婴儿(变量的作用域) ………………………………………… 169
　　6.4.1 分析与设计 ………………………………………………………… 169
　　6.4.2 局部变量和全局变量 ……………………………………………… 170
　　6.4.3 实战演练 …………………………………………………………… 173
6.5 构造整数(变量的存储类型) ………………………………………………… 173
　　6.5.1 分析与设计 ………………………………………………………… 173
　　6.5.2 局部变量的存储类型 ……………………………………………… 175
　　6.5.3 全局变量的存储类型 ……………………………………………… 177
　　6.5.4 实战演练 …………………………………………………………… 180
6.6 快速计算(编译预处理) ……………………………………………………… 180
　　6.6.1 分析与设计 ………………………………………………………… 181
　　6.6.2 宏定义命令 ………………………………………………………… 182
　　6.6.3 文件包含 …………………………………………………………… 183
　　6.6.4 实战演练 …………………………………………………………… 183
6.7 综合设计(诗词十二宫格游戏) ……………………………………………… 184
　　6.7.1 分析与设计 ………………………………………………………… 184
　　6.7.2 完整的源程序代码 ………………………………………………… 184
6.8 小结 …………………………………………………………………………… 186
习题 6 ……………………………………………………………………………… 187
本章实验实训 ……………………………………………………………………… 192

第 7 章　自定义数据类型 …………………………………………………………… 193

7.1 今天是星期几(枚举类型) …………………………………………………… 193
　　7.1.1 分析与设计 ………………………………………………………… 193
　　7.1.2 枚举类型的定义与引用 …………………………………………… 194
7.2 模拟显示数字时钟(结构体类型) …………………………………………… 195
　　7.2.1 分析与设计 ………………………………………………………… 195
　　7.2.2 结构体类型的定义与引用 ………………………………………… 196
　　7.2.3 结构体数组及其使用 ……………………………………………… 199
　　7.2.4 结构体变量做参数 ………………………………………………… 200
7.3 学生成绩表的制作(共用体类型) …………………………………………… 200
　　7.3.1 分析与设计 ………………………………………………………… 201
　　7.3.2 共用体类型的定义与引用 ………………………………………… 202
7.4 实战演练 ……………………………………………………………………… 202

7.5 综合设计 ··· 205
    7.5.1 分析与设计 ·· 205
    7.5.2 完整的源程序代码 ··· 207
7.6 小结 ··· 210
习题 7 ··· 212
本章实验实训 ··· 215

第 3 部分 深 入 篇

第 8 章 指针 ··· 219

8.1 用函数实现变量值的交换 ··· 219
    8.1.1 分析与设计 ·· 219
    8.1.2 指针的定义及运算 ··· 221
8.2 数组与指针 ··· 223
    8.2.1 指向一维数组的指针 ··· 223
    8.2.2 指针指向数组时的运算 ·· 224
    8.2.3 指向二维数组的指针 ··· 225
8.3 用指针操作字符串 ··· 225
    8.3.1 分析与设计 ·· 225
    8.3.2 使用字符数组与字符指针变量的区别 ·· 227
8.4 指针与函数 ··· 229
    8.4.1 用指向函数的指针实现函数调用 ·· 229
    8.4.2 返回指针值的函数 ··· 231
8.5 指针数组和指向指针的指针 ·· 231
    8.5.1 指针数组的概念 ·· 231
    8.5.2 指向指针的指针 ·· 233
    8.5.3 指针数组作为 main() 函数的参数 ·· 234
8.6 实战演练——验证卡布列克运算 ·· 235
8.7 综合设计——用指针实现数据的动态管理 ··· 237
    8.7.1 分析与设计 ·· 237
    8.7.2 程序 ·· 238
    8.7.3 动态数据管理在插入、删除操作中的优点 ································· 242
8.8 小结 ··· 242
习题 8 ··· 244
本章实验实训 ··· 247

第 9 章 文件 ··· 250

9.1 学生数据文件的创建与读取 ·· 250
    9.1.1 分析与设计 ·· 250

  9.1.2 文件操作入门 ……………………………………………………………… 252
 9.2 文件的概念 …………………………………………………………………………… 253
  9.2.1 文件的定义 ………………………………………………………………… 253
  9.2.2 文件的分类 ………………………………………………………………… 253
  9.2.3 文件缓存区 ………………………………………………………………… 254
  9.2.4 文件类型与文件指针 ……………………………………………………… 255
  9.2.5 文件的操作过程 …………………………………………………………… 255
 9.3 文件的打开和关闭 …………………………………………………………………… 256
  9.3.1 文件的打开 ………………………………………………………………… 256
  9.3.2 文件的关闭 ………………………………………………………………… 257
 9.4 文件的读/写操作 ……………………………………………………………………… 258
  9.4.1 字符读/写函数 fgetc()和 fputc() …………………………………… 258
  9.4.2 字符串读/写函数 fgets()和 fputs() ………………………………… 260
  9.4.3 格式化读/写函数 fscanf()和 fprintf() ……………………………… 262
  9.4.4 数据块读/写函数 fread()和 fwrite() ………………………………… 264
 9.5 文件的定位操作 ……………………………………………………………………… 265
 9.6 文件的出错检测 ……………………………………………………………………… 268
 9.7 实战演练 ……………………………………………………………………………… 271
 9.8 综合设计 ……………………………………………………………………………… 273
  9.8.1 分析与设计 ………………………………………………………………… 273
  9.8.2 完整的源程序代码 ………………………………………………………… 274
 9.9 小结 …………………………………………………………………………………… 277
 习题 9 …………………………………………………………………………………………… 278
 本章实验实训 …………………………………………………………………………………… 282

附录 A Visual C++ 6.0 开发环境 …………………………………………………………… 283

 A.1 开发环境概述 ………………………………………………………………………… 283
 A.2 菜单栏简介 …………………………………………………………………………… 285
 A.3 开发环境的工具栏 …………………………………………………………………… 287
 A.4 VC++ 6.0 的主要窗口 ……………………………………………………………… 289
 A.5 新建、编辑、编译、连接、运行一个 C 语言程序 ………………………………… 290
 A.6 常见问题处理 ………………………………………………………………………… 292

附录 B ASCII 码表 ……………………………………………………………………………… 294

附录 C C 语言中的关键字 …………………………………………………………………… 296

附录 D C 语言标准库函数 ………………………………………………………………… 297

参考文献 ………………………………………………………………………………………… 304

第 1 部分　基　础　篇

第1章　C语言概述

第2章　C语言的运算符和表达式

第3章　选择结构

第4章　循环结构

第1章 C语言概述

自从计算机诞生以来,用计算机完成的每件工作都必须用计算机语言编写程序,将"程序"输入计算机内存后,计算机才能按程序要求完成任务。也就是说,如果想要学习程序设计,那么就必须学习计算机语言。随着计算技术的发展和应用的不断发展,先后产生了机器语言、汇编语言、高级语言、面向对象的高级语言等计算机语言。

我们应了解为什么要选择C语言,以及它有哪些特性。只有了解了C语言的历史和特性,才会更深刻地理解这门语言,并且增加今后学习C语言的信心。C语言是目前广泛使用的一种程序设计语言,既可用来编写系统软件,也可用来编写应用软件。由于C语言具有所有高级语言都支持的数据类型、控制结构等,还可以对位、字节和地址这些计算机功能中的基本成分进行操作。随着计算机科学的不断发展,C语言的学习环境也在不断变化,刚开始学习C语言时大多数人会选择一些相对简单的编译器,如Turbo C 2.0,现在更多的人选择了由Microsoft公司推出的Visual C++ 6.0编译器。Visual C++ 6.0开发环境的介绍见附录A。

1.1　C语言的产生与发展

视频讲解

1.1.1　程序设计语言简述

在介绍C语言的发展历程之前,要先对程序语言有大概的了解。计算机语言是什么?计算机语言是人与计算机交流的"桥梁"。学习计算机语言能对计算机的原理及功能有深入的了解。

1. 机器语言

机器语言是低级语言,也称为二进制代码语言。计算机使用的是由0和1组成的二进制数组成的一串指令来表达计算机操作的语言。机器语言的特点是计算机可以直接识别,不需要进行任何的翻译。

2. 汇编语言

汇编语言是面向机器的程序设计语言。为了减轻程序员使用机器语言编程的困难,用英文字母或符号串来代替机器语言的二进制码,这样就把不易理解和使用的机器语言变成了汇编语言,使得使用汇编语言比使用机器语言更便于用户阅读和理解程序。

3. 高级语言

由于汇编语言依赖于硬件体系,并且该语言中的助记符号数量比较多,所以其运用起来仍然不够方便。为了使程序语言能更贴近人类的自然语言,同时又不依赖于计算机硬件,于是产生了高级语言。这种语言的语法形式类似于英文,并且因为远离对硬件的直接操作而易于被普通人所理解与使用,其中影响较大、使用普遍的高级语言有 Fortran、ALGOL、Basic、COBOL、LISP、Pascal、PROLOG、C、C++、C♯、Java 等。

1.1.2　C 语言的历史

从程序语言的发展过程可以看到,以前的操作系统等系统软件主要是用汇编语言编写的。但由于汇编语言依赖于计算机硬件,程序的可读性和可移植性不高,为了提高可读性和可移植性,人们开始寻找一种语言,这种语言应该既具有高级语言的特性,又不失低级语言的优点,于是 C 语言诞生了。

C 语言是在由 UNIX 的研制者丹尼斯·里奇(Dennis Ritchie)和肯·汤普逊(Ken Thompson)于 1970 年研制出的 BCPL 语言(简称为 B 语言)的基础上发展和完善起来的。20 世纪 70 年代初期,AT&T Bell 实验室的程序员丹尼斯·里奇(见图 1.1)第一次把 B 语言改写为 C 语言。

图 1.1　丹尼斯·里奇

最初,C 语言运行于 AT&T 的多用户、多任务的 UNIX 操作系统上,后来,丹尼斯·里奇用 C 语言改写了 UNIX C 的编译程序,UNIX 操作系统的开发者肯·汤普逊又用 C 语言成功地改写了 UNIX,从此开创了编程史上的新篇章,UNIX 成为第一个不是用汇编语言编写的主流操作系统。

1983 年,美国国家标准委员会(ANSI)对 C 语言进行了标准化,同年颁布了第一个 C 语言草案(83ANSI C),后来于 1987 年又颁布了另一个 C 语言标准草案(87ANSI C),C 语言标准 C99 于 1999 年颁布,并在 2000 年 3 月被 ANSI 采用。但是由于未得到主流编译器厂家的支持,C99 并未得到广泛使用。

尽管 C 语言是在大型商业机构和学术界的研究实验室研发的,但是当开发者们为第一台个人计算机提供 C 语言编译系统之后,C 语言就得以广泛传播,并为大多数程序员所接受。对 MS-DOS 操作系统来说,系统软件和实用程序都是用 C 语言编写的。Windows 操作系统大部分也是用 C 语言编写的。

C 语言是一种面向过程的语言,同时具有高级语言和汇编语言的优点。C 语言可以广泛应用于不同的操作系统,如 UNIX、MS-DOS、Microsoft Windows 及 Linux 等。

在 C 语言的基础上发展起来的有支持多种程序设计风格的 C++ 语言、网络上广泛使用的 Java、JavaScript,以及 Microsoft 公司的 C♯ 语言等。也就是说,学好 C 语言之后再学习其他语言,就会比较轻松。

1.2　C语言的特点

C语言是一种通用的程序设计语言，主要用来进行系统程序设计，具有以下特点。

1. 高效性

谈到高效性，不得不说C语言是"鱼与熊掌"兼得。从C语言的发展历史也可以看到，它继承了低级语言的优点，产生了高效的代码，并具有良好的可读性。一般情况下，C语言生成的目标代码的执行效率只比汇编程序低10%～20%。

2. 灵活性

C语言中的语法不拘一格，可在原有语法的基础上进行创造、复合，从而给程序员更多的想象和发挥空间。

3. 功能丰富

除了C语言中所具有的类型，程序员还可以使用丰富的运算符和自定义的结构类型来表达任何复杂的数据类型，完成所需要的功能。

4. 表达力强

C语言的特点体现在它的语法形式与人们所使用的语言形式相似，书写形式自由，结构规范，并且只需简单地控制语句即可轻松控制程序流程，完成烦琐的程序要求。

5. 移植性好

由于C语言具有良好的移植性，从而使得C语言程序在不同的操作系统下只需要简单地修改或者不用修改即可进行跨平台的程序开发操作。

正是由于C语言拥有上述优点，使得它在程序员选择语言时备受青睐。

1.3　一个简单的C语言程序

在进入C语言程序世界之前，大家不要对C语言产生恐惧感，觉得这种语言应该是学者或研究人员的专利。C语言是人类共有的财富，是普通人只要努力学习就可以掌握的知识。下面通过一个简单的程序来看一看C语言程序是什么样子。

例1-1　一个简单的C语言程序。

本程序实现的功能是显示一条信息"Hello,welcome to C world!"，通过这个程序可以初窥C语言程序样貌。虽然这个简单的小程序只有5行，但却充分说明了C语言程序从什么位置开始和在什么位置结束。

```
# include "stdio.h"
main()
```

```
{
    printf("Hello,welcome to C world!\n");              /*输出要显示的字符串*/
}
```

运行结果：

Hello,welcome to C world!

运行程序，显示效果如图1.2所示。

图1.2　一个简单的C语言程序

下面分析一下该程序。

1. #include 指令

```
#include "stdio.h"
```

这个语句的功能是进行有关的预处理操作。include被称为文件包含命令，后面双引号中的内容被称为头部文件或首文件。有关预处理的内容将会在后面的章节中进行详细讲解，读者在此只需对此概念有所了解即可。

2. 空行

C语言是一种较灵活的语言，因此格式并不是固定不变、拘于一格的。也就是说，空格、空行、跳格并不会影响程序。有的读者会问："为什么要有这些多余的空格和空行呢？"其实这就像在纸上写字一样，虽然拿来一张白纸就可以在上面写字，但是通常还会在纸的上面印上一行一行的方格或段落，隔开每一段文字，自然就更加美观和规范。合理、恰当地使用这些空格、空行可以使编写出来的程序更加规范，对日后的阅读和整理发挥着重要的作用。

3. main()函数的声明

```
main()
```

在函数中这一部分称为函数头部分。在每个程序中都会有一个main()函数，那么main()函数的作用是什么呢？main()函数就是一个程序的入口部分。也就是说，程序都是从main()函数头开始执行的，然后进入main()函数中，执行main()函数中的内容。

4. 函数体

```
{
    printf("Hello,welcome to C world! \n");             /*输出要显示的字符串*/
}
```

在上面介绍 main()函数时提到了一个名词——函数头。通过这个词可以进行一下联想：既然有函数头，那也应该有函数的身体吧？没错，一个函数分为两部分，一个是函数头，另一个是函数体。

程序代码中的两个大括号之间的部分构成了函数体，函数体也可以称为函数的语句块。

5. 执行语句

```
printf("Hello,welcome to C world!\n");              /*输出要显示的字符串*/
```

执行语句就是函数体中要执行的动作内容。这一行代码是这个简单的例子中最复杂的。该行代码虽然看似复杂，其实也不难理解，printf()函数是产生格式化输出的函数，可以简单地理解为向控制台输出文字或符号。括号中的内容称为函数的参数，在括号内可以看到输出的字符串"Hello,welcome to C world!"，还可以看到"\n"这样一个符号，称为转义字符。

6. 代码的注释

```
printf("Hello,welcome to C world! \n");             /*输出要显示的字符串*/
```

对代码的解释描述称为代码的注释。

其语法格式如下：

/*其中为注释内容*/

例 1-2 一个完整的 C 语言程序。

本实例要实现这样的功能：有一个长方体，它的高已经给出，然后输入这个长方体的长和宽，通过输入的长、宽以及给定的高度，计算出长方体的体积。

```c
#include<stdio.h>                        /*包含头文件*/
#define Height 10                        /*定义常量*/
void main()                              /*main()函数*/
{
    int longcf;                          /*定义整型变量,表示长度*/
    int width;                           /*定义整型变量,表示宽度*/
    int volume;                          /*定义整型变量,表示长方体的体积*/
    printf("长方体的高度为：%d\n",Height); /*显示提示*/
    printf("请输入长度\n");               /*显示提示*/
    scanf("%d",&longcf);                 /*输入长方体的长度*/
    printf("请输入宽度\n");               /*显示提示*/
    scanf("%d",&width);                  /*输入长方体的宽度*/
    volume = longcf * width * Height;    /*计算体积*/
    printf("长方体的体积是：");           /*显示提示*/
    printf("%d\n",volume);               /*输出体积大小*/
}
```

运行结果：

长方体的高度为：10
请输入长度

请输入宽度
40
长方体的体积是:14000

运行程序,显示效果如图1.3所示。

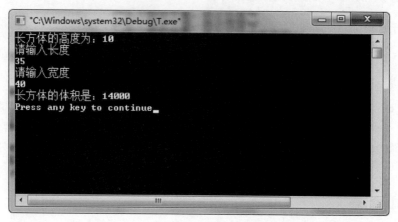

图1.3　完整的C语言程序

1. 定义常量

```
#define Height 10                        /*定义常量*/
```

这一行代码中使用#define 定义一个符号。#define 在这里的功能是设定这个符号为 Height,并且指定符号 Height 代表的值为10。这样在程序中只要是使用 Height 这个标识符的位置就代表使用的是10这个数值。

2. 定义变量

```
int longcf;                              /*定义整型变量,表示长度*/
int width;                               /*定义整型变量,表示宽度*/
int volume;                              /*定义整型变量,表示长方体的体积*/
```

这3行语句都是定义变量的语句。在 C 语言中要使用变量,必须在使用变量之前进行定义,之后编译器会根据变量的类型为变量分配内存空间。变量的作用就是存储数值,用变量进行计算。这就像在二元一次方程中,X 和 Y 就是变量,当为其赋值后,如 X 为5,Y 为10,这样 X+Y 的结果就等于15。

3. 输入语句

```
scanf("%d",&longcf);                     /*输入长方体的长度*/
```

在例1-1中曾经介绍过输出函数 printf(),那么既然有输出就一定会有输入。在 C 语言中,scanf()函数用来接收键盘输入的内容,并保存在相应的变量中。可以看到,在 scanf()函数的参数中,longcf 就是之前定义的整型变量,它的作用是存储输入的信息内容。其中的"&"符号是取地址运算符,其具体含义将会在本书的后续章节中进行介绍。

4．数学运算语句

```
volume = longcf * width * Height;            /*具体计算体积*/
```

这行代码的功能是将变量 longcf 乘以 width 再乘以 Height，得到的结果保存在 volume 变量中。其中的"*"号代表乘法运算符。

以上已经将该程序中的要点知识全部提取出来，对于 C 语言程序相信读者已经有了一定的了解，下面将该程序的执行过程进行一下总结。

(1) 包含程序所需要的头文件。
(2) 定义一个常量 Height，其代表 10。
(3) 进入 main() 函数，程序开始执行。
(4) 在 main() 函数中首先定义 3 个整型变量，分别代表长方体的长度、宽度和体积。
(5) 显示提示文字，然后根据显示的文字输入有关的数据。
(6) 当将长方体的长度和宽度都输入之后计算长方体的体积。
(7) 通过输出语句将长方体的体积显示出来。
(8) 程序结束。

1.4 C 语言程序的格式

通过上面实例的介绍读者可以看出 C 语言的编写有一定的格式特点。

1．main() 函数

一个 C 语言程序都是从 main() 函数开始执行的，main() 函数不论放在什么位置都没有关系。C 语言程序整体是由函数构成的。

在程序中 main() 函数就是主函数，当然在程序中是可以定义其他函数的。在这些定义的函数中进行特殊的操作，使得函数完成特定的功能。虽然将所有的执行代码全部放入 main() 函数也是可行的，但是如果将其分成一块一块，每一块使用一个函数进行表示，那么整个程序看起来就具有结构性，并且易于观察和修改。

2．函数体的内容在"{}"中

每个函数都要执行特定的功能，那么如何才能看出一个函数的具体操作范围呢？答案就是寻找"{"和"}"这两个大括号。C 语言使用一对大括号来表示程序的结构层次，需要注意的是左右大括号要对应使用。

3．每个执行语句都以";"结尾

读者注意观察前面的两个实例就会发现，在每个执行语句后面都有一个";"(分号)作为语句结束的标志。

4．英文字符大小通用

在程序中可以使用英文的大写字母，也可以使用英文的小写字母。一般情况下使用小写字母多一些,因为小写字母易于观察。在定义常量时经常使用大写字母,在定义函数时有时也会将第一个字母大写。

5. 空格、空行的使用

前面讲解空行时已经对其进行阐述,其作用就是增加程序的可读性,使得程序代码的位置安排合理、美观。

执行语句在函数中缩进,使函数体内代码开头与函数头的代码不在一列,那么就会有层次感。例如:

```
int Add(int Num1, int Num2)             /* 定义计算加法函数 */
{
    int result = Num1 + Num2;           /* 将两个数相加的结果保存在 result 中 */
    return result;                      /* 将计算的结果返回 */
}
```

1.5 标识符、变量与常量

1.5.1 标识符

在 C 语言中有许多需要由程序员命名的对象,如变量名、符号常量名、函数名、数组名、文件名等,这些对象统称为标识符。

C 语言的标识符规定如下所述。

(1) 只能由英文字母、下画线、数字组成,且只能用字母和下画线开头。由于系统定义的变量大多以下画线开头,用户自定义标识符时要尽量避免采用此种形式,以免冲突。

(2) 变量名区分大小写,a 和 A、p 和 P 是不同的变量。通常变量都用小写,以增加程序的可读性。

(3) 标识符的可辨认长度在不同的系统中有不同的规定,最小为 8,最长为 32,因此建议不要超过 8。

(4) 不能使用系统保留字(关键字)作为标识符。C 语言有 32 个保留字,对于这些保留字系统已有专门的含义,如 auto、break、int、short 等。在取名字时最好能见名思义,如 sum、name、age 等分别用来存储总和、名字、年龄的数值。

1.5.2 变量

在程序中使用的数据有两种形式,即变量和常量,常量具有固定值,不能改变,而变量的值可以改变。

程序通过变量来使用内存空间存储数据,变量是"容器",变量中存放的数据就是变量的值,每个变量都有一个名字,这个名字和该变量的内存空间相联系,程序通过变量名对相应的存储空间进行存取操作。

使用变量首先要正确地给变量命名,变量的命名规则遵循标识符的命名规则。

变量要先声明(定义)，后使用，定义的任务包括变量的类型(int、float)、变量的名字以及初值。如在函数体内有：

```
int a,sum = 0;
```

则定义变量 a 和变量 sum 为整型变量，可以存整型数据，sum 的初值为 0，a 的初值不确定。在该定义语句后就可以使用变量 a 和变量 sum 了。

对变量的基本操作是赋值，通过赋值运算符(=)可以改变变量的值，例如：

```
int x;
x = 3;              /*3存入变量x,变量x的值为3*/
x = 5;              /*5存入变量x,变量x的值为5*/
x = x + 1;          /*变量x的值加1后存入变量x,变量x的值为6*/
x = x * x;          /*该语句执行后x的值为多少*/
```

1.5.3 常量

其值不能改变的量称为常量，从字面形式就可以判别的常量称为字面常量。例如，3、8、-5 为整型常量，5.3、-0.2 为实型常量。用标识符代表的常量称为符号常量，见例 1-3。

例 1-3 已知圆的半径，求圆的面积(符号常量)。

```
#include "stdio.h"
#define PI 3.14/*PI 为符号常量*/
main()
{
    float area1,area2;
    area1 = 2 * 2 * PI;
    area2 = 5 * 5 * PI;
    printf("area1 = %f,area2 = %f\n",area1,area2);
}
```

运行结果：

area1 = 12.560000,area2 = 78.500000

main()函数前的 #define PI 3.14 称为宏定义命令，它定义 PI 代表常量 3.14，符号常量的值不能改变，在本例中如有"PI=3.1415;"将是错误的。宏定义命令在编译前进行字符替换，属于编译预处理命令的一种，编译预处理命令写在程序开头，以 # 开始，命令后面不加分号，一行只能写一句。此外，符号常量还可以用 const 和类型说明符来声明，例如：

```
const float PI = 3.14;
```

用这种形式声明的变量 PI 也不能改变值，通常符号常量用大写字母表示。

1.6 数据类型

程序操作的对象是数据，学习程序设计的第一步应该学会用该程序设计语言描述的数据来模拟处理对象，然后再学习对数据的操作。本节介绍基本数据类型和基本操作。

视频讲解

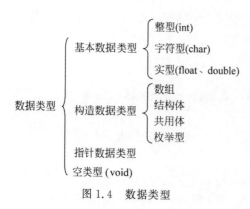

图 1.4 数据类型

数据类型就像商店出售的衣服有不同的尺寸,以供不同身材的人享用,C语言系统也根据数据存在的不同形式将其分为不同的类型,各种数据类型具有不同的存储长度、取值范围和允许的操作,不同版本的C语言提供的数据类型的长度、取值范围会有所不同。C语言提供的数据类型如图 1.4 所示。

C语言的数据类型包括基本数据类型、构造数据类型、指针数据类型、空类型。

(1) 基本数据类型。基本数据类型的特点是它的数值是单值的,不可以再分解为其他类型的数据。

(2) 构造数据类型。构造数据类型的特点是可以根据已经定义的一个或多个数据类型,用C语言的构造方法定义出新的构造数据类型。构造数据类型的值可以由若干"成员"组成,每个"成员"可以是一个基本数据类型或一个构造数据类型。

(3) 指针数据类型。指针数据类型的值表示某个变量在内存中的地址。通过地址可以找到所需的变量单元,即指针指向该变量单元,通过指针能够找到以它为地址的内存单元。

(4) 空类型。空类型是一种特殊的数据类型,一般用于对函数的类型说明。调用函数时,函数通常应向调用者返回一个函数值。但是如果不需要向调用者返回函数值,就可以在定义该函数时,用类型说明符 void 将该函数定义为"空类型"。

在程序设计中,最常用的数据类型是基本数据类型,包括整型数据、实型数据和字符型数据。本章只讨论C语言的基本数据类型,其他数据类型将在第 5、第 7、第 8 章中叙述。

1.6.1 整型、实型和字符型

1. 整型数据

1) 整型常量

在 C 语言中有 3 种形式的整型常量。

(1) 与习惯相同的十进制整数:如 46、-23、0。

(2) 以数字 0 开头的八进制整数:例如 0456 表示八进制数 456,即 $(456)_8 = 4 \times 8^2 + 5 \times 8^1 + 6 \times 8^0$,等于十进制的 302。

(3) 以数字 0 和字母 x(字母 x 在此也可以用大写)开头的十六进制整数:例如 0x456 表示十六进制整数 456,即 $(456)_{16} = 4 \times 16^2 + 5 \times 16^1 + 6 \times 16^0$,等于十进制的 1110。

2) 整型变量

不同类型变量的字长(在内存中所占用的空间大小)取决于 C 编译器。例如 Turbo C 运行于 DOS 16 系统,int 在 Turbo C(简称为 TC)中就是 16 位(2B);Visual C++(简称为 VC++)编译器是 Win32 环境下的,在 Visual C++中 int 就是 32 位(4B)。

整型变量包括 short int、int 和 long int,并且分为 signed 和 unsigned 型,表 1.1 所示为常用整型变量的基本特性。

表1.1 整数类型特性

类型	字节数		取值范围	
	TC	VC++	DOS 16(TC)	Win32(VC++)
int	2	4	$-2^{15} \sim (2^{15}-1)$	$-2^{31} \sim (2^{31}-1)$
unsigned int	2	4	$0 \sim (2^{16}-1)$	$0 \sim (2^{32}-1)$
short[int]	2	2	$-2^{15} \sim (2^{15}-1)$	$-2^{15} \sim (2^{15}-1)$
unsigned short[int]	2	2	$0 \sim (2^{16}-1)$	$0 \sim (2^{16}-1)$
long[int]	4	4	$-2^{31} \sim (2^{31}-1)$	$-2^{31} \sim (2^{31}-1)$
unsigned long[int]	4	4	$0 \sim (2^{32}-1)$	$0 \sim (2^{32}-1)$

中括号中的部分可以省略,例如"long x;"和"long int x;"都表示 x 是 long int 型。在使用 unsigned 定义无符号变量时,原本用来表示二进制数符号(0正,1负)的最高位也用来表示数值,如"unsigned short a;",则 a 的取值范围为 $0 \sim 65535$,即 $0 \sim (2^{16}-1)$。当整型数据要存入整型变量时,请注意所定义的整型变量应能容纳该数,避免出现越界的"溢出"现象。

例1-4 以下程序有什么错误?请改正。

```c
#include "stdio.h"
main()
{
    short x,y,product;
    x = 200;
    y = 300;
    product = x * y;
    printf("%d\n",product);
}
```

运行结果:

-5536

运行结果不是预期的 60000,而是一个负数。因为 short 类型所表示的数值范围是 $-32768 \sim 32767$,发生了溢出。

2. 实型(浮点型)数据

1) 实型常量

实型常量只有十进制,无其他进制,但有两种表示形式。

(1) 小数形式:由数字和小数点组成(必须有小数点)。例如,12.3、0.12、456.、124.0、0.0 等是合法的小数形式,而 1/2 是表达式,不是实数。

(2) 指数形式(科学记数法):例如 123e3、123E3、123E+3 都表示 $123 * 10^3$,注意 e(E) 前必须有数字,e(E) 后的指数必须为整数,e2、2.1e3.5、.e3、e 等都是非法的实数。同一个实数有多种表示形式,例如 456.123 可以表示为 4.56123e2、45.6123e1、4561.23e-1 等,所以指数表示法也称为浮点数(小数点位置浮动)。在用指数形式输出一个实数时按规范化的形式输出,即小数点左边有且只有一位非零的数字,如 2.478e2、3.099e5。

2) 实型变量

实型变量可定义为单精度型(float)、双精度型(double)和长双精度型(long double),有关规定如表 1.2 所示。

表 1.2 浮点数类型特性分析

类型	字节数		取值范围	
	TC	VC++	DOS16(TC)	Win32(VC++)
float	4	4	$10^{-37} \sim 10^{38}$	$10^{-37} \sim 10^{38}$
double	8	8	$10^{-307} \sim 10^{308}$	$10^{-307} \sim 10^{308}$
long double	10	8	$10^{-4931} \sim 10^{4932}$	$10^{-307} \sim 10^{308}$

特别要注意的是,关于 long double 的长度,C 语言的国际标准 ANSI 并没有明确定义,所以不同的 C 语言编译环境对它分配的长度有 8、10、12 不等,即使是 VC++ 本身,16 位的 VC++ 中 long double 为 10 位,但在 32 位的 VC++ 中 long double 为 8 位。初学者不必在此细节上浪费精力,在学习中以实测为准。

在使用实型变量前可根据存入数据的大小定义,例如:

```
float x,y;
double z;
long double t;
```

实型变量是用有限的存储单元存储数据的,因此有效数字总是有限的,而且小数部分在十进制转换为二进制时会有误差,所以大家在程序设计时要注意。

很小的浮点数参与大数的加减等运算时往往会被忽略不计,见例 1-5。

例 1-5 很大的浮点数与较小数参与的加减运算。

```
#include "stdio.h"
main()
{
    float a,b;
    a = 123456.789e5;
    b = a + 20;
    printf("%f\n",b);
}
```

运行结果:

12345678868.000000

可见,20 这个数并没有在结果中体现出来。

另外,应避免两个实数进行相等比较,例如:

```
float x,y;
…
if(x == y) printf("%f,%f",x,y);
```

由于存在误差,x、y 两个实数可能永远不相等,这样永远不会执行"printf("%f,%f",

x,y);"语句。

3．字符型数据

1）字符型常量

字符型常量的形式如下：

（1）用单引号括起来的一个字符，例如'a'、'＋'、'2'、''。

（2）以'\'开头的特殊字符(转义字符)。这些字符有的转为控制码，例如 '\n'、'\t'。有的转为字符自身('\\')，总之用转义字符可输出任何用 ASCII 码表示的字符，例如'\111'代表'a'。表 1.3 所示为转义字符及其含义。

表 1.3 转义字符及其含义

转 义 字 符	ASCII 码值	功　　能
\a	0X07	警告响铃
\b	0X08	退格
\f	0X0C	走纸
\n	0X0A	换行
\r	0X0D	回车
\t	0X09	水平制表
\v	0X0B	垂直制表
\\	0X5C	反斜杠
\'	0X27	单引号
\"	0X22	双引号
\?	0X3F	问号
\ddd	整数	1～3 位八进制数代表的字符，如'\101'代表'A'
\xhh	整数	1～2 位十六进制数代表的字符，如'\x41'代表'A'

2）字符型变量

字符型变量用来存储字符型常量，用 char 定义的变量就是字符型变量，这种变量只有 1 字节的存储空间，存储字符型常量的 ASCII 码值，因此整数在 7 位二进制表示的范围内 (0～127)与字符型数据通用。

例 1-6　字符型变量应用举例。

```
# include "stdio.h"
main()
{
    char c1,c2;
    c1 = 'a';
    c2 = 'b';
    printf("％d,％d\n",c1,c2);      /＊输出 c1、c2 变量中的 ASCII 码值＊/
    printf("％c,％c\n",c1,c2);      /＊输出 c1、c2 变量中的字符＊/
}
```

运行结果：

97,98
a,b

```
'a'    | 97 |

"a"    | 97 | \0 |
```

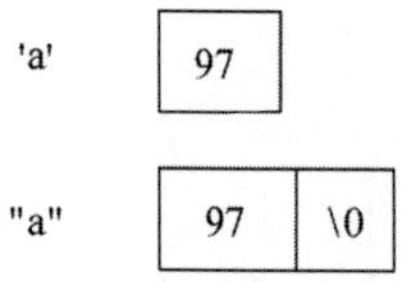

图 1.5 字符与字符串的存储

4. 字符串常量

用双引号括起来的字符序列是字符串常量,例如"CHINA"、"a"、"2"等。字符串常量在内部存储时以'\0'结尾,因此'a'可以存储到只有1字节的字符型变量中,而"a"存储时其后还有一个'\0',无法存储到1字节中,如图1.5所示,所以C语言中的字符串常量要存储到字符数组中,没有字符串变量的说法。

1.6.2 C语言程序语句

C语言程序是由若干函数组成的,函数是由一系列语句组成的,数据及操作都是用语句描述的,因此语句是基本的执行单位,C语言有以下4种语句。

1. 执行语句

执行语句是程序中的主要语句,包括表达式语句(表达式后加分号就是表达式语句,如"t=a;a++;"),以函数名开头的函数调用语句(如"printf("a=%d,b=%d\n",a,b);"),后面将介绍的改变程序顺序执行的流程控制语句等。

2. 声明语句

"int a,b,t;"是声明语句,变量在使用前要先声明,声明是给变量分配相应的内存空间,使变量名和分给它的内存空间建立联系,这样就可以使用变量名方便地存取数据。此外,当使用函数时也需要声明,所以在C语言程序中一个名字(标识符)在使用前必须先声明,以便建立名字与实体的映射关系。声明语句写在其他语句之前。

3. 空语句

语句后面都有分号,因此只有分号的语句就是空语句。当语法要求必须有一条语句但又没有实际操作时就会用到空语句,在后面的for语句中就有这种情况。

4. 块语句

在一对大括号内的语句序列称为块语句或复合语句、分程序,在语法上可把它看作一条语句,注意大括号外不写分号。块语句主要在下面两种情况下使用。

(1) 当语法要求只能有一条语句但又难以用一条语句表达时用块语句表达,在后面的控制结构中将会看到这种情况。

(2) 形成局部化的封装体,函数就是一种以大括号开始、以大括号结尾的局部化的封装体。如无特别说明,在块语句中定义的变量只在本块范围内有效。

例 1-7 块语句的作用域。

```
#include "stdio.h"
main()
```

```
{                                    /*块1开始*/
    int x = 1;
    {                                /*块2开始*/
        int x = 2;
        {                            /*块3开始*/
            int x = 3;
            printf("%d\n",x);
        }                            /*块3结束*/
        printf("%d\n",x);
    }                                /*块2结束*/
    printf("%d\n",x);
}                                    /*块1结束*/
```

运行结果：

3
2
1

1.6.3 格式输出/输入函数

C语言程序是由若干函数组成的，每个函数完成一部分功能，这样可以分解一个大的复杂程序，降低程序的编写难度。无论 main() 函数在程序的什么位置，C 语言程序总是从 main() 函数开始执行，在 main() 函数结束。函数的应用要涉及定义、声明、调用 3 个环节，C 语言已经定义好若干函数供大家调用，因此首先应学会调用函数。最简单的程序也必须有输出功能，有时还需要输入功能，C 语言系统已经定义好若干输入/输出函数，只需了解函数的原型（函数的名字，函数的返回值、参数个数和类型）以及它所在的头文件，就可以调用它们。

1. 格式输出函数

printf() 函数是格式输出函数，用来输出各种类型的数据，它的参数分为两部分，即格式说明部分和输出项目部分，两部分之间用逗号隔开，形式如下：

printf("格式说明",输出项目表);

输出项目表是用逗号分隔的 $0 \sim n$ 个表达式。双引号中的内容都是格式说明，它包括格式字段、控制字符和需要原样输出的字符。格式字段用来说明输出项目表中各表达式的数据类型、对齐方式、宽度和精度，因此格式字段的个数、顺序应和输出项目表中的表达式个数、顺序一致。格式字段的形式如下：

% 对齐方式　宽度和精度说明　格式符

对齐方式、宽度和精度说明可以省略，格式符是系统已经定义的若干有特殊意义的小写字母（只有 3 个字母可大写，即 X、E、G），格式符和%之间不能插入其他字符。

printf() 函数中的常用格式符说明见表 1.4。

表 1.4　printf( )函数中的常用格式符说明

格　式　符	输出项形式
d、i	十进制整数(正数不输出符号)
x、X	无符号十六进制整数,用 X 时输出十六进制的大写字母(A～F)
o	无符号八进制整数
u	无符号十进制整数
f	以小数形式输出实数,隐含输出六位小数
e、E	以指数形式输出实数,用 E 时指数用大写 E 表示
g、G	选用%f 或%e 格式中输出宽度较短的一种格式,用 G 时指数用大写表示
c	输出一个字符
s	字符串

1) 宽度和精度说明

宽度和精度用数据表达,整数表达宽度,小数部分表达精度。例如,%5.2f,宽度说明为 5 个字符,精度为保留两位小数。宽度说明省略或小于实际数据宽度时按实际宽度输出,精度说明省略时小数部分取 6 位。

例 1-8　格式说明符的宽度和精度使用说明。

```
#include "stdio.h"
main()
{
    float a = 12345.678;
    int b = 12345;
    printf("\n12345678901234567890");
    printf("\n%21.10f:a1",a);
    printf("\n%2.2f:a2",a);
    printf("\n%10d:b1",b);
    printf("\n%2d:b2",b);
}
```

运行结果:

```
12345678901234567890
     12345.6777343750:a1
12345.68:a2
     12345:b1
12345:b2
```

2) 对齐和填补方式

默认情况下,数据按右对齐输出,当使用"－"号时按左对齐输出。

例 1-9　将例 1-8 结果按左对齐输出。

```
#include "stdio.h"
main()
{
```

```
        float a = 12345.678;
        int b = 12345;
        printf("\n1245678901234567890");
        printf("\n%-21.10f:a1",a);
        printf("\n%-2.2f:a2",a);
        printf("\n%-10d:b1",b);
        printf("\n%-2d:b2",b);
    }
```

运行结果：

```
12345678901234567890
12345.6777343750     :a1
12345.68:a2
12345     :b1
12345:b2
```

按右对齐方式时，在宽度说明前加一个 0，则数据前多余的空位用 0 填补。

例 1-10 数据前用 0 填补示例。

```
#include "stdio.h"
main()
{
    float a = 12345.678;
    int b = 12345;
    printf("\n12345678901234567890");
    printf("\n%021.10f:a1",a);
    printf("\n%02.2f:a2",a);
    printf("\n%010d:b1",b);
    printf("\n%02d:b2",b);
}
```

运行结果：

```
12345678901234567890
0000012345.6777343750:a1
12345.68:a2
0000012345:b1
12345:b2
```

2. 格式输入函数

scanf()函数是格式输入函数，调用格式与 printf()函数基本相同，但要注意它是格式输入函数，所以与格式输出函数有以下不同。

(1) 基本形式不同：形式为"scanf("格式说明",地址表列);"，格式说明后的参数只接受从键盘输入的数据应存入的变量地址（& 变量），不能是表达式。例如，"scanf("%d",&x);"是正确的，而"scanf("%d",x); scanf("%f",x+6);"有明显的语法错误。

(2) 在格式说明中，除格式符外的字符都是输入时必须原样输入的字符，一般是输入数

据的间隔字符,例如:

scanf("a = %d,b = %d",&a,&b);

则输入时必须是:

a = 2,b = 3

以上所有字符和数据都是程序运行时用户从键盘输入的,因此若想提示用户给变量 a、b 输入数据,应该用输出函数提示。例如:

printf("a,b = ?");
scanf("%d,%d",&a,&b);

(3) 格式说明中指定域宽,系统会自动地按宽截取数据,使用"*"将在输入数据中跳过一项,不赋值给任何变量,不应指定精度,否则会出错。

例如:

scanf("%3d,%5f",&a,&b);   /*输入3位整数、5位实数到a、b变量*/
scanf("%5.2f",&a);   /*指定精度是不可以的*/

而

scanf("%d%*d%d",&a,&b);

程序运行时输入:

1 2 3

则 1 赋给 a,2 跳过,3 赋给 b,当要使用一批数据中的某些数据时可用此方法跳过不用的数据。

格式输出和格式输入函数是常用函数,使用它们时在 TC 下可以不用包含标准输入/输出(stdio.h)头文件。

例 1-11 编写一个程序,从键盘输入某电视机的价格,再输出该价格打 7 折后的价格。

分析:必须设计一个实型变量,接受从键盘输入的值,输入、输出应该有提示。

```
#include "stdio.h"
void main()
{
    float p;                    /*电视机的价格*/
    printf("输入电视机的价格:");
    scanf("%f",&p);
    printf("打7折后的价格:%.2f \n",p*0.7);
}
```

运行结果:

输入电视机的价格:10.00
打7折后的价格:7.00

1.6.4　实战演练

编写一个程序,求一元一次方程 $ax+b=0$ 的根。

分析:a、b 的值从键盘输入,输入时 a 的值不能为 0(无解),方程的根(即 x 的值)为 $-b/a$。

1.7　小结

本章首先讲解了 C 语言的发展历史,读者可以从中看出 C 语言的重要性及其重要地位;然后讲解了 C 语言的特点,通过这些特点进一步说明了 C 语言的重要地位;接下来通过一个简单的 C 语言程序和一个完整的 C 语言程序将 C 语言的概貌呈现给读者,使读者对 C 语言编程有一个总体的认识。

习　题　1

1. 选择题

(1) 一个 C 语言程序的执行是从(　　)。

　　A. 本程序的 main() 函数开始,到 main() 函数结束

　　B. 本程序文件的第一个函数开始,到本程序文件的最后一个函数结束

　　C. 本程序文件的第一个函数开始,到本程序的 main() 函数结束

　　D. 本程序的 main() 函数开始,到本程序文件的最后一个函数结束

(2) 以下叙述不正确的是(　　)。

　　A. 一个 C 语言源程序必须包含一个 main() 函数

　　B. 一个 C 语言源程序可由一个或多个函数组成

　　C. C 语言程序的基本组成单位是函数

　　D. 在 C 语言程序中注释说明只能位于一条语句的后面

(3) 以下叙述正确的是(　　)。

　　A. 在对一个 C 语言程序进行编译的过程中可发现注释中的拼写错误

　　B. 在 C 语言程序中 main() 函数必须位于程序的最前面

　　C. C 语言本身没有输入/输出语句

　　D. 在 C 语言程序的每行中只能写一条语句

(4) 一个 C 语言程序由(　　)。

　　A. 一个主程序和若干子程序组成　　　　B. 函数组成

　　C. 若干过程组成　　　　　　　　　　　D. 若干子程序组成

(5) 下列叙述中正确的是(　　)。

　　A. C 语言编译时不检查语法　　　　　　B. C 语言的子程序有过程和函数两种

　　C. C 语言的函数可以嵌套定义　　　　　D. C 语言的所有函数都是外部函数

(6) C语言源程序文件经过 C 编译程序编译连接之后,生成一个扩展名为( )的文件。

    A. .c   B. .obj   C. .exe   D. .bas

(7) 下列变量名不合法的是( )。

    A. Lad   B. n_10   C. _567   D. g#k

(8) 下列( )是合法的变量名。

    A. May   B. 7bn   C. long   D. short

(9) 下列( )是合法的关键字。

    A. Float   B. unsigned   C. integer   D. Char

(10) 下列( )是非法的字符常量。

    A. 'h'   B. '\x7'   C. ' '   D. '\483'

(11) 下列( )是不正确的字符串常量。

    A. 'abc'   B. "12'12"   C. "0"   D. " "

(12) 如果 int 型是 16 位,unsigned int 型的范围是( )。

    A. 0~255   B. 0~65535

    C. −32768~32767   D. −256~255

(13) 已知 i,j,k 为 int 型变量,若从键盘输入"1,2,3<CR>",使 i 的值为 1,j 的值为 2,k 的值为 3,以下选项中正确的输入语句是( )。

    A. scanf("%2d %2d %2d",&i,&j,&k);

    B. scanf("%d %d %d",&i,&j,&k);

    C. scanf("%d,%d,%d",&i,&j,&k);

    D. scanf("i=%d,j=%d,k=%d",&i,&j,&k);

(14) 有以下程序段:

```
char ch; int k;
ch = 'a'; k = 12;
printf("%c,%d,",ch,ch,k); printf("k=%d\n",k);
```

则执行上述程序段后的输出结果是( )。

    A. 因变量类型与格式描述符的类型不匹配输出无定值

    B. 输出项与格式描述符个数不符,输出为零值或不定值

    C. a,97,12k=12

    D. a,97,k=12

(15) putchar()函数可以向终端输出一个( )。

    A. 实型变量表达式值   B. 实型变量值

    C. 字符串   D. 字符或字符型变量值

(16) 设有以下定义:

```
#define d 2
int a = 0;double b = 1.25;char c = 'A';
```

则下面语句中错误的是( )。

A. a=a+1;   B. b=b+1;   C. c=c+1;   D. d=d+1;

(17) 设有说明语句"char a=72;",则变量 a（　　）。

    A. 包含一个字符　　　　　　　B. 包含两个字符

    C. 包含 3 个字符　　　　　　　D. 说明不合法

(18) C语言中的标识符只能由字母、数字、下画线 3 种字符组成,且第一个字符（　　）。

    A. 必须为字母　　　　　　　　B. 必须为下画线

    C. 必须为字母或下画线　　　　D. 可以是字母、数字或下画线

2．读程序写结果题

(1) 下面程序的运行结果是_____。

```c
#include "stdio.h"
main()
{
    printf("*%f,%4.3f*\n",3.14,3.1415);
}
```

(2) 下面程序的运行结果是_____。

```c
#include "stdio.h"
main()
{
    char c = 'b';
    printf("c:dec=%d,oct=%o,hex=%x,letter=%c\n",c,c,c,c);
}
```

(3) 下面程序的运行结果是_____。

```c
#include "stdio.h"
main()
{
    char c1,c2;
    c1 = 'a';c2 = 'b';
    c1 = c1 - 32;
    c2 = c2 - 32;
    printf("%c %c",c1,c2);
    printf("%d %d \n",c1,c2);
}
```

(4) 下面程序的运行结果是_____。

```c
#include "stdio.h"
main()
{
    int a,b,c,d;
    unsigned u;
    a = 12;b = -24;u = 10;
    c = a + u;d = b + u;
    printf("a+u=%d, b+u=%d\n",c,d);
}
```

(5) 下面程序的运行结果是_____。

```c
#include "stdio.h"
main()
{
    int x = 12;
    double y = 3.141593;
    printf("%d%8.6f",x,y);
}
```

(6) 下面程序的运行结果是_____。

```c
#include "stdio.h"
main()
{
    int x = 'f';
    printf("%c\n",'A'+(x-'a'+1));
}
```

3. 填空题

(1) C语言的基本数据类型是_____。

(2) 已定义"char c='\010';",则 c 变量的字节数是_____。

(3) 标识符是由字母和_____组成的。

(4) 一条 C 语言的语句至少应包含一个_____。

(5) 要定义双精度实型变量 a、b,并使它们的初值为 7,其定义语句为_____。

4. 编程题

(1) 从键盘输入某同学的 3 门课程成绩,输出这 3 门课程成绩的平均分。

(2) 从键盘输入一个大写字母,输出对应的小写字母。

提示:大写字母 A~Z 的 ASCII 码值为 65~90,小写字母 a~z 的 ASCII 码值为 97~122,可见对应的大小写字母的 ASCII 码值相差 32,所以大写字母转换成小写字母就是将其 ASCII 值加上 32,小写字母转换成大写字母就是将其 ASCII 值减去 32。

5. 简答题

(1) 请简要叙述 C 语言的起源及发展历程。

(2) 请叙述一个较标准的 C 语言程序的组成部分。

(3) 一个 C 语言程序的开发步骤主要包括哪几步?

6. 思考题

(1) 在程序设计语言中有 Java、Pascal 等高级语言,也有汇编等低级语言,那么 C 语言属于哪一类呢? 将其划分为该类的依据是什么?

(2) 在如今的编程界出现了许许多多程序设计语言,很多都是以开发快速、简单易学等特点吸引用户,因此许多程序员认为 C 语言已经过时,没有必要再进行学习,你认为呢?

本章实验实训

【实验目的】

(1) 熟练掌握数据类型的定义及运用方法。
(2) 熟练掌握主函数的定义方法。
(3) 熟练掌握输入/输出函数的运用方法。

【实验内容及步骤】

实训1-1 不同进制数的转换

在C语言程序中一般使用十进制数,有时为了提高效率或其他原因还要使用八进制数或十六进制数。十进制数和十六进制数之间可以直接转换,不需要复杂的过程。请选择合适的格式符填入下列空白处,并完成程序。

```
#include "stdio.h"
main()                                       /*main()函数*/
{
    int i;                                   /*定义一个变量i*/
    /*双引号内的普通字符原样输出并换行*/
    printf("please input decimalism number:\n");
    scanf("%_", &i);                         /*scanf()函数以十进制形式获得i的值*/
    printf("the hex number is %_", i);       /*将i的值以十六进制形式输出*/
}
```

实训1-2 付款统计计算

请根据表1.5中的信息编写程序完成付款统计计算,需分别定义出所需的数据类型,并进行总价计算。

表 1.5 商品信息

名称	数量	单价	总价
统一蜜桃多饮料	8	1	8
康师傅茉莉花茶	10	1	10
统一冰红茶饮料	9	1	9
南孚碱性电池	1	9.8	9.8
伊利牛奶片	5	3.8	19
旺旺小小酥	2	10	20
徐福记散装	1	15.56	15.56
散装豆干系列	1	31.2	31.2
砂糖蜜橘	1	12.91	12.91
总计:			

第 2 章 C语言的运算符和表达式

对于一个从未接触过 C 语言编程的初学者而言,刚进入这个语言环境,动手实践是最为重要的。本章通过介绍几个简单的编程实例带领初学者感受编程的过程,并通过定义数据、简单计算、输入、输出可以处理一些简单数学计算类的编程问题,帮助初学者快速入门程序设计。运算符是处理运算对象(如数据)的操作。运算对象一般包括常量、变量、函数等。运算符和运算对象组成的式子称为表达式。C 语言具有丰富的运算符和表达式,这使得 C 语言具有简洁、灵活、方便、功能强大的特点。灵活运用表达式可以写出简练、高效的程序。本章通过若干例子介绍算术运算符和算术表达式、赋值运算符和赋值表达式及与赋值相关的运算符(复合的赋值运算符、自增与自减运算符)以及其他运算符,从而进一步提高读者的顺序结构程序的设计能力。

视频讲解

2.1 计算 a/b 和 a%b 的值

从键盘输入变量 a、变量 b 的值,求 a/b 和 a%b 的值。

2.1.1 分析与设计

"/"是算术运算中的除,在使用该运算符时除了分母不能为 0 外,还要特别注意在 C 语言中如果两个操作数 a、b 的值都是整型,结果也是整型;"%"是取模运算,要求两个操作数必须是整型。例如,7%3 的值为 1,3%7 的值为 3,而 3.5%7 是非法的。

例 2-1 求 a/b 和 a%b 的值。

```
#include "stdio.h"
main()
{
    int a,b;
    printf("a,b=?");
    scanf("%d,%d",&a,&b);
    printf("a/b=%d\n",a/b);
    printf("a%%b=%d\n",a%b);      /* %是格式符的标志,输出它时要用两个符号 */
}
```

运行结果:

a,b=?3,5

a/b=0
a%b=3

思考：如果希望 a/b 的结果是实型，必须有一个操作数是实型，程序应如何修改？

2.1.2 运算符与表达式

在学习运算符时读者应注意以下问题。

1．运算符的功能

运算符的功能即它对数据做什么操作，特别是在 C 语言中同一个运算符可能会有两种功能，如"＊"可以用于表示算术运算中的乘，又可以用于表示间接引用，要根据具体情况确定。

2．运算符对运算对象有一定的限制

运算符要求一定的运算对象个数，如算术运算（＋、－、＊、\、％）要求两个操作数，这种运算符称为双目（二元）运算符。大多数运算符都是双目运算符。有的要求一个操作数，称为单目运算符；还有的要求 3 个操作数，称为三目运算符。运算符还要求运算对象的类型，如"％"只能对整型数据操作。

3．表达式值的类型

任何表达式都有一个值，这个值属于 C 语言的某个类型，如算术表达式值的类型是操作数中占字节最多的类型。例如，1/2 表达式的结果为 0，因为两个操作数都是整型，所以表达式值的类型为整型；而 1.0/2 表达式的结果为 0.5，因为两个操作数中的最高类型（占字节最多的类型）是实型，所以表达式值的类型是实型。

2.2 算术运算符

2.2.1 算术表达式

C 语言中的算术表达式由变量、常量及算术运算符构成，在 C 语言中算术运算符有＋（加）、－（减）、＊（乘）、/（除）、％（取模）、++（自增）、－－（自减），如表 2.1 所示。

表 2.1 运算符

运 算 符	功　　能
＋	加法运算符，如 3＋6 正值运算符，如＋2
－	减法运算符，如 6－3 负值运算符，如－2
＊	乘法运算符，如 3＊6
/	除法运算符，如 6/3
％	取模运算符（也称为求余运算符），如 7％4。％的两侧均应为整数

说明：

(1) ＋、－、＊、/为四则运算符,和日常概念没有区别,其中"＊"和"/"优先于"＋"和"－"。

(2) "％"为取模(modulus)运算符,针对整数运算,即取整数除之后所得到的余数。例如：

10％2＝0　即 10 对 2 取模,结果为 0。

17％8＝1　即 17 对 8 取模,结果为 1。

2.2.2　数据类型与运算结果的关系

(1) 同类型数据的运算结果仍保持原数据类型。

整型数之间的除法得到的结果仍是整型数,小数部分将被去掉,例如：

5/2 = 2

浮点数之间的除法得到的仍是浮点数,例如：

5.0/2.0 = 2.5

(2) 不同数据类型混合运算,精度低的类型往精度高的类型转换后再做运算,这样可保证运算结果不损失精度。例如：

5.0/2 = 2.5

C 语言提供了非常丰富的运算符(operator)。在程序中使用运算符来连接运算对象,从而构成可以完成一定运算功能的表达式(expression)。C 语言中的运算包括算术运算、关系运算、逻辑运算、位运算、赋值运算以及其他运算,其中算术运算最为简单。

2.2.3　实战演练

例 2-2　算术运算符的应用。

```c
#include "stdio.h"
main()
{
    int i = 3;
    float r = 2.0;
    printf("2 * - i:%d\n",2 * - i);
    printf("r/i:%f\n",r/i);
    printf("r/i:%d\n",r/i);
    i = r/i;
    printf("i = r/i:%d\n",i);
    i = 2 % 3;
    printf("2 %% 3:%d",i);
}
```

执行结果：

2 * - i: - 6
r/i:0.666667

```
r/i:1431655765
i = r/i:0
2 % 3:2
```

2.3 位运算符

前面介绍的各种运算都是以字节作为最基本单位进行的,但在很多系统程序中要求在位(bit)一级进行运算或处理。C语言提供了位运算的功能,这使得C语言也能像汇编语言一样用来编写系统程序。

"位"是指二进制数的一位,称为1bit,其值为0或1。C语言具有直接对int和char类型数据的某些字节或位进行操作的能力。例如,将一个存储单元中的各二进制位左移或右移一位,两个数按位相加等。C语言提供了如表2.2所示的位运算符。

表2.2 位运算符

运算符	含 义	举 例
&	按位与	a&b,a 和 b 中各位按位进行"与"运算
|	按位或	a|b,a 和 b 中各位按位进行"或"运算
^	按位异或	a^b,a 和 b 中各位按位进行"异或"运算
~	按位取反	~a,a 中各位按位进行"取反"运算
<<	左移	a<<n(n 为非负整数),a 中各位全部左移 n 位
>>	右移	a>>n(n 为非负整数),a 中各位全部右移 n 位

说明:

(1) 位运算中的"~"为单目运算符,具有右结合性,其余均为双目运算符,要求两侧各有一个运算量,具有左结合性。

(2) 位运算的运算量只能是整型或字符型的数据,不能为实型数据。

2.3.1 按位与运算

按位与运算的基本规则是参加运算的两个量只有当对应的两个二进制位均为1时结果位才为1,否则为0。其基本规则如表2.3所示。

表2.3 按位与运算的基本规则

操 作	结 果	操 作	结 果
0&0	0	1&0	0
0&1	0	1&1	1

按位与运算符"&"是双目运算符,其功能是参与运算的两数各对应的二进制位相"与"。参与运算的数以补码形式出现。

例如,9&5可写成以下算式:

```
  00001001   (9 的二进制补码)
& 00000101   (5 的二进制补码)
  00000001   (1 的二进制补码)
```

可见 9&5=1。

按位与运算通常用来对某些位清零或保留某些位。例如,把 a 的高 8 位清零,保留低 8 位,可做 a&255 运算(255 的二进制数为 0000000011111111)。

2.3.2 按位或运算

按位或运算的基本规则是参加运算的两个运算量只要对应的两个二进制位中有一个为 1 结果位就为 1,否则为 0。其基本规则如表 2.4 所示。

表 2.4 按位或运算的基本规则

操作	结果	操作	结果
0|0	0	1|0	1
0|1	1	1|1	1

按位或运算符"|"是双目运算符,其功能是参与运算的两数各对应的二进制位相"或",参与运算的数以补码形式出现。

例如,9|5 可写成以下算式:

```
  00001001
 |00000101
  00001101 …… 13
```

可见 9|5=13。

按位或运算通常用来将一个数据的某些位设置为 1。例如,把 a 的低 8 位置 1,高 8 位不变,可做 a|255 运算(255 的二进制数为 0000000011111111)。

2.3.3 按位异或运算

按位异或运算的基本规则是参加运算的两个运算量当对应的二进制位相异(值不同)时该位结果为 1,否则为 0。其基本规则如表 2.5 所示。

表 2.5 按位异或运算的基本规则

操作	结果	操作	结果
0^0	0	1^0	1
0^1	1	1^1	0

按位异或运算符"^"是双目运算符,其功能是参与运算的两数各对应的二进制位相"异或",参与运算的数仍以补码形式出现。

例如,9^5 可写成以下算式:

```
  00001001
 ^00000101
  00001100 …… 12
```

可见 9^5=12。

按位异或运算可以用来使数据的特定位翻转。方法是找一个数,使此数中数值为 1 的那些位正好对应要处理数据中要翻转的那些位,其余位为0,用此数与要处理数相异或即可翻转特定位而保留其他位。

2.3.4 按位取反运算

按位取反运算的基本规则是对参加运算的二进制数按位取反,若某位为0,则取反后该位变成1,反之变成0。其基本规则如表2.6所示。

表2.6 按位取反运算的基本规则

操 作	结 果
~0	1
~1	0

按位取反运算符"~"为单目运算符,具有右结合性,优先级为2,比算术运算符、关系运算符、逻辑运算符和其他位运算符都高。

例如,~9 运算可写为

$$\sim(0000\ 0000\ 0000\ 1001)$$

结果为 1111 1111 1111 0110。

取反运算可以结合其他运算达到一些特殊的效果。例如,要使数 a 的最低位为0,可以使用:

$$a\ \&\sim 1$$

这是因为~1=1111 1111 1111 1110。

2.3.5 左移运算

左移运算 $a<<n$(n 为非负整数)的运算规则是将参与运算的数据 a 中的各二进制位全部左移 n 位。从左边移出的位丢弃,在右边空位上补0。

例如,9<<3 运算为 0000 0000 0000 1001 各位均向左移 3 位,右边空位上补 0,结果为 0000 0000 0100 1000。

左移运算有一个特殊效果:左移一位相当于该数乘以 2,左移两位相当于该数乘以($2^2=$)4,以此类推。但此结论只适用于该数左移时被移出的高位中不包含 1 的情况。

由于在实际运行中左移运算要比做乘法速度快很多,读者在编程中可以参考使用。

2.3.6 右移运算

右移运算 $a>>n$(n 为非负整数)的运算规则是将参与运算的数据 a 中的各二进制位全部右移 n 位。对于正数,从右边移出的位丢弃,在左边空位上补 0;对于负数,则从右边移出的位丢弃,在左边空位上补 1。

例如,9>>3 运算为 0000 0000 0000 1001 各位均向右移 3 位,左边空位上补 0,结果为 0000 0000 0000 0001。

和左移运算类似,右移运算在右移一位时相当于该数除以 2,右移两位相当于该数除以($2^2=$)4,以此类推。但此结论只适用于该数右移时被移出的低位中不包含 1 的情况。

2.3.7 实战演练

例 2-3 位运算符的应用。

```
#include "stdio.h"
main()
{
    int i, j,k;
    i = 21 ;          /*二进制数为：0000000000010101*/
    j = 56 ;          /*二进制数为：0000000000111000*/
    k = ~i ;          /*k = 65514 二进制数为：1111111111101010*/
    k = i ^ j;        /*k = 45 二进制数为：0000000000101101*/
    k = i & j;        /*k = 16 二进制数为：0000000000010000*/
    k = i | j;        /*k = 61 二进制数为：0000000000111101*/
}
```

2.4 赋值运算符及表达式

2.4.1 赋值运算符

"="就是赋值运算符,它的作用是将右边的表达式或数据赋给左边的变量。其结合方向为自右至左。

```
a = 3              /*3赋给变量a*/
b = a + 3          /*变量a的值加3后再赋给变量b,b的值为6*/
c = b + 3          /*变量b的值加3后再赋给变量c,c的值为9*/
a = c              /*变量c的值赋给变量a,a的值为9*/
```

若已有"int p,y;",则以下赋值表达式是不合法的。

```
P = 3              /*大写变量P没有定义过*/
6 = y              /*要求赋值运算符左边一定是合法的变量名,6不是变量名*/
```

2.4.2 赋值表达式

赋值表达式的一般形式如下：

<变量> = <表达式>

赋值表达式的值就是赋给变量的值,因此赋值运算符右边的<表达式>又可以是赋值表达式,例如：

```
a = b = 5              /*赋值运算符是右结合的,因此先做b=5,值为5,再赋给a,变量a、b的值都是5*/
a = 5 + (c = 6)        /*c的值为6,和5相加后,赋给a,a的值为11*/
a = (b = 4) + (c = 6)  /*变量b的值为4,变量c的值为6,相加后赋给a, a的值为10*/
```

注意：赋值运算"="不是数学中的"=",赋值运算是给"="左边的某变量赋值,赋值是有方向的,不遵循数学中的交换律。例如,"a=6"为将6赋给变量a,而"6=a"是非法的。

2.4.3 复合的赋值运算符

在"="之前加上二元运算符就构成了复合的赋值运算符,如+=、*=、/=就是复合的

赋值运算符,它使表达式更加简练。例如:

```
a + = 3              /* 相当于 a = a + 3 */
x * = y + 8          /* 相当于 x = x * (y + 8) */
x % = 3              /* 相当于 x = x % 3 */
```

注意:复合的赋值运算符是把右边的表达式作为整体进行运算的,见例2-4。

例 2-4 复合的赋值运算符的应用。

```
#include "stdio.h"
main()
{
    int x,y;
    x = 3; y = 8; x * = y + 1;
    printf("x = %d, y = %d\n", x, y);
    x = 3;
    y = 8;
    x = x * y + 1;
    printf("x = %d, y = %d\n", x, y);
}
```

运行结果:

```
x = 27, y = 8
x = 25, y = 8
```

为了简化程序并提高编译效率,C 语言允许在赋值运算符"="前加上其他运算符,以构成复合的赋值运算符,如+=、*=等。凡是二元运算符,一般都可以与赋值运算符一起组成复合的赋值运算符,例如+=、-=、*=、/=、%=。

例如,"x=x+5"可以写成"x+=5";"x=x*(y+1)"可以写成"x*=y+1";反之,"a+=b"可以写成"a=a+b";"x%=y+3"可以写成"x=x%(y+3)"。

2.5 自增自减运算符

视频讲解

在程序设计中经常用到表达式 $x=x+1$,它使 x 的值在原来的基础上增加 1,用复合的赋值运算符可写成 $x+=1$,还可以更简练地写为 $x++$ 或 $x--$,++、-- 称为自增和自减运算符。它们是单目运算符,只能作用于变量,与赋值表达式一样,结合性是右结合的,但优先级高于任何双目运算符。自增和自减运算符有两种形式,变量在前,运算符在后,称为后缀形式;变量在后,运算符在前,称为前缀形式,前缀形式和后缀形式对自增和自减的变量来说无区别,对表达式的值来说是不同的,因此当该类表达式独立使用时前缀形式和后缀形式无区别,当它们被引用时结果不同。

-- 为自减,++ 为自增。

$n++$ 或 $++n$ 都表示变量 n 自增 1,最终结果与 $n=n+1$ 等效,但处理过程有所区别。

(1) $++n$:先自增,后引用,表示 n 先自增 1,然后进入具体的式子中运算。

(2) $n++$:先引用,后自增,表示 n 本身先进入式子中运算,最后 n 再增 1。

例如,已知 $n=6$,则"m=++n;"结果为 $m=7, n=7$;"m=n++;"结果为 $m=6$,

$n=7$。

$n--$ 与 $--n$ 的情况类似。

2.5.1 自增运算实例

例 2-5 自增运算,前后缀区别。

```
#include "stdio.h"
main()
{
    int x,y;
    x=5;
    y=x++;              /*x++表达式的值为x加1前的值5,y的值为5,x的值是6*/
    printf("x=5,y=x++:%d,x=%d\n",y,x);
    x=5;
    y=++x;              /*++x表达式的值为x加1后的值6,y的值为6,x的值是6*/
    printf("x=5,y=++x:%d,x=%d\n",y,x);
}
```

运行结果:

x=5,y=x++:5,x=6
x=5,y=++x:6,x=6

如果有

```
int i=5;
printf("%d,%d",i,i++);
```

在某些系统中函数从左到右求值,输出"5,5",但大多数系统对函数参数的求值顺序是自右而左,这样该 printf() 函数输出"6,5"。为了避免出现这种歧义,最好写成:

```
int i=5;
j=i++;
printf("%d,%d",i,j);
```

这样不管系统中函数是从左到右求值,还是从右到左求值,输出都是"6,5"。

2.5.2 实战演练

(1) 用赋值语句表达:a 的值为 2,b 的值比 a 多 2,c 的值比 b 多 2,并输出 a、b、c 的值。请编写完整程序验证。

(2) 分析下列程序的执行结果:

```
#include "stdio.h"
main()
{
    int a,k=4,k1,k2,k3,k4;
    a=(k1=k++)+(k2=k++)+(k3=++k)+(k4=k++);
    printf("a=%d,k=%d\n",a,k);
    printf("k1=%d,k2=%d,k3=%d,k4=%d\n",k1,k2,k3,k4);
}
```

运行结果：

a = 18,k = 8
k1 = 4,k2 = 4,k3 = 5,k4 = 5

2.6 其他运算符

2.6.1 逗号运算符

格式：

表达式 1,表达式 2,…,表达式 n

功能：先算表达式 1,再算表达式 2,依次算到表达式 n。整个逗号表达式的值是最后一个表达式的值。

优先级：最低。

结合性：从左到右。

例如：

(1) f＝(a＝3,b＝4,a＋b);
结果为 f＝7。
如果去掉(),结果为 f＝3。
(2) b＝(a＝4,3 * 4,a * 2);
结果为 b＝8。

2.6.2 求字节数运算符

格式：

sizeof(表达式或类型名)

功能：sizeof 是求其操作数对象所占用字节数的运算符。它在编译源程序时求出其操作对象所占的字节数。其操作对象可以是类型标识也可以是表达式。

例如,sizeof(float)的值是 4,表明浮点数占用 4 字节。sizeof(x＝5)的值是 4,表明整型数 5 占用 4 字节。

2.7 C 语言运算符的分类与优先级

C 语言中的运算符和表达式很多,这在高级语言中是少见的。正是丰富的运算符和表达式使 C 语言的功能十分完善,这也是 C 语言的主要特点之一。

C 语言的运算符不仅具有不同的优先级,而且有一个特点,就是它的结合性。在表达式中,各运算量参与运算的先后顺序不仅要遵守运算符优先级别的规定,还要受运算符结合性的制约,以便确定是自左向右进行运算还是自右向左进行运算。这种结合性是其他高级语言的运算符所没有的,因此也增加了 C 语言的复杂性。

2.7.1 运算符的分类

(1) 算术运算符:用于各类数值运算,包括加(+)、减(-)、乘(*)、除(/)、求余(或称为取模运算,%)、自增(++)、自减(--)共 7 种。

(2) 关系运算符:用于比较运算,包括大于(>)、小于(<)、等于(==)、大于或等于(>=)、小于或等于(<=)和不等于(!=)共 6 种。

(3) 逻辑运算符:用于逻辑运算,包括与(&&)、或(||)、非(!)共 3 种。

(4) 位操作运算符:参与运算的量按二进制位进行运算,包括位与(&)、位或(|)、位非(~)、位异或(^)、左移(<<)、右移(>>)共 6 种。

(5) 赋值运算符:用于赋值运算,分为简单赋值(=)、复合算术赋值(+=、-=、*=、/=、%=)和复合位运算赋值(&=、|=、^=、>>=、<<=)3 类共 11 种。

(6) 条件运算符:这是一个三目运算符,用于条件求值(?:)。

(7) 逗号运算符:用于把若干表达式组合成一个表达式(,)。

(8) 指针运算符:用于取内容(*)和取地址(&)两种运算。

(9) 求字节数运算符:用于计算数据类型所占的字节数(sizeof)。

(10) 其他运算符:有括号()、下标[]、成员(—>、.)等。

2.7.2 运算符的优先级

表 2.7 展示了 C 语言中所有运算符的优先级规则,从表头到表尾优先级依次降低,而同一表项里的运算符有相同的优先级,结合性指的是相同优先级运算符的结合顺序。

表 2.7　C 语言中运算符的优先级与结合性

优先级	运算符	结合方向
1	()、[]、.(取成员)、—>(指向成员)、++、--	→(左结合)
2	!(逻辑非)、~(按位取反)、++和--(前缀)、-(负)、*(间接引用)、&(取地址)、sizeof(求字节数运算)	←(右结合)
3	*、/、%	→
4	+、-	→
5	<<(左移运算)、>>(右移运算)	→
6	<、<=、>、>=(关系运算)	→
7	==、!=(关系运算)	→
8	&(按位与)	→
9	^(按位异或)	→
10	|(按位或)	→
11	&&(逻辑与)	→
12	||(逻辑或)	→
13	?:(条件运算)	←(右结合)
14	=、+=、-=、*=、/=、%=、<、<=、>、>=、&=、^=、|=(赋值运算)	←(右结合)
15	,(逗号运算)	→

运算符的优先级是指在相邻的运算符中应先执行哪一个。例如,在算术运算符中应先做 *、/、%,再做+、-。

结合方向是指当两个同优先级的运算符相邻时是按从左到右的顺序运算(左结合),还是按从右到左的顺序运算(右结合)。C语言中运算符的结合性大多数是左结合的,有一小部分是右结合的,具体见表2.7。

注意:计算机程序中的算术表达式与数学表达式有所不同,如计算机程序中的算术表达式中乘号不能省略,且要根据运算顺序书写。例如:

数学表达式　　　　C语言表达式
$a(b^2+4ac)$　　　$a*(b*b+4*a*c)$
$\dfrac{a+b}{cd}$　　　　$(a+b)/c/d$ 或 $(a+b)/(c*d)$

2.8 不同类型数据之间的转换

在2.7节介绍的各种运算符和表达式实例中大多数只包含同一类运算符,而在实际应用当中用到的表达式是比较复杂的,包含多种运算符,从而完成功能更复杂的运算,这时就涉及不同类型数据之间的转换了。在C语言中数据类型的转换方式一般有两种,即自动转换和强制转换。自动转换又称为隐式转换,强制转换又称为显式转换。

2.8.1 自动类型转换

所谓自动转换,就是系统根据规则自动将两个不同数据类型的运算对象转换成同一种数据类型的过程。

自动转换的一个基本原则是为两个运算对象的计算结果提供尽可能多的存储空间。也就是说,如果两个操作数的数据类型不同,运算时将以占内存空间多的数据类型为计算结果的数据类型。例如,一个长整型数与普通整型计算的结果肯定是以长整型类型存储的。

表达式运算的自动类型转换规则如图2.1所示。

图2.1中向右箭头表示必需的转换,也就是说,对于表达式中的char、short类型的数据,系统一律将其转换为int类型参与计算;而对于表达式中的float类型,系统则一律将其转换为double类型参与运算。

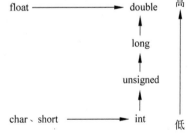

图2.1　表达式运算的自动转换规则

对于其他的数据类型,一定要在两个运算对象的数据类型不同时使用纵向箭头表示的方向由低向高做转换。若两个运算对象的数据类型相同,则不做转换。

例如,两个运算对象分别是int类型和long类型,需要将int类型的数据转换为long类型的数据参与运算;若两个运算对象都是int类型的数据,则仍以int类型参与运算。

注意:自动类型转换只针对两个运算对象,不能对表达式的所有运算符做一次性的自动转换。例如,表达式5/4+3.2的计算结果是4.20,而表达式5.0/4+3.2的计算结果是

4.45,原因是 5/4 按整型计算,并不因为 3.2 是浮点型而将其按浮点型计算。

由于 C 语言的编译版本不同,自动转换规则可能略有不同。例如,有的版本在遇到两个操作数均为 float 类型时,计算结果也为 float 类型。

2.8.2 强制类型转换

格式:

(类型名)表达式

例如,5/3 结果为 1。

为了得到准确的结果,就可用强制类型转换(float)5/3。

例如,$x+y$ 是浮点数,则(int)$(x+y)$ 就将该表达式强制转换成整型数。

实际上强制转换(类型)是操作符,由于它是一元单目运算,所以优先级较高,它与自增、自减运算符属于同一优先级。

例 2-6 对输入的数据进行强制类型转换后输出结果。

```
#include "stdio.h"
main()
{
    float f1,f2,x=3.6,y=5.2;
    int i=10,j=4,a,b,c;
    a=x+y;
    b=(int)x+y;      /*将 x 强制转换成 int 型,再计算它与 y 的和*/
    f1=i/j;          /*计算 i/j 的值*/
    f2=(float)i/j;   /*将 i/j 的值强制转换成 float 型*/
    c=i%(int)x;      /*i 对强制转换成 int 型的 x 求余*/
    printf("a=%d,b=%d,f1=%f,f2=%f,c=%d,x=%f\n",a,b,f1,f2,c,x);
}
```

注意:强制类型转换后,原来变量的类型并没有发生改变。

程序运行结果:

a=8,b=8,f1=2.000000,f2=2.500000,c=1,x=3.600000

2.9 综合设计

例 2-7 存款利息计算。

分析:1000 元存 5 年,可按以下 5 种办法存。

(1) 一次存 5 年。

(2) 先存两年期,到期后本息一起再存三年期。

(3) 先存三年期,到期后本息一起再存两年期。

(4) 存一年期,到期后将本息再存一年期,连续存 5 次。

(5) 存活期,活期利息每季度结算一次。

2015 年 7 月的银行存款年利率为:一年期 2%,两年期 2.6%,3 年期 3.25%,5 年期

4.5%,活期 0.35%。如果 r 为年利率,n 为存款年数,则计算本息和的公式如下。

一年期本息和：$p=1000\times(1+r)$；

n 年期本息和：$p=1000\times(1+n\times r)$；

存 n 次一年期本息和：$p=1000\times(1+r)^n$；

活期存款本息和：$p=1000\times(1+r/4)^{4n}$。

提示：在程序开头加入头文件 math.h,可使用其中的 pow(x,n)函数来计算 x^n。

```
#include "stdio.h"
#include "math.h"
void main()
{
    double r1,r2,r3,r5,r,p1,p2,p3,p4,p5;
    r1 = 0.02;
    r2 = 0.026;
    r3 = 0.0325;
    r5 = 0.045;
    r = 0.0035;
    p1 = 1000 * (1 + 5 * r5);
    p2 = (1000 * (1 + 2 * r2)) * (1 + 3 * r3);
    p3 = (1000 * (1 + 3 * r3)) * (1 + 2 * r2);
    p4 = 1000 * pow(1 + r1,5);
    p5 = 1000 * pow(1 + r/4,4 * 5);
    printf("p1 = %f\np2 = %f\np3 = %f\np4 = %f\np5 = %f\n",p1,p2,p3,p4,p5);
}
```

2.10 小结

本章主要讲解数据类型、基本运算及类型转换。本章的内容与定义数据、处理数据相关。首先,在定义数据之前需要了解数据有哪些数据类型,然后根据问题的需求来定义某种类型的常量或变量,数据准备好了就该考虑对数据进行哪些处理和运算,最后还要考虑数据在进行运算时可能会涉及的类型之间的转换,上述过程正是本章的内容。所以,初学者在学习本章内容的过程中可能会感到内容繁多、知识琐碎、不易理解,但一定要做到"钻进去,跳出来"。也就是说,对于这些内容既要"钻进去"熟练掌握,又不能陷于知识本身的细节之中,学完了这些内容后还要能够从中"跳出来",要把所学的零零碎碎的知识串起来,形成一个整体。注意,在学习程序设计中,所学的一切都是为了"编写程序"这个最终目的,只有通过大量的编程实践才有可能把所学的内容慢慢消化、吸收,所以打好基础至关重要。

习 题 2

1. 选择题

(1) 已定义"int k,a,b;unsigned long w=5;double x=1.42;",下列表达式不正确的是(　　)。

  A. $x\%(-3)$ B. $w+=-2$
  C. $k=(a=2,b=3,a+b)$ D. $a+=a-=(b=4)*(a=3)$

(2) 若变量已正确定义并赋值,以下符合C语言语法的表达式是( )。
  A. $a:=b+1$ B. $a=b=c+2$
  C. int 18.5%3   D. $a=a+7=c+b$

(3) 下列可用作C语言用户标识符的一组是( )。
  A. void、define、WORD   B. a3_b3、_123、Car
  C. For、-abc、IF Case   D. 2a、DO、sizeof

(4) C语言中运算对象必须是整型的运算符是( )。
  A. %   B. /   C. =   D. <=

(5) 有以下程序:

```
main()
{
    int i=1,j=1,k=2;
    if((j++||k++)&&i++)
    printf("%d,%d,%d\n",i,j,k);
}
```

执行后输出的结果是( )。
  A. 1,1,2   B. 2,2,1   C. 2,2,2   D. 2,2,3

(6) 设"int x=1,y=1;",表达式(!x||y--)的值是( )。
  A. 0   B. 1   C. 2   D. -1

(7) 在以下运算符中,优先级最高的运算符是( )。
  A. <=   B. =   C. %   D. &&

(8) 已定义"int a,b;double x=1.42,y=5.2;",下列表达式正确的是( )。
  A. $a+=a=(b=4)*(a=3)$ B. $a=a*3=2$
  C. $d=9+e,f=d+9$ D. $a+b=x+y$

(9) 已定义"int num=7,sum=7;",(sum=num++,sum++,++num)表达式的结果是( )。
  A. 7   B. 8   C. 9   D. 10

(10) 若有定义"int a=7; float x=2.5,y=4.7;",则表达式x+a%3*(int)(x+y)%2/4的值是( )。
  A. 2.500000   B. 4.50000   C. 3.500000   D. 0.00000

(11) 已知字母A的ASCII码为十进制数65,且c2为字符型,则执行语句"c2='A'+'6'-'3';"后c2中的值为( )。
  A. D   B. 68   C. C   D. 不确定的值

(12) 若x、i、j和k都是int型变量,则执行表达式x=(i=4,j=16,k=32)后x的值为( )。
  A. 4   B. 16   C. 32   D. 52

(13) 以下不能将变量c中的大写字母转换为对应小写字母的语句是( )。

A. c=(c−'A')％26+'a'   B. c=c+32
C. c=c−'A'+'a'   D. c=('A'+c)％26−'a'

(14) 执行下面程序段的输出结果是（　　）。

int x = 023,y = 5,z = 2 + (y += y++,x + 8,++x); printf("％d,％d\n",x,z);

  A. 18,13　　　　B. 19,14　　　　C. 22,21　　　　D. 20,22

(15) 设有定义"int x＝2;"，以下表达式中值不为 6 的是（　　）。

  A. x＊＝x+1　　　　　　　　B. x++,2＊x
  C. x＊＝(1+x)　　　　　　　D. 2＊x,x+＝2

(16) 执行下面程序段的输出结果为（　　）。

int x = 13,y = 5; printf("％d",x％ = (y/ = 2));

  A. 3　　　　　B. 2　　　　　C. 1　　　　　D. 0

(17) 若变量 a、i 已正确定义，且 i 已正确赋值，下列语句合法的是（　　）。

  A. a＝＝1　　　　　　　　　B. ++i;
  C. a=a++=5;　　　　　　　　D. a=int(i);

(18) 设有单精度变量 $x=3.0,y=4.0$，下列表达式中 y 的值为 9.0 的是（　　）。

  A. y/＝x＊27/4　　　　　　　B. y+＝x+2.0
  C. y−＝x+8.0　　　　　　　D. y＊＝x−3.0

(19) 执行下面程序中的输出语句后 a 的值是（　　）。

```
main()
{
    int a = 5; printf("％d\n",(a = 3 * 5,a * 4,a + 5));
}
```

  A. 45　　　　B. 20　　　　C. 15　　　　D. 10

(20) 若有程序段"int c1=1,c2=2,c3; c3=1.0/c2＊c1;"，则执行后 c3 中的值是（　　）。

  A. 0　　　　　B. 0.5　　　　C. 1　　　　　D. 2

2．读程序写结果题

(1) 下面程序的运行结果是_____。

```
# include "stdio.h"
# include "math.h"
main()
{
    int a = 1,b = 4,c = 2;
    float x = 5.5,y = 9.0,z;
    z = (a + b)/c + sqrt((double)y) * 1.2/c + x;
    printf("％f\n",z);
}
```

(2) 下面程序的运行结果是_____。

```c
#include "stdio.h"
main()
{
    int i,j,m,n;
    i=8; j=10;
    m=++i;
    n=j++;
    printf("%d,%d,%d,%d",i,j,m,n);
}
```

(3) 下面程序的运行结果是_____。

```c
#include "stdio.h"
main()
{   int a=10;
    a=(3*5,a+4); printf("a=%d\n",a);
}
```

(4) 下面程序的运行结果是_____。

```c
#include "stdio.h"
main()
{   int x,y,z;
    x=y=1;
    z=x++,y++,++y;
    printf("%d,%d,%d\n",x,y,z);
}
```

(5) 下面程序的运行结果是_____。

```c
#include "stdio.h"
main()
{
    char c; int n=100;
    float f=10; double x;
    n/=(c=50);
    x=(int)f%n;
    printf("%d %f\n",n,x);
}
```

3. 填空题

(1) 已有"int a=10; a=(3*5,a+4);",则 a 的值为_____。

(2) 设变量 a 和 b 已正确定义并赋初值,请写出与 a-=a+b 等价的赋值表达式_____。

(3) 表达式(int)((double)(5/2)+2.5)的值是_____。

(4) 设变量已正确定义为整型,则表达式"n=i=2,++i,i++"的值为_____。

(5) 若变量 x、y 已定义为 int 类型,且 x 的值为 99,y 的值为 9,请将输出语句补充完整,使其输出的计算结果形式为 $x/y=11$,输出语句为"printf(_____,x/y);"。

(6) 若有定义"int a=10,b=9,c=8;",接着顺序执行下列语句后变量 b 中的值是_____。

```
c = (a -= (b - 5));
c = (a % 11) + (b = 3);
```

4. 编程题

(1) 从键盘输入圆半径 r、圆柱的高 h,求圆周长、圆面积、圆柱的体积,输出计算结果,要求输入、输出要有说明,输出取小数点后两位小数。

(2) 输入一个华氏温度 F,计算并输出对应的摄氏温度,公式为 $C=5(F-32)/9$。要求输入要有提示,输出要有说明,取两位小数。

(3) 从键盘输入变量 a、变量 b 的值,计算并输出变量 a、变量 b 的 +、-、*、/、% 的结果。

本章实验实训

实训 2-1 关于圆的运算

【实验目的】

熟练掌握各种数据类型和运算符。

【实验内容及步骤】

任务描述:
给定一个圆半径 r、圆柱的高 h,求圆周长、圆面积、圆球表面积、圆球体积、圆柱体积。
输入:
圆半径 r 和圆柱高 h,圆周率 PI 取 3.14159。
输出:
圆周长、圆面积、圆球表面积、圆球体积、圆柱体积的结果,结果保留小数点后两位。
输入样例:

1.5 2

输出样例:

c1 = 9.42, sa = 7.07, sb = 28.27, va = 14.14, vb = 14.14

问题分析:
用 scanf() 函数输入数据,输出计算结果,输出时要求有文字说明,取小数点后两位数字。

实训 2-2　判断较大数

【实验目的】

熟练掌握条件运算符。

【实验内容及步骤】

任务描述：

输入两个数，求两个数中的较大者，并输出较大者。

输入数字：

10　15

输出较大值：

15

第 3 章 选择结构

第 1 章和第 2 章已经介绍了顺序结构的程序设计,在大多数情况下,由于数据处理的需要,程序不会是单一的顺序结构,而是顺序、选择、循环 3 种结构的复杂组合。

在生活中,人们在做某件事情时经常要根据某些条件来做出不同的抉择,在程序设计中也需要通过对一些条件的判断来选择处理不同的数据或完成特定的功能,这就是条件语句的任务。本章介绍如何用 C 语言的条件语句实现选择结构。为此先介绍用来描述条件的关系和逻辑表达式,接着介绍实现选择结构的条件语句(if 和 switch)。if 语句有简单选择结构、二路选择结构、多路选择结构这 3 种形式。if 语句可以通过嵌套形式实现复杂的选择结构。switch 语句能方便地实现更简明的多路选择。

3.1 工程师岗位面试(关系运算符和逻辑运算符)

视频讲解

上海一家 IT 企业招聘 C/C++ 开发工程师,满足以下任职要求者可以获得面试机会。
(1) 学历要求:计算机相关专业毕业,硕士及以上学历。
(2) 工作年限:具有两年以上 C/C++ 开发工程师岗位从业经验。
(3) 业务要求:能熟练使用或精通 C/C++ 和数据压缩算法。

3.1.1 分析与设计

这家企业招聘 C/C++ 开发工程师的条件和描述这些条件的表达式如表 3.1 所示。

表 3.1 任职要求和对应的表达式

招聘条件	表达式
硕士、博士	eduction=='M' || eduction=='D'
在 C/C++ 开发工程师岗位从业两年以上	working_life>2
对 C/C++ 和数据压缩算法能熟练使用或精通	skill_level>2 && skill_level<=4

学历:G.本科 M.硕士 D.博士;工作年限:用整型数表示;熟练程度:1.初学 2.一般 3.熟练 4.精通

满足以上 3 个条件,即相应表达式的值为真,那么求职者就可以接到面试通知。从以上面试条件中可以观察到,有的条件涉及多个判断(子条件),而这些判断之间存在着一定的逻辑关系,后面介绍的关系运算和逻辑运算就用来描述它们的逻辑关系。另外,程序中的 if 语句用于控制求职者是否满足面试条件,并输出相应的结果。

例 3-1 谁会得到面试机会。

```c
#include "stdio.h"
void main()
{
    char eduction;
    int working_life, skill_level;
    printf("_____求职信息_____\n");
    printf("学历(G.本科 M.硕士 D.博士): ");
    scanf("%c",&eduction);
    if(eduction == 'M' || eduction == 'D')                  /*筛查学历*/
    {
        printf("C/C++开发工程师任职年限: ");
        scanf("%d",&working_life);
        if(working_life > 2)                                /*筛查工作年限*/
        {
            printf("数据压缩算法(1.初学 2.一般 3.熟练 4.精通):");
            scanf("%d",&skill_level);
            if(skill_level > 2 && skill_level <= 4)         /*筛查业务能力*/
                printf("恭喜你获得面试机会!\n");             /*符合所有条件*/
            else
                printf("抱歉,你熟练程度不够!\n");
        }
        else
            printf("抱歉,你任职年限不够!\n");
    }
    else
        printf("抱歉,你学历尚浅!\n");
}
```

运行结果:

```
_____求职信息_____
学历(G.本科 M.硕士 D.博士):M
C/C++开发工程师任职年限:3
数据压缩算法(1.初学 2.一般 3.熟练 4.精通):4
恭喜你获得面试机会!
```

程序运行后的显示效果如图 3.1 所示。

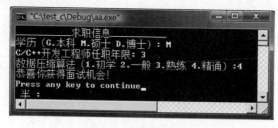

图 3.1 程序运行结果

3.1.2 关系运算符和关系表达式

关系表达式是由关系运算符、括号、常量、变量和函数等运算对象构成的式子。在 C 语言中关系运算符共有 6 种,如表 3.2 所示。

表 3.2 关系运算符

关系运算符	含　义	优　先　级	结　合　性
<	小于	这几个运算符优先级相同,但比下面高	左结合
<=	小于或等于		
>	大于		
>=	大于或等于		
==	等于	这两个运算符优先级相同,但比上面低	
!=	不等于		

通过关系运算符可以写出关系表达式,关系表达式的一般形式如下:

表达式　关系运算符　表达式

例 3-1 中出现的 working_life>2 就是关系表达式。由于关系运算符的优先级低于算术运算符,高于赋值运算符,所以下面的关系表达式有其相应的等价式子。

$$a>b+c \quad 等价于 \quad a>(b+c)$$
$$a>b==c \quad 等价于 \quad (a>b)==c$$
$$a=b>c \quad 等价于 \quad a=(b>c)$$

关系运算实际上是比较运算。关系表达式的值是一个逻辑值,即"真"或"假"。在 C 语言中没有专用的逻辑型数据,因此常用整型变量来存放关系的运算结果。若关系表达式成立,则该表达式的值为"真",用整数"1"表示;若关系表达式不成立,则该表达式的值为"假",用整数"0"表示。例如,关系表达式 2==3 的值为 0,5>3 的值为 1,$(a=3)>(b=5)$ 的值为 0。

3.1.3　逻辑运算符和逻辑表达式

逻辑表达式是由逻辑运算符、括号和其他运算对象构成的式子,它的值反映了逻辑运算的结果。C 语言中的逻辑运算符有 3 种,如表 3.3 所示。

表 3.3 逻辑运算符

逻辑运算符	含　义	优　先　级	结　合　性
!	逻辑非,单目	高于 && 和 ||	右结合
&&	逻辑与,双目	高于 ||	左结合
||	逻辑或,双目	低于 &&	左结合

通过逻辑运算符可以写出逻辑表达式,逻辑表达式的一般形式如下:

表达式　逻辑运算符　表达式　或　逻辑运算符　表达式

例如,$a \| b$ 和 age>25 && sex=='f' 都是逻辑表达式。

运算符"&&"和"\|\|"的优先级低于算术运算符和关系运算符,而运算符"!"的优先级高于算术运算符和关系运算符。在例 3-1 中用 3 个逻辑表达式来选择符合条件的求职者。3 种逻辑运算符的运算规则如下。

(1) a&&b：当 a 和 b 都为真时结果为真,否则结果为假。
(2) a‖b：当 a 和 b 至少一个为真时结果为真,当 a 和 b 都为假时结果为假。
(3) !a：当 a 为真时结果为假,当 a 为假时结果为真。
表 3.4 为逻辑运算的真值表,它表示 a 和 b 的值在不同组合下各逻辑运算的值。

表 3.4 逻辑运算的真值表

a	b	!a	!b	a&&b	a‖b
真	真	假	假	真	真
真	假	假	真	假	真
假	真	真	假	假	真
假	假	真	真	假	假

例 3-2 设 a=4,b=5,c=5,写出下面各逻辑表达式的值。

a+b<c&&b==c　　　　　值为 0
a‖b+c&&b-c　　　　　值为 1
!(a>b)&&!c‖1　　　　　值为 1
!(x=a)&&(y=b)&&0　　　值为 0
!(a+b)+c-1&&b+c/2　　　值为 1

说明：
(1) 逻辑表达式中任何非零的数值都被作为"真"。
(2) 在逻辑表达式的求解中,并不是所有的逻辑运算符都会被执行。
① a&&b&&c：只有 a 为真时才需要判断 b 的值,只有 a 和 b 都为真时才需要判断 c 的值。
② a‖b‖c：只要 a 为真,就不必判断 b 和 c 的值,只有 a 为假时才需要判断 b。a 和 b 都为假时才判断 c。

当左值可以决定整个表达式的值时就不再求右边表达式的值,因此对于与(&&)运算来说,左值为 0,就不再继续后面的运算;对于或(‖)运算来说,左值为 1,就不再继续后面的运算,这样可以提高运行速度,有的书中把这一特点叫作"逻辑运算的短路特性",例如：

$$(m=a>b)\&\&(n=c>d)$$

当 a=1,b=2,c=3,d=4,m 和 n 的原值为 1 时,由于"a>b"的值为 0,因此 m=0,即可判断出表达式(m=a>b)&&(n=c>d)的值为 0,而不必再求"n=c>d"的值,因此 n 的值不是 0 而仍保持原值 1。

3.1.4 条件运算符和条件表达式

条件表达式是用条件运算符(?:)把 3 个表达式连接起来的式子,其形式如下：

表达式 1?表达式 2: 表达式 3

条件运算符(?:)要求 3 个操作数,所以也称为三目运算符。条件表达式的求解过程是先判断表达式 1 的值是否为真(非 0),若为真,则计算表达式 2,表达式 2 的值就是整个条件表达式的值;若为假(0),则计算表达式 3,表达式 3 的值就是整个条件表达式的值。

例 3-3 输入学生的卷面成绩和平时成绩,判断学生的总评成绩是否及格(总评成绩＝卷面成绩×60%＋平时成绩×40%,且总评成绩60分以上为及格)。

```
#include "stdio.h"
void main()
{
    int g1,g2,grade;
    printf("请输入卷面成绩和平时成绩:");
    scanf("%d%d",&g1,&g2);      /*不能打负分*/
    grade=(int)(g1*0.6+g2*0.4);
    printf("考试结果:%s,%d\n",grade>=60?"及格":"不及格",grade);
}
```

运行结果:

请输入卷面成绩和平时成绩:85 80
考试结果:及格,83

例 3-4 将输入的字符由大写字母转换成小写字母。

分析:使用条件表达式"ch=(ch>='A'&&ch<='Z')?(ch+32):ch"来判断是否为大写字母,如果字符变量 ch 的值为大写字母,则条件表达式的值为"ch+32",即相应的小写字母,32 是小写字母和大写字母 ASCII 码的差值。如果 ch 的值不是大写字母,则条件表达式的值为 ch,即不进行转换。

```
#include "stdio.h"
void main ()
{
    char ch;
    printf("请输入一个字符:");
    scanf("%c",&ch);                        /*输入一个字符*/
    ch=(ch>='A'&&ch<='Z')?(ch+32):ch;       /*将输入的大写字母转换为小写字母*/
    printf("%c\n",ch);                      /*输出最后得到的字符*/
}
```

运行结果如下:

请输入一个字符:a
a

请注意条件运算符的结合性为右结合。例如"int a=1,b=4,c=3,d=2;",条件表达式 a<b?a:c<d?c:d 的值是什么? 由于条件运算符的右结合性,a<b?a:c<d?c:d 相当于 a<b?a:(c<d?c:d),因为 a<b 为真,所以整个条件表达式的值就为 a 的值 1。如果 a<b 为假,那么再去计算后面的(c<d?c:d),这里 a<b 为真,因此就不必计算后面的条件表达式(c<d?c:d)。

3.2 判断身材是否标准(if 语句)

输入某人的身高和体重,按照下面的方法确定此人的体重是标准、过胖还是过瘦。

(1) 标准体重=(身高-110)kg。

（2）超过标准体重 5kg 为过胖。

（3）低于标准体重 5kg 为过瘦。

3.2.1　分析与设计

视频讲解

在设计该程序的代码时，使用 weight 代表体重、height 代表身高，因此标准体重计算方法为 height－110。若某人的体重超过标准体重 5kg，即 weight＞height－105，那么表明此人超重；若某人的体重低于标准体重 5kg，即 weight＜height－115，那么表明此人过瘦；如果某人的体重为 height－105≤weight≤ height－115，表明此人的身材标准。

例 3-5　你的身材标准吗？

```c
#include "stdio.h"
void main()
{
    float height,weight;
    printf("请输入你的身高和体重：");          /* height 为身高变量,weight 为体重变量 */
    scanf("%f,%f",&height,&weight);
    if(height>0&&weight>0)                    /* height、weight 不可为负数 */
    {
        if(weight>height-105)                 /* 判断是超重、标准还是偏轻 */
            printf("你的体重超重,请注意减肥\n");
        else if(weight<height-115)
            printf("你的体重偏轻,请注意营养\n");
        else
            printf("你的体重刚好,请保持\n");
    }
    else
        printf("输入的数据不合格\n");
}
```

运行结果 1 如下：

请输入你的身高和体重：165,50
你的体重刚好,请保持

运行结果 2 如下：

请输入你的身高和体重：160,60
你的体重超重,请注意减肥

运行结果 3 如下：

请输入你的身高和体重：175,50
你的体重偏轻,请注意营养

3.2.2　if 语句

视频讲解

if 语句也称为条件语句，用于实现程序的选择结构。if 语句通过判断给定的条件（一般是关系表达式或逻辑表达式）是否成立来控制执行不同的程序语句，完成相应的功能。if 语句有 3 种语法形式，构成了 3 种选择结构。

1. 简单选择结构

简单选择结构也称为单分支结构,语句形式如下:

if(表达式)
   语句;

该语句的功能是如果表达式的值为真(非 0 值),则执行语句;如果表达式的值为假(0 值),则跳过该语句继续执行后续程序。其执行过程如图 3.2 所示。

例如:

if(x>y)
    printf("%d\n",x);

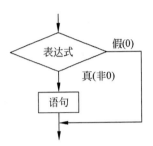

图 3.2 简单选择结构的执行过程

说明:if(表达式)这行后面不要添分号,因为在这里 if 关键字这行和其后面一行是联系在一起而构成一条完整的语句,加分号就把该语句变为两条语句了。

例如:

if(x>y);   /*这是一条语句,";"是语句结束符*/
    printf("%d",x);   /*这是另一条语句*/

例 3-6 超市在打折促销商品,若购物金额在 500~1000 元打 8 折,超过 1000 元打 7 折,低于 500 元不打折,编程序输入购物金额,计算并输出折扣金额。

分析:首先设购物金额为 total,按照题目要求打折范围被划分为 3 段,即若 0<total<500,不打折;若 500≤total≤1000,打 8 折;若 total>1000,打 7 折。

```
#include "stdio.h"
void main()
{
    float total;                                      /* total 为购物金额 */
    printf("请输入购物金额:");
    scanf("%f",&total);                               /* 输入购物金额 */
    if(0<total && total<500)
        printf("折扣后金额:%8.2f\n", total);          /* 无折扣 */
    if(500<=total && total<=1000)
        printf("折扣后金额:%8.2f\n", total*0.8);      /* 打 8 折 */
    if(total>1000)
        printf("折扣后金额:%8.2f\n", total*0.7);      /* 打 7 折 */
    if(total<=0)
        printf("数据非法\n");
}
```

运行结果 1 如下:

请输入购物金额:400
折扣后金额: 400.00

运行结果 2 如下:

请输入购物金额:800
折扣后金额:640.00

运行结果3如下:

请输入购物金额:2000
折扣后金额:1400.00

2. 二路选择结构

二路选择结构也称为双分支结构,语句形式如下:

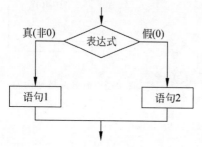

```
if(表达式)
    语句1;
else
    语句2;
```

该语句的功能是如果表达式的值为真(非0值),则执行语句1,否则执行语句2。其执行过程如图3.3所示。

图3.3 二路选择结构的执行过程

说明:语句1和语句2可以是一个语句也可以是复合语句(用大括号括起来的多个语句)。

例3-7 目前,中国男性的就业年龄为16~60岁,输入某人的年龄,判断他是否适合就业。

```c
#include "stdio.h"
void main ()
{
    int age;                              /*age为年龄*/
    printf("请输入你的年龄: ");
    scanf("%d",&age);                     /*输入年龄,正数*/
    if(age<16)
        printf("你还太年轻,不宜工作\n");
    else
    {
        if(16<=age && age<=60)
            printf("你适合就业\n");
        else
            printf("你可以安享退休生活了\n");
    }
}
```

运行结果1如下:

请输入你的年龄:15
你还太年轻,不宜工作

运行结果2如下:

请输入你的年龄:20
你适合就业

运行结果 3 如下：

请输入你的年龄：61
你可以安享退休生活了

例 3-8 输入年份，判断该年是否为闰年，若是闰年则输出"Y"，否则输出"N"。

分析：若年份能被 4 整除但不能被 100 整除，则该年是闰年；年号能被 400 整除也是闰年。由此，判断闰年的逻辑表达式如下：

$$(year\%4==0\&\&year\%100!=0)\|year\%400==0$$

```
#include "stdio.h"
void main()
{
    int year;
    printf("请输入一个年份：");                    /*输入年份到变量 year 中*/
    scanf("%d",&year);
    if((year%4==0&&year%100!=0)||year%400==0)
        printf("Y\n");                           /*是闰年*/
    else
        printf("N\n");                           /*不是闰年*/
}
```

运行结果 1 如下：

请输入一个年份：2011
N

运行结果 2 如下：

请输入一个年份：2004
Y

3. 多路选择结构

多路选择结构也称为多分支结构，语句形式如下：

```
if(表达式 1)
    语句 1;
else if(表达式 2)
    语句 2;
else if(表达式 3)
    语句 3;
…
else if(表达式 m)
    语句 m;
[else
    语句 n;]
```

该语句将从上至下依次判断各表达式的值，当出现某个表达式的值为真时则执行其对应的语句，然后跳到整个 if 语句之外继续执行后续程序。如果所有的表达式值均为假，则执行 else 后的语句 n，接着继续执行后续程序。其执行过程如图 3.4 所示。

例如：

```
if (number > 500)
    cost = 0.15;
else if(number > 300)
    cost = 0.10;
else if(number > 100)
    cost = 0.075;
else if(number > 50)
    cost = 0.05;
else
    cost = 0;
```

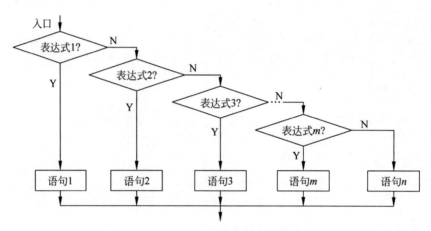

图 3.4　多路选择结构的执行过程

例 3-9　某公司对销售人员的工资实行底薪 1000 元加月销售额提成的政策，销售额与提成的比例关系如表 3.5 所示(单位：元)。

表 3.5　销售额与提成的比例关系表

销售额 sales	提 成 比 例	销售额 sales	提 成 比 例
sales<10000	没有提成	50000≤sales<100000	3%
10000≤sales<50000	2%	sales≥100000	4%

分析：

(1) 定义变量 sales 用来存放销售人员当月的销售额。

(2) 提示用户输入销售人员当月的销售额，并用 scanf()函数接受用户输入的销售人员当月的销售额。

(3) 根据表 3.5 的规则计算销售人员当月的工资(底薪＋销售额×提成比例)，并输出。

```
#include "stdio.h"
void main()
{
    const float B_PAY = 1000.0;                    /*定义底薪*/
    float sales,income;                            /*定义销售额、工资*/
    printf("请输入销售人员的销售额：");
```

```
        scanf("%f",&sales);
        if(sales<0)
        {
            printf("输入的数据非法\n");
            return;
        }
        if(sales<10000)
            income = B_PAY;
        else if(sales<50000)
            income = B_PAY + sales * (float)0.02;
        else if(sales<100000)
            income = B_PAY + sales * (float)0.03;
        else
            income = B_PAY + sales * (float)0.04;
        printf("本月工资 = %.2f \n", income);
}
```

运行结果1如下：

请输入销售人员的销售额：-1000
输入的数据非法

运行结果2如下：

请输入销售人员的销售额：5000
本月工资=1000.00

运行结果3如下：

请输入销售人员的销售额：20000
本月工资=1400.00

运行结果4如下：

请输入销售人员的销售额：60000
本月工资=2800.00

运行结果5如下：

请输入销售人员的销售额：200000
本月工资=9000.00

说明：
(1) 多路选择结构为多选一的结构。
(2) 如果所有条件均不成立，也不需要完成任何操作，则可以省略else子句。
对if语句的几点说明如下：

(1) 在if语句的3种形式中，在if后面都有表达式，一般为混合型表达式，有时为单纯的逻辑表达式、关系表达式或算术表达式。

(2) 在第2、第3种形式的if语句中，在每个else前面有一个分号，整个语句结束处有一个分号。

(3) 在if和else后面可以只含有一个内嵌的操作语句，也可以有多个操作语句，但要用大括号将几个语句括起来成为一个复合语句,此时不用加分号。

3.2.3 if 语句的嵌套

3.2.2 节讲解的 3 种形式是 if 语句的基本形式,如果在 if 语句中又包含一个或多个 if 语句则称为 if 语句的嵌套。其一般形式如下:

```
if(表达式)                              /*外层*/
    if 语句;                            /*内层*/
```

或者

```
if(表达式)                              /*外层*/
    if 语句;                            /*内层*/
else
    if 语句;                            /*内层*/
```

例 3-10 学校进行成绩分级管理,取消分数制,改为成绩分级评定。具体办法是小于 60 分为 E 类;60~70 分(不含 70 分)为 D 类;70~80 分(不含 80 分)为 C 类;80~90 分(不含 90 分)为 B 类;90 分以上为 A 类。设计一个程序,对输入的成绩进行等级划分。

分析:如果用多分支 if 语句进行判断,过程如下。

(1) 看输入的成绩是否小于 60 分,若是则为 E 类,否则转(2)。
(2) 看输入的成绩是否小于 70 分,若是则为 D 类,否则转(3)。
(3) 看输入的成绩是否小于 80 分,若是则为 C 类,否则转(4)。
(4) 看输入的成绩是否小于 90 分,若是则为 B 类,否则转(5)。
(5) 该成绩为 A 类。

应用第 3 种 if 语句的执行过程如图 3.5 所示。

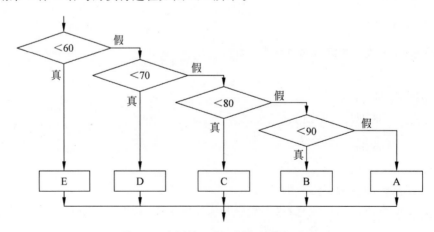

图 3.5 应用第 3 种 if 语句的执行过程

通过该流程图可以看出,如果一个学生的成绩为 95 分,那么至少要在该程序中进行 4 次比较才能得到最终结果。倘若同学们的成绩普遍都很好,那么用这个程序进行成绩等级划分的效率是不高的,因为它最多要比较 4 次才能得到最终结果。如果应用 if 语句的嵌套,就可以减少比较次数,从而提高程序的效率,应用 if 嵌套语句的执行过程如图 3.6 所示。

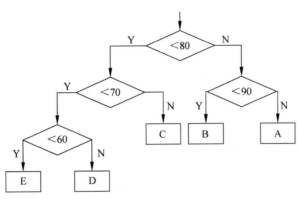

图 3.6　应用 if 嵌套语句的执行过程

从该流程图中不难看出,应用 if 嵌套语句可以减少程序的平均比较次数。因为它最多只要比较 3 次就能得到最终结果。同样是成绩普遍很好的同学,应用这个程序来进行成绩等级划分的效率要比图 3.5 所示的效率高。如果在大型系统中,需要比较的次数更多,那么这个程序的优势将更加明显。具体代码如下:

```
#include "stdio.h"
void main()
{
    int score;
    printf("请输入成绩: ");
    scanf(" % d",&score);            /* 输入成绩存储到变量 score 中 */
    if(score<80)                     /* 判断成绩是否小于 80 分 */
        if(score<70)                 /* 判断成绩是否小于 70 分 */
            if(score<60)             /* 判断成绩是否小于 60 分 */
                printf("E\n");       /* 如果成绩小于 60 分,则对应等级为 E */
            else
                printf("D\n");       /* 如果成绩小于 70 分,则对应等级为 D */
        else
            printf("C\n");           /* 如果成绩小于 80 分,则对应等级为 C */
    else
        if(score<90)                 /* 判断成绩是否小于 90 分 */
            printf("B\n");           /* 如果成绩小于 90 分,则对应等级为 B */
        else
            printf("A\n");           /* 如果成绩不小于 90 分,则对应等级为 A */
}
```

运行结果 1 如下:

请输入成绩:59
E

运行结果 2 如下:

请输入成绩:68
D

运行结果 3 如下:

请输入成绩: 72
C

运行结果4如下：

请输入成绩: 86
B

运行结果5如下：

请输入成绩: 93
A

在if嵌套语句结构中要注意if和else的配对，配对原则为else总是与它上面最近的同一复合语句中的未配对的if语句配对。以下程序段得到的配对关系为第①个if和第③个else配对；第②个if和第②个else配对；第③个if和第①个else配对；第④个if和第④个else配对。

```
①if(score<80)
    ②if(score<70)
        ③if(score<60)
            printf("E\n");
        ①else
            printf("D\n");
    ②else
        printf("C\n");
③else
④if(score<90)
    printf("B\n");
④else
    printf("A\n");
```

注意：配对时将从第一个else开始向上寻找与其配对的if语句。

3.2.4 实战演练

某邮局对邮寄包裹有以下规定：若包裹的长、宽、高任一尺寸超过1m或质量超过30kg，不予邮寄；对可以邮寄的包裹每件收取手续费0.5元，再加上根据表3.6按质量weight计算的邮资，请编写程序计算包裹的邮寄资费。

表3.6 按质量计算的邮资标准

质量(kg)	收费标准(元/kg)
weight≤10	1.00
10<weight≤20	0.90
20<weight≤30	0.80

请读者根据题意将程序补充完整。

```c
#include "stdio.h"
void main()
{
    float length,width,height,weight,postage,r ;  /* length、height、width 分别为长、高、宽; weight 为包裹的质量; postage 为应付邮资; r 为能否邮寄的标志变量 */
    printf("请输入包裹的长、宽、高、质量: ");
    scanf("%f%f%f%f",&length,&width,&height,&weight);
```

```
        if(_____)                /* 长、宽、高任一尺寸超过1m或质量超过30kg,不予邮寄 */
            r = -1;
        else if(_____)            /* 如果质量<=10kg,收费标准为1.00元/kg */
            r = 1.00;
        else if(_____)            /* 如果质量<=20kg,收费标准为0.90元/kg */
            r = 0.90;
        else if(_____)            /* 如果质量<=30kg,收费标准为0.80元/kg */
            r = 0.80;
        if(_____)                /* 如果r== -1,不予邮寄 */
            printf("包裹不符合要求,不予邮寄。\n");
        else                        /* 计算所付邮资 */
        {
            postage = _____;
            printf("你应该支付的邮资为: %2f 元.\n",postage);
        }
    }
```

运行结果如下:

请输入包裹的长、宽、高、质量: 0.50 0.80 1.00 6.00
你应该支付的邮资为: 6.50 元

3.3 顾客点餐(switch 语句)

视频讲解

快餐店推出新套餐系列供顾客点餐,可供选择的套餐有 4 种: A 餐,超值全家桶+大薯,78.00 元; B 餐,超值全家桶+大鸡米花,85.00 元; C 餐,超值全家桶+新奥尔良烤鸡腿堡,83.50 元; D 餐,超值全家桶+葡式蛋挞或黄桃蛋挞,93.00 元。请编程实现顾客点餐和价格结算功能。

3.3.1 分析与设计

程序可以先显示 4 种套餐的价目表,然后接收从键盘输入的套餐号,确认输入无误再接收点餐套数,根据套餐号确定相应的单价,然后通过单价和数量计算顾客需支付的金额并输出。如果输入的数据不符合要求,则应给出提示。该题目可以用 3.2 节介绍的多路选择结构实现,但用 switch 语句同样可以实现多路选择,而且更加简洁、易读。

例 3-11 顾客点快餐。

```c
#include "stdio.h"
void main()
{
    char meal;
    int n = 0;
    float price;
    printf("    套餐及价目表\n");                    /* 显示价目表 */
    printf("A 餐,超值全家桶+大薯,78.00 元\n");
    printf("B 餐,超值全家桶+大鸡米花,85.00 元\n");
    printf("C 餐,超值全家桶+新奥尔良烤鸡腿堡,83.50 元\n");
    printf("D 餐,超值全家桶+葡式蛋挞/黄桃蛋挞,93.00 元\n");
```

```
            printf("请输入套餐种类: ");
            scanf(" % c",&meal);                     /* 从键盘输入套餐种类 */
            if(meal > = 'A' && meal < = 'D')
            {
                switch(meal)                         /* 根据套餐种类确定单价 */
                {
                case 'A': price = 78.00;
                    break;
                case 'B': price = 85.00;
                    break;
                case 'C': price = 83.50;
                    break;
                case 'D': price = 93.00;
                    break;
                }
                printf("请输入点餐套数: ");
                scanf(" % d",&n);                    /* 从键盘输入点餐套数 */
                if(n < = 0)
                    printf("点餐数量不对!\n");
                else
                    printf("请支付 % .2f 元\n",price * n);   /* 计算支付金额并输出 */
            }
            else
                printf("只有以上 4 种套餐,请输入 A～D\n");

        }
```

运行结果:

```
            套餐及价目表
A 餐,超值全家桶 + 大薯,78.00 元
B 餐,超值全家桶 + 大鸡米花,85.00 元
C 餐,超值全家桶 + 新奥尔良烤鸡腿堡,83.50 元
D 餐,超值全家桶 + 葡式蛋挞/黄桃蛋挞,93.00 元
请输入套餐种类: A
请输入点餐套数: 2
请支付 156.00 元
```

程序运行效果如图 3.7 所示。

图 3.7 顾客点餐结果

当然还可以用数组实现更灵活的设计,在学习第 5 章后大家可以尝试一下。

3.3.2　switch 语句

switch 语句的一般形式如下:

```
switch(表达式)
{
case 常量表达式 1: 语句 1;
                break;
case 常量表达式 2: 语句 2;
                break;
…
case 常量表达式 n: 语句 n;
                break;
[default:语句 n + 1;]
}
```

switch 语句的功能是先计算 switch 后面的表达式的值,再依次与 n 个常量表达式的值进行比较,当表达式的值与某个 case 后的常量表达式的值相等时执行该 case 后的语句,然后执行 break 语句跳出 switch 语句。如果所有常量表达式的值都不等于 switch 后面表达式的值,则执行 default 后的语句。例如:

```
switch(grade)
{
case 'A ': printf("85～100\n");
        break;
case 'B ': printf ("70～84\n");
        break;
case 'C ': printf ("60～69\n");
        break;
case 'D ': printf ("<60\n");
        break;
default: printf ("error\n");
}
```

switch 语句的执行过程如图 3.8 所示。

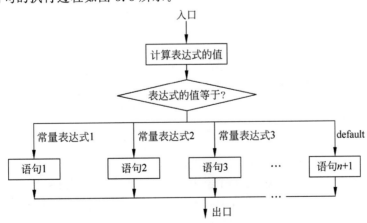

图 3.8　switch 语句的执行过程

注意：在每一个 case 中都应使用 break 语句提供一个出口，使流程跳出 switch 语句。若没有使用 break 语句，则从第一个满足条件的 case 后面的语句起所有 case 后的语句都会被执行，直至遇到 break 语句，这种情况叫作落空。请看下面无 break 语句的例子(例 3-13)。

例 3-12 某足球队按照运动员的体重配给含蛋白质和脂肪食物，标准为：体重 50~69kg 配高蛋白、中度脂肪食物；70~89kg 配高蛋白、低脂肪食物；90~120kg 只配高蛋白食物。编程为输入的运动员体重选择符合标准的食物配给方案。

```c
#include "stdio.h"
void main()
{
    int w;
    printf("请输入运动员的体重：");
    scanf("%d",&w);
    if(w<50 || w>120)
        printf("体重不符合标准,转行吧!\n");
    else
    {
        switch(w/10)
        {
        case 5:
        case 6:printf("配高蛋白、中度脂肪食物\n");break;
        case 7:
        case 8:printf("配高蛋白、低脂肪食物\n");break;
        default:printf("只配高蛋白食物\n");
        }
    }
}
```

例 3-13 case 后无 break 语句的例子(落空)。

```c
#include "stdio.h"
void main()
{
    int c=8;
    switch(c<10?1:c<25?2:c<35?3:4)    /*通过条件表达式确定 switch 表达式的值*/
    {
    case 1: printf("%d℃ 有点冷\n",c);
    case 2: printf("%d℃ 正合适\n",c);
    case 3: printf("%d℃ 有点热\n",c);
    default: printf("%d℃ 太热了\n",c);
    }
}
```

c 的值为 8，则计算 switch 后的条件表达式 $c<10?1:c<25?2:c<35?3:4$，其值为 1，对应的 case 语句为 case 1。由于每个 case 语句后都没有 break 语句，则将从 case 1 开始后面的所有语句都会被执行。因此运行结果如下：

8℃有点冷
8℃正合适
8℃有点热
8℃太热了

3.3.3 使用 switch 语句的注意事项

用户在使用 switch 语句时应注意以下 6 个问题。

（1）case 后的常量表达式的值应该与 switch 后面的表达式的值类型一致，并且跟在 switch 后面的表达式的值和所有 case 后面的常量表达式的值都必须为整型或字符型，不允许为浮点型。

（2）同一个 switch 语句中所有 case 后面的常量表达式的值应互不相同，否则会出现值存在语法错误。

（3）当 switch 表达式的值与某个 case 子句中的常量表达式的值相匹配时，就执行此 case 子句中的内嵌语句，若所有的 case 子句中的常量表达式的值都不能与 switch 表达式的值匹配，就执行 default 子句的内嵌语句。

（4）各 case 和 default 子句的先后顺序变动不会影响程序的执行结果，如果 default 子句前置，后边要加 break 语句结果才正确，只有最后的分支语句可以不加 break 语句且不影响结果。

（5）多个 case 可以共用一组执行语句。例如：

```
case 4:
case 5:
case 6:
case 7:
case 8:
case 9: printf("很遗憾,没有奖品给你");
```

当输入 4、5、6、7、8、9 时都在屏幕上显示"很遗憾,没有奖品给你"。

（6）每个 case 后面可以是一个语句，也可以是多个语句，还可以没有语句。当是多个语句时，可以不用大括号括起来。

3.3.4 多路选择结构的比较

switch 结构和 if-else if-else 多路选择结构都能实现多分支选择结构，但两者各有优势。if-else if-else 多路选择结构的控制能力比 switch 的条件控制更强，if-else if-else 多路选择结构可以依照各种逻辑运算的结果进行流程控制，而 switch 只能进行＝＝（相等）判断，并且只能是整数判断。而 switch 的结构比 if-else if-else 多路选择结构更清晰。

注意：两者都要尽量避免用得过多、过长，尤其不要嵌套层数太多，否则会大大增加程序的分支，使逻辑关系显得混乱，不易维护，易出错。

3.3.5 实战演练

编程查找途经某学院的公交车的路线信息。用户输入第几路公交车，程序将输出其途经路线上的主要站点信息。表 3.7 是途经学院的公交车路线信息。

表 3.7　公交车路线信息

公交车路数	线路途经的主要站点
70 路	西南林业大学、石闸立交、环城北路、小菜园立交、黄土坡、津桥学院、海源寺
83 路	昆明北站、塘子巷、交三桥、莲花宾馆、黄土坡、国际花园、津桥学院、海源寺
116 路	南屏街、昆师路、麻园、黄土坡、高新区(津桥学院)、昌源路、滇缅大道
K13 路	南屏街、小西门、西园路口、洪家营、高新区(津桥学院)、商院路、海源寺

提示：输入公交车路数，用 switch 语句选择匹配表 3.7 中的路数，然后输出途经路线信息。若输入的路数不在该表之列，则给出提示。

3.3.6　综合设计(简单界面设计)

例 3-14　从键盘上输入两个数和一个运算符(+：加,-：减,*：乘,/：除)，从而构成一个二元运算表达式，计算其值并输出运算结果。

分析：首先输入两个数和运算符，然后根据运算符进行相应的运算，但做除法时应判断除数是否非法(为 0)，如果运算符不是+、-、*、/，则同样是非法。

```c
#include "stdio.h"
void main()
{
    float n1,n2;                    /*存放两个数的变量*/
    int tag = 0;                    /*运算合法标志,0:合法,1:非法*/
    char op;                        /*运算符变量*/
    float result;                   /*运算结果变量*/
    printf("_____表达式计算_____\n");
    printf("输入两个数和一个运算符(+：加,-：减,*：乘,/：除),\n");
    printf("构成简单表达式,例如,3.5+7.2\n");
    scanf("%f%c%f",&n1,&op,&n2);
    switch(op)
    {
    case '+': result = n1 + n2;
        break;
    case '-': result = n1 - n2;
        break;
    case '*': result = n1 * n2;
        break;
    case '/': if(!n2)               /*判断除数是否为 0*/
            {
                printf("除数是 0,非法!\n");
                tag = 1;            /*置运算非法标志*/
            }
            else
                result = n1/n2;
            break;
    default: printf("运算符非法!\n");
        tag = 1;                    /*置运算非法标志*/
    }
```

```
    if(!tag)
        printf("运算结果: %.2f %c %.2f = %.2f\n",n1,op,n2,result);
}
```

运行结果:

```
_____表达式计算_____
输入两个数和一个运算符(+:加,-:减,*:乘,/:除),
构成简单表达式,例如,3.5+7.2
3.5+7.2
运算结果: 3.50 + 7.20 = 10.70
```

程序运行效果如图 3.9 所示。

图 3.9　表达式运算结果

3.4 小结

本章详细介绍了选择结构,用于实现选择结构的语句是 if 语句和 switch 语句。它们根据语句中的条件判断的结果选择所要执行的程序分支,其中条件可以用表达式来描述,如关系表达式和逻辑表达式等。

if 语句有 3 种形式,分别如下。

（1）简单选择结构。

语句形式为

```
if(表达式)
    语句;
```

（2）二路选择结构。

语句形式为

```
if(表达式)
    语句 1;
else
    语句 2;
```

（3）多路选择结构。

语句形式为

```
if(表达式 1)
```

```
        语句 1;
    else if(表达式 2)
        语句 2;
    else if(表达式 3)
        语句 3;
        …
    else if(表达式 m)
        语句 m;
    else
        语句 n;
```

switch 语句形式如下:

```
switch(表达式)
{
case 常量表达式 1: 语句 1;
    break;
case 常量表达式 2: 语句 2;
    break;
    …
case 常量表达式 n: 语句 n;
    break;
default: 语句 n+1;
}
```

习 题 3

1. 选择题

(1) 用逻辑表达式表示"大于 10 而小于 20 的数",正确的是(　　)。
  A. 10＜x＜20　 B. x＞10 ‖ x＜20
  C. x＞10 ＆ x＜20　 D. !(x＜=10 ‖ x＞=20)

(2) $x=1, y=1, z=1$,执行表达式 w=++x ‖ ++y&&++z 后 $x、y、z$ 的值分别为(　　)。
  A. $x=2, y=1, z=1$　 B. $x=2, y=2, z=2$
  C. $x=1, y=1, z=1$　 D. $x=2, y=2, z=1$

(3) 已知"int a = 10, b = 11, c = 12;",表达式(a+b)＜c&&b==c 的值是(　　)。
  A. 2　 B. 0　 C. −2　 D. 1

(4) 为了避免在嵌套的条件语句 if-else 中产生歧义,C 语言规定的 if-else 语句的匹配原则是(　　)。
  A. else 子句与所排位置相同的 if 配对
  B. else 子句与其之前最近的尚未配对的 if 配对
  C. else 子句与其之后最近的 if 配对

D. else 子句与同一行上的 if 配对

(5) 判断 char 型变量 ch 是否为大写字母的正确表达式是(　　)。
  A. 'A'<=ch<='Z'　　　　　　　　B. (ch>='A')&(ch<='Z')
  C. (ch>='A')&&(ch<='Z')　　　　D. ('A'<=ch)and('Z'<=ch)

(6) 为表示关系 $x \geq y \geq z$，应使用的 C 语言表达式为(　　)。
  A. (x>=y)&&(y>=z)　　　　　　B. (x>=y)and(y>=z)
  C. x>=y>=z　　　　　　　　　　D. (x>=y)&(y>=z)

(7) 设 x、y 和 z 是 int 型变量，且 $x=3, y=4, z=5$，则下面表达式中值为 0 的是(　　)。
  A. x&&y　　　　　　　　　　　　B. x<=y
  C. x‖y+z&&y-z　　　　　　　　　D. !((x<y)&&!z‖1)

(8) 以下运算符中优先级最低的运算符为(　　)。
  A. &&　　　　B. &　　　　C. !=　　　　D. ‖

(9) 下列程序段执行后 x 的值为(　　)。

```
int x,y = 5;
x = ++y;
if(x == y)
    x * = 2;
if(x > y)
    x++;
else
    x = y - 1;
```

  A. 5　　　　B. 10　　　　C. 13　　　　D. 9

(10) 根据下面的程序段判断 x 的取值在(　　)范围内时将打印字符串"第二"。

```
if(x > 0)
    printf("第一");
else if(x > - 3)
    printf("第二");
else
    printf("第三");
```

  A. $x > 0$　　　　　　　　　　　　B. $x > -3$
  C. $x <= -3$　　　　　　　　　　D. $x <= 0 \& x > -3$

(11) 已知"int x=10,y=20,z=30;"，以下语句执行后 x、y、z 的值是(　　)。

```
if(x > y)
    z = x;
x = y;
y = z;
printf(" % d, % d, % d",x,y,z);
```

  A. 10、20、30　　B. 20、30、30　　C. 20、30、10　　D. 20、30、20

(12) 以下关于逻辑运算符两侧运算对象的叙述正确的是(　　)。
  A. 只能是整数 0 或 1　　　　　　B. 只能是整数 0 或非 0 整数
  C. 只能是整数 0 或正整数　　　　D. 可以是任意合法的表达式

(13) 下列程序段的输出结果是(　　)。

```
int a = 2,b = 3,c = 4,d = 5;
int m = 2,n = 2;
a = (m = a>b)&&(n = c>d) + 5;
printf("%d,%d",m,n);
```

   A. 0,2　　　　　　　B. 2,2　　　　　　　C. 0,0　　　　　　　D. 1,1

(14) 下列叙述中正确的是(　　)。

  A. break 语句只能用于 switch 语句

  B. 在 switch 语句中必须使用 default

  C. break 语句必须与 switch 语句中的 case 配对使用

  D. 在 switch 语句中不一定使用 break 语句

2. 填空题

(1) 在 C 语言中用_____表示逻辑值"真",用_____表示逻辑值"假"。

(2) 以下程序执行后的输出结果是_____。

```
#include "stdio.h"
void main()
{
    int x = 10,y = 20 ,t = 0;
    if(x == y)
        t = x;
    x = y;
    y = t;
    printf("%d,%d\n",x,y);
}
```

(3) 以下程序的功能是将输入的一个小写字母循环后移 5 个位置后输出。例如,'a'变成'f','w'变成'b',请补充语句。

```
#include "stdio.h"
void main()
{
    char c;
    scanf("%c",&c);
    if(c >= 'a'&&c <= 'u')
        _____①_____ ;
    else if (c >= 'v'&&c <= 'z')
        _____②_____ ;
    printf("%c\n",c);
}
```

(4) 将下面的程序段改为条件表达式为_____。

```
int max,a,b;
if(a > b)
    max = a;
```

```
else
    max = b;
```

(5) 有以下程序段，正确的数学函数关系是_____。

```
if(x == 0)
    y = 0;
else if(x > 0)
    y = 1;
else
    y = -1;
```

(6) 与条件表达式"x＝k?i＋＋:i－－",等价的语句是_____。

(7) 请写出以下程序的输出结果：_____。

```
#include "stdio.h"
void main()
{
    int a = 100;
    if(a > 100)
        printf("%d\n",a > 100);
    else
        printf("%d\n",a <= 100);
}
```

3. 读程序写结果题

(1) 以下程序的输出结果是_____。

```
#include "stdio.h"
void main()
{
    int a = 0,i;
    switch(i)
    {
    case 0:
    case 3: a += 2;
    case 1:
    case 2: a += 3;
    default: a += 5;
    }
    printf("%d\n",a);
}
```

(2) 以下程序的输出结果是_____。

```
#include "stdio.h"
void main()
{
    int a,b,c;
```

```
a = 2;b = 7;c = 5;
switch(a > 0)
{
case 1:
    switch(b < 10)
    {
    case 1:printf("@");break;
    case 0:printf("!");break;
    }
case 0:
    printf(" * ");break;
default:printf("&");
}
```

(3) 以下程序的输出结果是_____。

```
# include "stdio.h"
void main()
{
    int a = 1,b = 2,d = 0;
    if(a == 1)
        d = 1;
    else if(b!= 3)
        d = 3;
    else
        d = 4;
    printf(" % d\n",d);
}
```

(4) 以下程序的输出结果是_____。

```
# include "stdio.h"
void main()
{
    int x = 1,y = 0,a = 0,b = 0;
    switch( x )
    {
    case 1:
        switch( y )
        {
        case 1: a++; break;
        case 0: b++;
        case 2: b++; break;
        }
    case 2: a++; b++; break;
    case 3: a++; b++;
    }
    printf("\n a = % d, b = % d\n", a, b);
}
```

（5）以下程序的输出结果是_____。

```c
#include "stdio.h"
void main()
{
    int k1 = 1,k2 = 2,k3 = 3,x = 15;
    if(!k1)
        x--;
    else if(k2)
        if(k3)
            x = 4;
        else
            x = 3;
    printf("x = %d\n",x);
}
```

（6）以下程序的输出结果是_____。

```c
#include "stdio.h"
void main()
{
    int a = -1,b = 4,k;
    k = (a++<= 0)&&(!b--<= 0);
    printf(" %d, %d, %d\n",k,a,b);
}
```

4．编程题

（1）编写一个程序，实现以下功能：从键盘输入两个整数，检查第一个数是否能被第二个数整除，并输出判断结果。

（2）从键盘输入三角形 3 条边的边长，判断是否能构成三角形，若能，则输出该三角形的面积及类型（等边、等腰、直角、一般），否则输出"不能构成三角形"。

（3）求方程 $ax^2+bx+c=0$ 的解。

基本的算法如下：

① $a=0$，不是二次方程。

② $b^2-4ac=0$，有两个相等实根。

③ $b^2-4ac>0$，有两个不等实根。

④ $b^2-4ac<0$，有两个共轭复根。

（4）编程判断所输入整数的奇偶性。

（5）某加油站有 a、b、c 3 种汽油，单价分别为 6.12、5.95、5.75(元/千克)，同时提供"自动加油""手工加油"两种服务模式，分别给予 2% 和 5% 的优惠。编写程序实现以下功能：当用户输入加油量、汽油品种和服务类型后输出应付金额。

（6）企业发放的奖金根据利润提成，利润 i 小于或等于 10 万元，奖金可提成 10%；利润大于 10 万元，小于或等于 20 万元，即 $100000<i\leqslant200000$ 时，小于 10 万元的部分按 10% 提成，大于 10 万元的部分可提成 7.5%；$200000<i\leqslant400000$ 时，小于 20 万的部分仍按上述办法提成（下同），大于 20 万元的部分按 5% 提成；$400000<i\leqslant600000$ 时，大于 40 万元的部分按 3% 提成；$600000<i\leqslant1000000$ 时，大于 60 万元的部分按 1.5% 提成；$i>1000000$

时,大于 100 万元的部分按 1‰提成。从键盘输入当月利润 i,求应发奖金总数。要求:
① 用 if 语句编写程序。
② 用 switch 语句编写程序。

本章实验实训

【实验目的】

(1) 熟练掌握条件表达式的运用方法。
(2) 熟练掌握 if 语句的运用方法。
(3) 熟练掌握 switch 语句的运用方法。
(4) 学会选择结构程序的设计。
(5) 学会简单界面设计方法。

【实验内容及步骤】

编写程序,在屏幕上显示一张如下格式的学生活动安排表:

```
********* 我每天的活动安排 **********
选项号     活动信息
  1       起床、洗漱、晨跑
  2       早餐
  3       上课
  4       午餐
  5       实验室做实验
  6       踢足球
  7       晚餐
  8       图书馆
  9       睡觉
请输入选项号(1~9):
```

当操作人员根据以上提示输入某选项号后,程序显示活动时间和活动信息。活动与时间的对照关系如下:

```
        1  6:30   起床、洗漱、晨跑
        2  7:30   早餐
        3  8:00   上课
        4  12:00  午餐
        5  14:00  实验室做实验
        6  17:00  踢足球
        7  18:10  晚餐
        8  19:00  图书馆
        9  23:00  睡觉
```

注意:若输入了非法的选项号应该提示选项出错。

第 4 章 循环结构

在编程过程中,很多时候需要语句运行不止一次,这就需要用到循环结构。循环结构是指在给定条件成立时,反复执行某些程序语句或某个程序段,被反复执行的程序段称为循环体。

循环结构可以减少源程序重复书写的工作量,用来描述重复执行某段算法的问题,这是程序设计中最能发挥计算机特长的程序结构。

在使用循环结构编程时首先要明确两个问题,一是哪些操作需要反复执行? 二是这些操作在什么情况下重复执行? 这两个问题分别对应循环体和循环条件。

C 语言提供了 3 种循环语句(for 语句、while 语句和 do-while 语句)来实现循环结构。每种语句都有不同的特点和适用场合。

4.1 输出 100 个数(for 语句)

视频讲解

从小到大顺序输出 1~100 的整数。

4.1.1 分析与设计

如果没有循环语句,则输出 100 个数需要用 100 个 printf()函数来实现,而使用循环语句后,一个语句就可以轻松完成。方法是在程序中设置一个变量 i,在循环一开始把 i 设置为 1 并输出,以后反复执行 99 次,每次都把 i 增加 1 再输出。

例 4-1 输出 1~100 的整数。

```
#include "stdio.h"
void main()
{
    int i;                    /* i 是循环变量 */
    for(i = 1; i <= 100; i++) /* 这是 for 循环语句,完成初始化变量 i、设置循环次数及每次循
                                 环后循环变量变化的功能 */
        printf(" %d\t",i);    /* 每次循环中输出 i */
}
```

运行结果如图 4.1 所示。

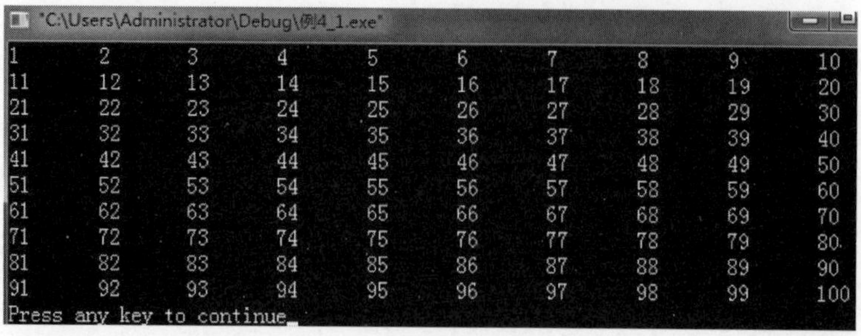

图 4.1 例 4-1 的运行结果

4.1.2 for 循环语句

for 语句用一个循环变量来控制循环次数,常用于已知循环次数的情况下,因此也叫计数循环。

1. for 语句的一般形式

for 语句的一般形式如下:

for(初始表达式;条件表达式;循环表达式)
{
　　循环体;
}

说明:

(1) 初始表达式一般为赋值表达式,用于为循环控制变量赋初值。
(2) 条件表达式一般为关系表达式或逻辑表达式,作为控制循环的结束条件。
(3) 循环表达式一般为自加或自减表达式,改变循环变量的值。

2. for 语句的执行过程

(1) 先计算初始表达式,对循环变量初始化。如例 4-1 中的 $i=1$,执行后 i 的初始值就变为 1。

(2) 判断条件表达式,若其值为真(值为非 0),则转第(3)步去执行循环体;若为假(值为 0),则转第(6)步结束循环去执行循环后面的语句。如例 4-1 中的 $i\leqslant 100$,在 i 的值不超过 100 时一直执行下去。

(3) 执行循环体。

(4) 计算循环表达式,更新循环变量的值,在例 4-1 中用的是 $i++$,即更新循环变量,使循环变量每次都增加 1。

(5) 转回第(2)步继续执行。

(6) 循环结束,执行 for 语句下面的一个语句。

图 4.2 为 for 语句执行过程的流程图。

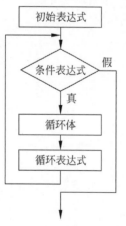

图 4.2 for 语句的执行过程

例 4-2 列出 1~20 中所有能被 5 整除的数(在循环中使

用 if 语句,找出符合要求的数)。

```c
#include "stdio.h"
void main()
{
    int i;
    for(i = 1; i <= 20; i++)
        if(i % 5 == 0)              /* i%5==0 表示 i 能被 5 整除 */
            printf("%d\t", i);
}
```

运行结果:

5   10   15   20

说明:在 for 循环体中使用 if 语句可以从循环中选择出满足条件的数。

例 4-3   计算 1~100 的整数和,即 $\sum_{i=1}^{100} i$ 。

```c
#include "stdio.h"
void main()
{
    int i, sum = 0;                              /* 累加和变量初始化为 0 */
    for(i = 1; i <= 100; i++)
        sum += i;
    printf("1+2+3+…+100 = %d\n", sum);    /* 循环结束后输出 sum 的值 */
}
```

运行结果如下:

1+2+3+…+100 = 5050

说明:在循环中使用累加和变量 sum 可以对循环变量的值进行累加,但累加和变量 sum 的初始值必须设置为 0。用同样的办法还可以对满足条件的循环变量进行计数、求阶乘等。在计数时可以用 if(条件)count++ 的方法进行,用 fact *= i 进行阶乘(fact 的初始值必须设置为 1)。

例 4-4   输入 5 名学生数学的成绩(大于 0 的数),求出最高分和平均分。

```c
#include "stdio.h"
void main()
{
    int i;                                    /* 用于循环次数 */
    float score, max = 0.0, sum = 0.0;        /* score 用于存放学生成绩,max 存放最高分
                                                 sum 存放总分,用于求平均分 */
    printf("请输入学生成绩:");
    for(i = 1; i <= 5; i++)
    {
        scanf("%f", &score);                  /* 这里可以一次输入多个成绩,中间用空格隔开 */
        if(max < score)
            max = score;                      /* 最高分 */
        sum += score;                         /* 总分 */
```

```
        }
        printf("最高分 = %.2f,平均分 = %.2f\n",max,sum/5);
}
```

运行结果：

```
请输入学生成绩：72.5 83 98 65 54
最高分 = 98.00,平均分 = 74.50
```

说明：在循环中使用一个用于比较的最大值 max,初始值设置为比输入值都小的数,在循环中比较每个输入值,把比 max 大的输入值都赋给变量 max,在循环结束后 max 的值就是输入的多个数中的最大值。用类似的办法还可以求出最小值 min。

4.1.3　for 语句的几点说明

（1）for 语句的一般形式中的"初始表达式"可以省略,此时应在 for 语句之前给循环变量赋初值。注意省略初始表达式时其后的分号不能省略。例如：

```
i = 1,sum = 0;
for( ;i <= 100;i++)
    sum = sum + i;
```

（2）如果条件表达式省略,即不判断循环条件,也就是认为条件表达式始终为真,这样循环将无终止地进行下去,称为死循环。例如：

```
for(i = 1,sum = 0; ;i++)
    sum = sum + i;
```

（3）循环表达式也可以省略,但此时程序设计者应另外设法保证循环能正常结束。例如：

```
for(i = 1,sum = 0;i <= 100;)
{
    sum = sum + i;
    i++;
}
```

在上面的 for 语句中只有初始表达式和条件表达式,没有循环表达式。i++的操作不放在 for 语句的循环表达式的位置处,而作为循环体的一部分,效果是一样的,都能使循环正常结束。

（4）可以省略初始表达式和循环表达式,只有条件表达式,即只给循环条件。

（5）3 个表达式都可省略,如 for(; ;)语句。即不设初值,不判断条件(认为条件表达式为真值),循环变量不增值,该语句将无终止地执行循环体(死循环)。

（6）初始表达式可以是设置循环变量初值的赋值表达式,也可以是与循环变量无关的其他表达式。例如：

```
i = 1;
for (sum = 0;i <= 100;i++)
    sum = sum + i;
```

循环表达式也可以是与循环控制无关的任意表达式。

(7) 条件表达式一般是关系表达式(如 i<=100)或逻辑表达式(如 a<b&&x<y),但也可以是数值表达式或字符表达式,只要其值为非零就执行循环体。

4.1.4 实例分析与设计

例 4-5 从键盘上输入一个大于 2 的整数 n,判断 n 是否为素数。

分析:只能被 1 和它本身整除的整数称为素数。在数学中,要判断 n 是否为素数,通常让 n 除以 $2\sim\sqrt{n}$ 的每一个整数,如果 n 能被 $2\sim\sqrt{n}$ 的某个整数整除,则说明 n 不是素数,否则 n 一定是素数。判断素数的算法流程图如图 4.3 所示。

```c
#include "math.h"
#include "stdio.h"
void main()
{
    int n,m,i,flag = 0;
    printf("\n输入整数n= ");
    scanf("%d",&n);
    m = sqrt(n);                        /*求n的平方根*/
    for(i = 2;i<=m;i++)
        if(n%i==0)                      /*判断n是否能被i整除*/
        {
            flag = 1;                   /*如果能整除,则把flag设置为1*/
            break;                      /*能整除时跳出循环,不再判断余下的i值*/
        }
    if(flag)                            /*根据flag的值判断n是否为素数*/
        printf("\n %d不是素数.\n",n);
    else
        printf("\n %d是素数.\n",n);
}
```

运行结果 1 如下:

输入整数 n = 113
113 是素数.

运行结果 2 如下:

输入整数 n = 45
45 不是素数.

例 4-6 在唱歌等大奖赛评分时一般要有若干名评委,他们采用的记分规则为去掉一个最高分,去掉一个最低分,再算平均分。设按百分制记分,试设计一个算分程序。

分析:在程序中用 sum 存放总分、average 存放平均分、max 存放最高分、min 存放最低分、n 存放评委人数、score 存放评委的评分、i 记录输入的分数个数。由于评委打分的最低分不会小于 0,最高分不会大于 100,所以 max 的初值赋为 0,min 的初值赋为 100,当每输入一个评委打分时都要与 max 比较一次,与 min 比较一次,并将评委打分累加到 sum 中。当评委打分大于 max 时,max 的新值为评委打分,否则其值不变;当评委打分小于 min 时,min 的新值为评委打分,否则其值不变。比较过程一直进行到所有评委打分输入完毕才能

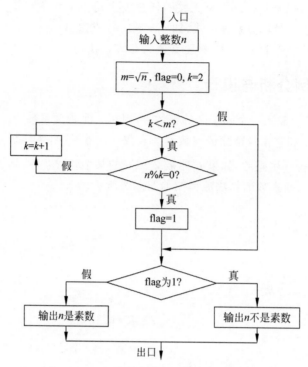

图4.3 例4-5程序的算法流程图

计算出average,最后输出max、min以及average的值。具体程序流程图如图4.4所示。

```c
#include"stdio.h"
void main()
{
    int n,i,sum,max,min,score,average;    /* score 为每个评委打的分数 */
    sum = 0;                              /* 将总分的初始值置为 0 */
    max = 0;                              /* 将最高分的初始值置为 0 */
    min = 100;                            /* 将最低分的初始值置为 100 */
    printf("请输入评委的人数 n 为: ");
    scanf("%d",&n);                       /* 输入评委的人数 n */
    for(i = 1;i<=n;i++)                   /* 当循环变量 i≤n 时,执行循环 */
    {
        printf("请输入第%d个评委的打分为: ",i);
        scanf("%d",&score);               /* 输入第 i 个评委的打分 */
        if(score>max) max = score;        /* 如果评委的打分大于 max,则将 max 的值置为 score */
        if(score<min) min = score;        /* 如果评委的打分小于 min,则将 min 的值置为 score */
        sum = sum + score;                /* 累加求总分 sum */
    }
    average = (sum - max - min)/(n - 2);  /* 计算平均分 */
    printf("最高分为: %d,最低分为: %d\n",max,min);
    printf("平均分为: %d\n",average);
}
```

当n的输入值为5时,程序中while语句的执行过程如表4.1所示。

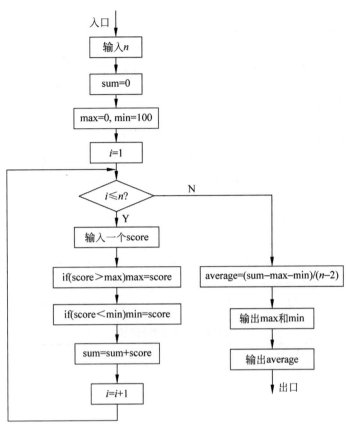

图 4.4 例 4-6 的程序流程图

表 4.1 例 4-6 的执行过程

第 i 次循环	$i \leqslant 5$	score 的值	max 的值	min 的值	sum 的值
1	真	93	93	93	93
2	真	98	98	93	191
3	真	90	98	90	281
4	真	96	98	90	377
5	真	89	98	89	466
6	假				结束循环

运行结果：

请输入评委的人数 n 为：5
请输入第 1 个评委的打分为：93
请输入第 2 个评委的打分为：98
请输入第 3 个评委的打分为：90
请输入第 4 个评委的打分为：96
请输入第 5 个评委的打分为：89
最高分为 98,最低分为 89
平均分为 93

说明：

（1）sum 用于计算总分，其初值必须为 0，功能是把从键盘输入的评委打分逐个累加，即在计算总分的过程中总是用新的 sum+score 值来替代 sum 的旧值。

（2）变量 i 作为计数器使用，用于记录输入（累加）了几个分数。

4.1.5 实战演练

（1）输出 50 以内不能被 3 整除的数，并统计有多少个。

分析：用 i%3!=0 表示 i 不能被 3 整除，统计个数可以在循环前先设置一个计数变量 count=0，然后在循环体中用 count++ 进行计数，最后在循环外输出 count 的值。

（2）从键盘输入一个整数，计算它的阶乘并输出。

分析：让 i 从 1 循环到输入的整数 n，在循环中进行累乘 fact*=i，fact 的初值设置为 1。

（3）有一对兔子，从出生后第 3 个月起每个月都生一对小兔子，小兔子长到第 3 个月后每月又生一对小兔子，假如兔子都不死，问 20 个月内每个月的兔子总数为多少？

分析：表 4.2 表示了兔子的繁殖规律。

表 4.2 兔子的繁殖规律

第几个月	小兔子对数	中兔子对数	老兔子对数	兔子总数
1	1	0	0	1
2	0	1	0	1
3	1	0	1	2
4	1	1	1	3
5	2	1	2	5
6	3	2	3	8
7	5	3	5	13
⋮	⋮	⋮	⋮	⋮

从表 4.2 可以看到，每个月的兔子总数依次为 1、1、2、3、5、8、13…，即从第 3 个月开始，每个月的兔子总数等于上个月的兔子数与上上个月的兔子数之和。这就是著名的 Fibonacci 数列，在 1228 年由意大利数学家 Fibonacci 首先提出。它的第 1 项和第 2 项均为 1，从第 3 项起，每一项等于它的前两项之和，用公式可表示成：

$$F_1=1$$

$$F_2=1$$

$$F_3=F_1+F_2$$

$$\vdots$$

$$F_n=F_{n-1}+F_{n-2}$$

请读者根据以上的分析过程将以下源程序的循环部分补充完整。

源程序：

```
#include "stdio.h"
void main()
{
    int f1 = 1, f2 = 1, fn, n;
```

```
            printf("第 1 个月：%5d 对\n",f1);       /* 输出第 1 项 */
            printf("第 2 个月：%5d 对\n",f2);       /* 输出第 2 项 */
            for(n = 3;n <= 20;n++)
            {
                /* 此处填循环体功能的语句 */
            }
        }
```

运行结果如下：

第 1 个月：1 对
第 2 个月：1 对
第 3 个月：2 对
第 4 个月：3 对
第 5 个月：5 对
第 6 个月：8 对
第 7 个月：13 对
第 8 个月：21 对
第 9 个月：34 对
第 10 个月：55 对
第 11 个月：89 对
第 12 个月：144 对
第 13 个月：233 对
第 14 个月：377 对
第 15 个月：610 对
第 16 个月：987 对
第 17 个月：1597 对
第 18 个月：2584 对
第 19 个月：4181 对
第 20 个月：6765 对

(4) 跳水比赛评分标准如下：裁判有 7 人评判评分，每个动作的满分为 10 分，从 7 个裁判的打分中去掉一个最高分和一个最低分，把剩下 5 个裁判给的评分总和乘以难度系数则得到运动员本轮得分。设我国选手邱波的本轮得分是 9.5、9.1、9.2、8.5、8.0、9.5、8.5，这个动作的难度系数为 2.5，请算出他这次跳水的成绩。

分析：参考例 4-6。

(5) 鸡兔同笼问题。有若干只鸡兔同在一个笼子里，从上面数有 35 个头，从下面数有 94 只脚，问笼中各有多少只鸡和兔？

分析：设鸡的数量为变量 chicken，兔子的数量为变量 rabbit，则可得以下公式。

rabbit＝35－chicken   ①
chicken×2＋rabbit×4＝94   ②

所以解决本题的思路就是使用穷举法，让鸡的数量从 0 循环到 35，然后根据①求出所对应的兔子数量，再判断②是否满足，如果满足则输出鸡和兔子的数量。

4.2 统计英语成绩（while 语句）

输入多个学生的英语成绩，以负数结束，统计及格率。

4.2.1 分析与设计

while 语句也是一种用于产生循环的语句,只有每次循环都先判断条件为真时才执行,常用于无法提前确定循环次数的情况。

分析:由于学生人数不确定,适合用 while 语句。如果要判断是否结束,则只要每次检查输入的成绩是否大于 0。如果为真,则接着判断是否及格。如果成绩为及格,则统计及格人数。循环结束后计算及格率。

例 4-7 统计英语成绩。

```c
#include "stdio.h"
void main()
{
    int i,count = 0,countpassed = 0;    /* count 用于记录学生人数,countpassed 为及格人数 */
    float score = 0.0;                  /* 学生成绩 */
    printf("请输入学生成绩,用空格隔开,以负数结束:");
    scanf("%f",&score);
    while(score >= 0)
    {
        count++;                        /* 总人数加 1 */
        if(score >= 60)
            countpassed++;              /* 如果成绩大于或等于 60,则及格人数加 1 */
        scanf("%f",&score);
    }
    printf("及格率 = %.2f%%\n",(float)countpassed/count * 100);
    /* 输出结果转换成百分比样式输出 */
}
```

运行结果如下:

请输入学生成绩,用空格隔开,以负数结束:77 65 83 45.5 90 54 -1
及格率 = 66.67%

例 4-8 输入一串英文单词和数字,以'@'结束,统计输入的总字符数及大写、小写、数字和空格字符数。

分析:输入字符可以用 ch=getchar()语句,大写字母判断条件为 ch >= 'A'&&ch <= 'Z',小写字母、数字和空格字符的判断条件类似。

```c
#include "stdio.h"
void main()
{
    char ch;
    int count = 0,countupper = 0,countlower = 0,countspace = 0,countnum = 0;
    /* count 用于记录总字符数,countupper 为大写字母数,countlower 为小写字母数,countspace 为空格数,countnum 为数字字符数 */
    printf("请输入一段字符,以'@'结束:");
    while((ch = getchar())!= '@')        /* 输入一个字符,判断是否为'@',如果不是则循环 */
    {
        count++;                         /* 总字符数加 1 */
```

```
            if(ch>='A'&&ch<='Z')              /*是否为大写字母*/
                countupper++;
            else if(ch>='a'&&ch<='z')         /*是否为小写字母*/
                countlower++;
            else if(ch>='0'&&ch<='9')         /*是否为数字*/
                countnum++;
            else if(ch==' ')                  /*注意,这里单引号中间有一个空格*/
                countspace++;
        }
        printf("共输入%d个字符,其中大写字母%d个,小写字母%d个,数字%d个,空格%d个",
    count,countupper,countlower,countnum,countspace);
    }
```

运行结果如下:

请输入一段字符,以'@'结束: The Hanover Fair has attracted more than 5,200 exhibitors from 75 nations and regions@
共输入 85 个字符,其中大写字母 3 个,小写字母 62 个,数字 6 个,空格 13 个

4.2.2 while 循环语句

while 语句的一般形式如下:

while (表达式)
{
  循环体;
}

执行过程:先判断表达式的值,当表达式的值为真时执行循环体一次,再判断表达式的值,并重复上述操作过程,直到表达式的值为假时才结束循环,然后转去执行循环的后继语句。执行过程的流程图如图 4.5 所示。

说明:

(1) while 语句的特点为先判断表达式,后执行语句。

(2) 如果循环体包含一个以上的语句,应该用大括号括起来,以复合语句的形式出现。如果不加大括号,则 while 语句的范围只到 while 后的第一个分号处。

(3) 若要让程序流程顺利进入循环,一般要在 while 语句前安排执行适当的循环初始条件设置语句;同样,若想在完成要循环执行的任务后能及时从循环中退出,一般要在循环体内适当的地方(通常在循环体后部)安排修改循环条件的语句,以免造成死循环。具体操作可以参见例 4-9。

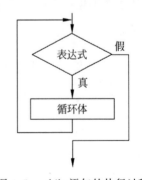

图 4.5 while 语句的执行过程

4.2.3 实例分析与设计

while 语句也可以用于类似 for 的计数循环结构,只是要在 while 语句前对循环变量赋

初值,并在循环体中对循环变量进行自加或自减运算。

例 4-9　用 while 语句实现例 4-2 中的列出 1～20 中所有能被 5 整除的数的功能。

```c
#include "stdio.h"
void main()
{
    int i = 1;                    /* 初始语句放到循环前面 */
    while(i <= 20)
    {
        if(i % 5 == 0)
            printf("%d\t", i);
        i++;                      /* 循环语句放到循环体的最后一句 */
    }
}
```

例 4-9 中用 while 语句实现了 for 语句的计数循环功能,这种方法容易出错的地方就是如果在循环体里漏写 i++;这个语句,循环就会变成死循环。

4.2.4　实战演练

(1) 译密码。为使电文保密,往往按一定的规律将其转换成密码,收报人再按约定的规律将其译回原文。可以按以下规律将电文变成密码：将字母 A 变成字母 E,a 变成 e,即变成其后的第 4 个字母,W(或 w)变成 A(或 a),X(或 x)变成 B(或 b),Y(或 y)变成 C(或 c),Z(或 z)变成 D(或 d)。字母按上述规律转换,非字母字符不变。

分析：一般对输入的字符的处理办法是先判断它是否为大写字母或小写字母,如果是,则将其值加 4(变成其后的第 4 个字母)。如果加 4 以后字符值大于'Z'或'z',即 $c>$'Z'&& $c<=$'Z'+4 ∥ $c>$'z',则表示原来的字母在 V 或 v 之后,应按规律将它转换为 A～D(或 a～d)之一,方法是使字符变量 c 的值减 22。

请读者根据以上的分析过程填空,将程序补充完整。

```c
#include "stdio.h"
void main()
{
    char c;
    while((c = getchar()) != '\n')
    {
        if((c >= 'a' && c <= 'z') ∥ (c >= 'A' && c <= 'Z'))
        {
            c = _____;
            if(c > 'Z' && c <= 'Z' + 4 ∥ c > 'z')
                c = _____;
        }
        printf("%c", c);
    }
    printf("\n");
}
```

运行结果如下：

China
Glmre

（2）输入两个整数，计算它们的最大公约数。

分析：设输入值为 x 和 y，令 a 等于两个数中较大的一个，b 等于较小的一个，$c=a\%b$，然后当 c 不等于 0 时循环，循环体为 {a=b;b=c;c=a%b;}，最后输出的 b 就是最大公约数。请读者根据以上的分析给出完整的程序。

4.3 整数逆序输出（do-while 语句）

视频讲解

输入一个正整数，将其逆序输出。例如，输入 12345，输出 54321。

4.3.1 分析与设计

do-while 语句是一种"先循环，后判断"的语句，它和 for、while 语句的不同之处在于 for 和 while 语句都是先判断，然后再根据条件是否成立来决定是否执行循环体，而 do-while 语句是无论条件是否成立都先执行循环体一次，然后再判断条件真假来决定是否继续循环下去。有时也把 for、while 类型的循环称为"当型循环"（当条件满足时才进行循环），而把 do-while 类型的循环称为"直到型循环"（一直循环到条件不满足时为止）。

分析：为了实现逆序输出一个正整数，需要把该数按逆序拆开，然后输出。在循环中要每次分离一位，分离方法是对 10 求余数。

设 x 为 12345，从低位开始分离，12345%10 的计算结果为 5，为了能继续使用求余运算分离下一位，需要改变 x 的值为 12345/10 的计算结果是 1234。

重复上述操作：

1234%10 的计算结果为 4；
1234/10 的计算结果为 123；
123%10 的计算结果为 3；
123/10 的计算结果为 12；
12%10 的计算结果为 2；
12/10 的计算结果为 1；
1%10 的计算结果为 1；
1/10 的计算结果为 0；

当 x 最后变成 0 时，处理过程结束。经过归纳得到以下步骤。

（1）重复以下步骤。

① $x\%10$，分离一位。

② $x=x/10$，为下一次分离做准备。

（2）直到 x 等于 0 循环结束。

以下源程序采用 do-while 语句完成整数逆序输出的编程。

例 4-10 整数逆序输出。

```
#include "stdio.h"
```

```
void main()
{
    int x;
    printf("输入 x: ");
    scanf("%d",&x);
    do                              /*循环开始,循环执行的条件为 x!=0*/
    {
        printf("%d",x%10);
        x = x/10;                   /*每次循环,x 整除 10,并去掉最右边的一个数*/
    }while(x!=0);
}
```

运行结果如下:

输入 x: 12345
54321

4.3.2 do-while 循环语句

do-while 语句的一般形式如下:

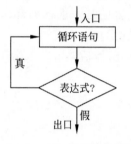

图 4.6 do-while 语句的执行过程

```
do
    循环语句;
while (表达式);
```

执行过程:先执行一次指定的循环体语句,然后判断表达式,当表达式的值为非零(真)时返回重新执行循环语句,如此反复,直到表达式的值等于 0 为止,此时循环结束。该执行过程的控制流程图如图 4.6 所示。

4.3.3 实例分析与设计

例 4-11 用格里高利公式求 π 的近似值,要求精确到最后一项的绝对值小于 10^{-4}。

$$\frac{\pi}{4} = 1 - \frac{1}{3} + \frac{1}{5} - \frac{1}{7} + \cdots$$

分析:这是一个求累加和的问题。循环的算式为 sum=sum+第 i 项。第 i 项用变量 item 表示,每项相邻 item 之间分母差为 2,符号相反。本题没有显式地给出循环次数,只是提出了精度要求。在反复计算累加的过程中,一旦某一项的绝对值小于 10^{-4}(即 |item|<10^{-4}),就达到了给定的精度,计算终止。这说明精度要求实际上给出了循环的结束条件,还需要将其转换为循环条件 |item|≥10^{-4}。换句话说,当 |item|≥10^{-4} 时,循环累加 item 的值,直到 |item|<10^{-4} 为止。

源程序:

```
#include "stdio.h"
#include "math.h"
void main()
```

```c
{
    int denominator,flag;
    double item,pi;                    /* pi 用于存放累加和 */
    flag = 1;                          /* flag 表示第 i 项的符号,初始为正 */
    denominator = 1;                   /* denominator 表示第 i 项的分母,初始为 1 */
    item = 0.0;                        /* item 中存放第 i 项的值,初值取 0 */
    pi = 0;                            /* 置累加和 pi 的初值为 0 */
    do {
        item = flag * 1.0/denominator; /* 计算第 i 项的值 */
        pi = pi + item;                /* 累加第 i 项的值 */
        flag = - flag;                 /* 改变符号,为下一次循环做准备 */
        denominator = denominator + 2; /* 分母递增 2,为下一次循环做准备 */
    } while(fabs(item)> = 0.0001);     /* 当|item|≥0.0001 时继续循环 */
    pi = pi * 4;                       /* 循环计算的结果是 pi/4 */
    printf("pi = %.4f\n",pi);
}
```

运行结果如下:

pi = 3.1418

说明:

(1) 该程序中调用了绝对值函数 fabs(),所以需要使用♯include "math.h"命令包含 math.h 头文件。

(2) 在进入循环之前对 item 赋初始值为 0.0,目的是强制调用 float 库,使程序能正常开始。

(3) 在循环中每次都重新计算 item 的值,并将它和精度相比较,决定何时结束循环。

(4) 在进入循环前对 item 赋初始值时其值大小不影响循环次数和程序运行的结果(为什么?)。

读者可以试着把它的精度增加,看什么精度更接近 π 的精确值。

4.3.4 用 while 语句和用 do-while 语句的比较

在一般情况下,用 while 语句和用 do-while 语句处理同一问题时,若二者的循环体部分是一样的,它们的结果也一样。但是如果 while 语句后面的表达式一开始就为假(0 值),两种循环的结果是不同的。例如:

1. 用 while 语句

```c
#include "stdio.h"
void main ()
{
    int sum = 0,i;
    printf("请输入 i: ");
    scanf("%d",&i);
    while (i< = 10)
    {
        sum = sum + i;
```

```
        i++;
    }
    printf("sum = %d\n",sum);
}
```

运行结果如下:

请输入 i: 1
sum = 55
请输入 i: 11
程序结束,无输出

2. 用 do-while 语句

```
#include "stdio.h"
void main ()
{
    int sum = 0,i;
    printf("请输入 i: ");
    scanf("%d",&i);
    do
    {
        sum = sum + i;
        i++;
    } while (i <= 10) ;
    printf("sum = %d\n",sum);
}
```

运行结果如下:

请输入 i: 1
sum = 55
请输入 i: 11
sum = 11

从两段程序的运行结果可以看出:当输入 $i=1$ 时,sum=55,用 while 语句和用 do-while 语句的运行结果相同;但当输入 $i=11$ 时,也就是当第一次执行循环时就不满足循环条件,用 while 语句和用 do-while 语句的运行结果不同,因此对于 do-while 语句先执行循环体,再判断是否满足循环条件,即不管是否满足循环条件均执行一次循环体。

4.3.5 实战演练

从键盘输入一个整数,统计该数的位数。例如,输入 12345,输出 5;输入 −99,输出 2。

分析:统计一个整数由多少位数字组成,需要一位一位地数,即该整数不断除 10,直到结果为 0,因此这是一个循环过程,循环次数由整数的位数决定。由于需要处理的数据有待输入,因此无法事先确定循环次数,在程序中使用 do-while 语句。请读者根据以上分析将循环体补充完整。

```
#include "stdio.h"
```

```c
void main()
{
    int count,number;                    /* count 记录整数 number 的位数 */
    count = 0;
    printf("请输入一个整数：");
    scanf("%d",&number);
    if(number < 0) number = -number;
    do
    {
        /* 此处请用户自行补充完整 */
    }while(number!= 0);
    printf("这个整数的位数为：%d\n",count);
}
```

运行结果如下：

请输入一个整数：12345
这个整数的位数为 5

4.4 打印矩形（循环嵌套）

视频讲解

打印由"*"组成的 5 行 5 列的矩形，如下所示。

```
* * * * *
* * * * *
* * * * *
* * * * *
* * * * *
```

4.4.1 分析与设计

根据前面的知识可知，用以下循环语句可以输出同一行上的 5 个星号。

```c
for(j = 1;j <= 5;j++)
    printf(" * ");
```

如果让该循环语句执行 5 次，每执行一次输出一个换行，就可以输出 5 行 5 列星号。例如：

```c
for(i = 1;i <= 5;i++)
{
    for(j = 1;j <= 5;j++)
        printf(" * ");
    printf("\n");
}
```

该语句由两个 for 语句组成，即在第一个 for 语句中又包含一个完整的 for 语句，这称为双重循环。第一个 for 语句称为外层循环，第二个 for 语句称为内层循环。在该语句中外层循环控制输出几行，内层循环控制每行输出几列。

例 4-12 打印矩形。

```c
#include "stdio.h"
void main()
{
    int i,j;
    for(i=1;i<=5;i++)
    {
        for(j=1;j<=5;j++)
            printf(" * ");
        printf("\n");
    }
}
```

运行结果如下：

* * * * *
* * * * *
* * * * *
* * * * *
* * * * *

该程序的执行过程如表 4.3 所示。

表 4.3 双重循环的执行过程

$i=1$ 时	$j=1$ 输出一个星号
	$j=2$ 输出一个星号
	$j=3$ 输出一个星号
	$j=4$ 输出一个星号
	$j=5$ 输出一个星号并换行
$i=2$ 时	$j=1$ 输出一个星号
	$j=2$ 输出一个星号
	$j=3$ 输出一个星号
	$j=4$ 输出一个星号
	$j=5$ 输出一个星号并换行
⋮	⋮
$i=5$ 时	$j=1$ 输出一个星号
	$j=2$ 输出一个星号
	$j=3$ 输出一个星号
	$j=4$ 输出一个星号
	$j=5$ 输出一个星号并换行

从表 4.3 中可以看出，当 $i=1$ 时，j 从 1 变到 5，输出第一行的 5 个 *；同理当 $i=2$ 时，j 从 1 变到 5，输出第二行的 5 个 *；直到 $i=5$ 时，j 仍然从 1 变到 5，输出第 5 行的 5 个 *。那么可以得到双重循环的执行过程：首先外层循环变量 i 固定在一个值上，然后执行内层循环，内层循环变量 j 变化一个轮次；外层循环变量 i 加 1 后重新执行内层循环，j 再变化一个轮次。因此，多重循环的执行过程为外层循环跨一步，内层循环转一圈。

4.4.2 循环嵌套

在循环体内又包含另一个完整的循环结构称为循环嵌套。内层循环中再包含其他循环结构称为多重循环嵌套。

C语言中的3种循环语句(for、while、do-while)可以互相嵌套,构成所需的多重循环结构。例如:

```
for(; ;)
{
    …
    while()
    {
        …
    }
    …
}
do
{
    …
    for(; ;)
    {
        …
    }
    …
}
while()
{
    …
    do
    {
        …
    }while();
    …
}
for(; ;)
{
    …
    for(; ;)
    {
        …
    }
    …
}
```

注意:在循环嵌套时,内层循环语句必须被完全包含于外层循环语句的循环体内,不允许循环结构交叉。

例 4-13 打印由"*"组成的三角形(图形如程序的运行结果所示)。

分析:该程序要输出5行,所以外层循环和例4-12相同,但每行的列数不同。每行的列

数比上一行多一个,符合外层循环 i 的变化规律,可写为"for(i=1;j<=i;j++)",完整的程序如下:

```
#include "stdio.h"
void main()
{
    int i,j;
    for(i=1;i<=5;i++)
    {
        for(j=1;j<=i;j++)
            printf(" * ");
        printf("\n");
    }
}
```

运行结果如下:

```
 *
 *  *
 *  *  *
 *  *  *  *
 *  *  *  *  *
```

在该程序中,双重循环的执行过程如表 4.4 所示,即当外层循环控制变量 i 的值为 1 时,内层循环控制变量 j 的值为 1,内层循环的循环体将被执行一次,在屏幕上输出一个 *;当外层循环控制变量 i 的值增为 2 时,内层循环控制变量 j 的值从 1 变到 2,内层循环体将被执行 2 次,在屏幕上输出两个 *;当外层循环控制变量 i 的值增为 3 时,内层循环控制变量 j 的值从 1 变到 3,内层循环的循环体将被执行 3 次,在屏幕上输出 3 个 *,以此类推,得到表 4.4 所示的执行过程。

表 4.4 例 4-13 双重循环的执行过程

$i=1$ 时	$j=1$	输出一个 * 并换行
$i=2$ 时	$j=1,2$	输出两个 * 并换行
$i=3$ 时	$j=1,2,3$	输出 3 个 * 并换行
$i=4$ 时	$j=1,2,3,4$	输出 4 个 * 并换行
$i=5$ 时	$j=1,2,3,4,5$	输出 5 个 * 并换行

4.4.3 死循环

永远不会退出的循环为死循环。例如:

```
for (;;)
{
}

while (1)
{
}
```

```
do
{
}while(1);
```

以上3种循环均由于循环条件永远为真而出现程序无休止的循环运行的状况,即死循环。

说明:

(1) 除非确实需要死循环,否则不要使用这样的形式。它们使得程序的终止遥遥无期。

(2) 一般情况下要极力避免死循环。

(3) 绝大多数程序不需要死循环。如果出现死循环,则往往都是 bug(程序缺陷)。

(4) 时间过长的循环会造成"假死"现象,也要考虑解决。

4.4.4 实战演练

(1) 计算 1!+2!+3!+…+100!,要求使用嵌套循环。

分析:这是一个累加求和的问题,共循环 100 次,每次累加一项。循环算式如下:

sum = sum + 第 i 项

其中,第 i 项就是 i 的阶乘。累加和的循环语句为

```
for(i = 1;i <= 100;i++)
{
    item = i!;                        /* C语言无阶乘(!)运算,此处只是分析 */
    sum = sum + item;
}
```

由于 $i!=1\times2\times\cdots\times i$,是一个连乘的重复过程,每次循环完成一次乘法,循环 i 次求出 $i!$ 的值。因此上述 for 语句进一步写为

```
for(i = 1;i <= 100;i++)
{
    item = 1;
    for(j = 1;j <= i;j++)              /* 该循环求出 item = i! */
        item = item * j;
    sum = sum + item;
}
```

以上语句为双重循环。外层循环重复 100 次,每次累加一项 item(即 $i!$),而每次的累加对象 $i!$ 由内层循环计算得到,内层循环重复 i 次,每次连乘一项。请读者根据以上分析过程给出完整的代码。

(2) 打印九九乘法口诀表。

```
1×1=1
1×2=2   2×2=4
1×3=3   2×3=6   3×3=9
⋮
1×9=9   2×9=18  3×9=27  4×9=36  5×9=45  6×9=54…9×9=81
```

分析：这是一个典型的二重循环问题。外层循环控制共有多少行，本例中为 9 行，内层循环控制每行多少列，本例中为 i 列。每个算式需要输出 i、j 和 $i*j$ 的结果，注意每一行的 i 都比上一行加 1，每一列的 j 都比上一列加 1，要选好 i 和 j 的顺序。请读者根据以上分析过程给出完整的代码。

4.5 找最小数（break 和 continue 语句）

在数集中找满足规定条件的最小数（找出满足某条件并大于某个值的最小数），例如条件为找出 100 以内能被 3 整除、个位数为 9 且平方大于 100 的数中的最小整数。

4.5.1 分析与设计

分析：从 9~99 查找出能被 3 整除的数。如果遇到不能被 3 整除的数则跳过。找到后比较其平方是否大于 100，如果大于 100 则退出循环并输出。

例 4-14 找出 100 以内能被 3 整除、个位数为 9 且平方大于 100 的数中的最小整数。

源程序：

```c
#include "stdio.h"
void main()
{
    int i;
    for(i = 9; i < 100; i += 10)            /*所有100以内个位数为9的整数*/
    {
        if(i % 3 != 0) continue;            /*如果不能被3整除,则换下一个*/
        if(i * i > 100)                     /*如果平方大于100*/
        {
            printf("%d\n", i);
            break;                          /*则输出并退出循环*/
        }
    }
    if(i > 100)
        printf("未找到满足条件的数!\n", i);
}
```

运行结果如下：

39

4.5.2 break 语句

break 语句的一般形式如下：

break;

执行过程：终止 switch 语句或循环语句的执行，跳出当前 break 语句所在的控制结构，转去执行后继语句。在寻找第一个出现的大于（或小于）指定数的程序中必须用到 break 语句。

例 4-15 计算 $s=1+2+3+\cdots+i$，直到累加到 s 大于 5000 为止，并给出 s 和 i 的值。

分析：该程序要在循环中使用 break 语句结束循环。当 $i=100$ 时，s 的值为 5050，if 语句中的条件表达式 $s>5000$ 为真（值为 1），于是执行 break 语句，跳出 for 循环，从而终止循环。如果没有 break 语句，程序将无休止地执行下去，形成死循环。

源程序：

```
#include "stdio.h"
void main()
{
    int i,s = 0;
    for(i = 1;;i++)                /*表达式2为空,即没有循环条件,为永真循环*/
    {
        s = s + i;                 /*求累加和*/
        if(s > 5000)
            break;                 /*循环的出口*/
    }
    printf("s = %d,i = %d",s,i);
}
```

运行结果如下：

s = 5050,i = 100

break 语句的使用说明：

(1) 只能在循环体内和 switch 语句体内使用 break 语句。

(2) 在多重嵌套循环中，break 语句只能跳出它所在的那一层循环结构，而不能同时跳出（或终止）多重循环。例如：

```
for( ; ; )
{
    …
    while()
    {
        …
        if()
            break;
    }
    printf("\n");
}
```

程序运行时，break 语句只能跳出 while 循环结构，从输出语句开始继续往下执行程序，而不能跳出 for 循环结构。

4.5.3 continue 语句

continue 语句的一般形式如下：

continue;

执行过程：终止本次循环的执行，即跳过循环体中 continue 后面的语句，直接开始下一次循环体的执行。

例 4-16　输出 100～200 的能被 10 整除的数。

分析：为了说明 continue 语句的用法，将"100～200 的能被 10 整除的数"设计为以下算法。如果 n 不能被 10 整除，则执行 continue 语句结束本次循环，即跳过 continue 语句后的 printf( ) 函数的执行，也就是不打印出那些不能被 10 整除的数，只有当 n 能被 10 整除时才将 n 打印出来。具体程序实现如下：

```
#include "stdio.h"
void main()
{
    int n;
    for(n=100;n<=200;n++)
    {
        if(n%10!=0)
            continue;  /*当 n%10!=0 时,不执行 continue 后的 printf 语句*/
        printf(" %d",n);
    }
}
```

运行结果如下：

100 110 120 130 140 150 160 170 180 190 200

在使用 continue 语句时需要注意以下两个问题。

(1) continue 语句只能用于循环结构。

(2) 在 while 和 do-while 循环结构中，continue 立即转去检查循环控制表达式。在 for 循环结构中，则立即转向计算循环表达式，对循环控制变量增加或减少。

4.5.4　用 for 和 while 循环实现 do-while 循环功能

通过 break 语句的打断循环退出功能可以把 for 或者 while 循环结构转换为 do-while 循环结构，如例 4-10 可以改为

```
#include "stdio.h"
void main()
{
    int x;
    printf("输入 x: ");
    scanf("%d",&x);
    while(1)                    /*1 表示条件为真,会一直循环下去*/
    {
        printf("%d",x%10);
        x=x/10;                 /*每次循环,计算 x/10*/
        if(x==0)                /*直到 x 变为 0 退出循环*/
            break;
    }
}
```

读者可以试着自行写出用 for 循环结构实现例 4-10 的程序。

4.5.5 实战演练

打印出 1~10 的偶数。

分析:为了学习 continue 语句和 break 语句的用法,在该程序中使用 while 循环结构,并且将 while 后的表达式置为 1,即循环条件永远为真。结束循环使用"if(i>10)break;",即当循环变量大于 10 时用 break 语句退出循环。根据题意,要求打印出 1~10 的偶数,即当循环变量 i 为奇数时不进行打印操作,使用语句"if(i%2!=0) continue;",也就是说,当 i 为奇数时要跳过循环体中 continue 后面的语句,直接开始下一次循环体的执行。

请读者根据题意及以上分析完成代码的编写。

4.5.6 综合设计

例 4-17 设中国当前人口总数为 14.11 亿,当人口增长率分别为 0.5%、0.6%、0.7%、0.8%、0.9% 和 1% 时,人口增长到 15 亿各需要多少年?

分析:此例即求第一个人口增长到 15 亿时的循环次数,求人口增长或者计算贷款利率这样的问题都可以采用公式 $(1+利率|人口增长率)^n$ 来计算,所以循环每次都乘以 $(1+利率|人口增长率)$,最后当结果大于需要的总数时退出。

可以把该题设计为一个双重循环,外层循环控制增长率,内层循环计算人口数,外层每循环一次增长率增加 0.1%,并且把年数和人口数重置。其执行过程流程如图 4.7 所示。

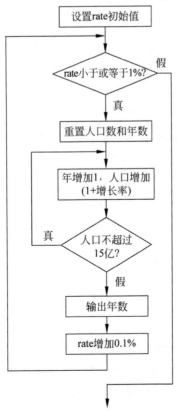

图 4.7 循环综合实例的执行过程

程序代码如下：

```c
#include <stdio.h>
void main()
{
    double rate,population;              /* 人口增长率和人口总数 */
    int year;                            /* 所需年数 */
    for(rate = 0.005;rate < 0.011;rate += 0.001)  /* 人口增长率从 0.5% 到 1%,注意此处不能
                                                     用 rate≤0.01,因为浮点数不能直接用等
                                                     于进行比较 */
    {
        year = 0;
        population = 14.11;              /* 每次 rate 改变后重置年数和人口初始数 */
        do
        {
            year++;
            population *= 1 + rate;
        }while(population < 15.0);       /* 当人口数小于 15 亿时一直循环 */
        printf("当年增长率为%.1f%%时,人口增长到 15 亿需要%d年\n",rate * 100,year);
    }
}
```

运行结果如下：

当年增长率为 0.5% 时,人口增长到 15 亿需要 13 年
当年增长率为 0.6% 时,人口增长到 15 亿需要 11 年
当年增长率为 0.7% 时,人口增长到 15 亿需要 9 年
当年增长率为 0.8% 时,人口增长到 15 亿需要 8 年
当年增长率为 0.9% 时,人口增长到 15 亿需要 7 年
当年增长率为 1.0% 时,人口增长到 15 亿需要 7 年

4.6 小结

C 语言程序的 3 种基本结构是顺序结构、选择结构、循环结构。在 C 语言中进行程序设计时是用控制语句来实现选择结构和循环结构的。C 语言提供的控制语句如下。

(1) 选择控制语句：if-else、switch。

(2) 循环控制语句：for、while、do-while。

(3) 转移控制语句：continue、break、return。

本章详细介绍了 while、do-while、for 几个循环语句的基本形式及语法规则，并通过大量例题说明了用这 3 个语句来构造循环结构的方法及具体的编码实现。另外本章还介绍了 break、continue 两个控制语句的基本形式及语法规则，并通过一些例题说明了这两个语句的使用方法及具体的编码实现。

3 种循环的比较有以下 5 方面。

(1) 3 种循环都可以用来处理同一问题，一般情况下它们可以互相代替。

(2) 在 while 循环结构和 do-while 循环结构中，只在 while 后面的括号内指定循环条件，因此为了使循环能正常结束，应在循环体中包含使循环趋于结束的语句(如 $i++$，或 $i = i+1$ 等)。

（3）for 语句可以在表达式 3 中包含使循环趋于结束的操作，甚至可以将循环体中的操作全部放到表达式 3 中，因此 for 语句的功能更强，凡是用 while 语句能完成的用 for 语句都能实现。

（4）在用 while 和 do-while 循环结构时，循环变量初始化的操作应在 while 和 do-while 语句之前完成，而用 for 循环结构时，可以在表达式 1 中实现循环变量的初始化。

（5）while 和 for 是先判断循环条件，后执行语句，而 do-while 循环结构是先执行循环体中的语句，后判断循环条件，所以 while 循环和 for 循环的循环体可能一次都不被执行，而 do-while 循环的循环体至少被执行一次。

习 题 4

1. 选择题

（1）下列语句段将输出字符'＊'的个数为（　　）。

```
int i = 100;
while(1)
{
    i--;
    if(i==0) break;
    printf("*");
}
```

  A. 98   B. 99   C. 100   D. 101

（2）t 为 int 类型，在进入循环 while(t = 1){…}之前 t 的值为 0，则以下叙述中正确的是（　　）。

  A. 循环控制表达式的值为 0   B. 循环控制表达式的值为 1
  C. 循环控制表达式不合法   D. 以上说法都不对

（3）有以下程序段：

```
int x = 3;
do {
    printf("%3d",x-=2);
}while(!(--x));
```

该程序段的输出结果是（　　）。

  A. 1   B. 3 0   C. 1 -2   D. 死循环

（4）有以下程序段：

```
#include "stdio.h"
void main()
{
    int m = 10,i,j;
    for(i = 1;i <= 15;i += 4)
        for(j = 3;j <= 19;j += 4) m++;
    printf("%d",m);
}
```

该程序段的输出结果是(　　)。

　　A. 12　　　　　　B. 30　　　　　　C. 20　　　　　　D. 25

(5) 以下程序的执行结果是(　　)。

```
#include "stdio.h"
void main()
{
    int y = 2;
    do {
        printf( " * " );
        y--;
    } while( !y == 0 );
}
```

　　A. *　　　　　　B. **　　　　　　C. ***　　　　　　D. 空格

(6) 循环语句 for(a=0,b=0;a<3 &&b!=3;a++,b+=2) a++;是(　　)。

　　A. 无限循环　　　B. 循环一次　　　C. 循环两次　　　D. 循环4次

(7) 以下程序的执行结果是(　　)。

```
#include "stdio.h"
void main()
{
    int num = 0;
    while(num<=2) {
        num++;
        printf( "%d,",num );
    }
}
```

　　A. 0,1,2　　　　B. 1,2　　　　　C. 1,2,3　　　　　D. 1,2,3,4

(8) 有以下程序：

```
#include "stdio.h"
void main()
{
    int x = 23;
    do{
        printf("%d",x--);
    } while(!x);
}
```

该程序的执行结果是(　　)。

　　A. 321

　　C. 不输出任何内容　　　　　　　　B. 23

　　　　　　　　　　　　　　　　　　D. 陷入死循环

(9) 有以下程序：

```
#include "stdio.h"
void main()
{
    int n = 9;
```

```
    while(n > 6) {
        n -- ;
        printf("%d ",n);
    }
}
```

该程序的输出结果是(　　)。

　　A. 987　　　　　　B. 876　　　　　　C. 8765　　　　　　D. 9876

(10) 以下叙述正确的是(　　)。

　　A. do-while 语句构成的循环不能用其他语句构成的循环来代替

　　B. do-while 语句构成的循环只能用 break 语句退出

　　C. do-while 语句构成循环时,只有在 while 后的表达式为非零时结束循环

　　D. do-while 语句构成循环时,只有在 while 后的表达式为零时结束循环

(11) 以下程序执行后的输出结果是(　　)。

```
#include "stdio.h"
void main()
{
    int i,s = 0;;
    for(i = 1;i < 10;i += 2)
        s += i + 1;
    printf("%d\n",s);
}
```

　　A. 自然数 1~9 的累加和　　　　　B. 自然数 1~10 的累加和

　　C. 自然数 1~9 的奇数和　　　　　D. 自然数 1~10 的偶数和

(12) 下面程序段的运行结果是(　　)。

```
a = 1;b = 2; c = 2;
while(a < b < c) { t = a;a = b;b = t;c -- ;}
printf("%d,%d,%d",a,b,c);
```

　　A. 1,2,0　　　　B. 2,1,0　　　　C. 1,2,1　　　　D. 2,1,1

(13) 下面程序段的运行结果是(　　)。

```
x = y = 0;
while(x < 15){ y++ ;x += ++y; }
printf("%d,%d",y,x);
```

　　A. 20,7　　　　B. 6,12　　　　C. 20,8　　　　D. 8,20

(14) 下面循环的循环次数是(　　)。

```
#include "stdio.h"
void main()
{
    int i = 0,x = 0,sum = 0;
    do{
        scanf("%d",&x);
        sum += x;
```

```
        i++;
    }while(i<=9&&x!=100);
}
```

  A. 最多循环 10 次   B. 最多循环 9 次
  C. 无限循环   D. 0 次

(15) 若运行下列程序时输入"2473",则输出结果是( )。

```
#include "stdio.h"
void main()
{
    int cn;
    while((cn=getchar())!='\n')
    {
        switch(cn-'2')
        {
        case 0:case 1:putchar(cn+4);
        case 2:putchar(cn+4);break;
        case 3:putchar(cn+4);
        default:putchar(cn+2);
        }
    }
}
```

  A. 668977   B. 668966   C. 6677877   D. 6688766

(16) 设有程序段 int k=10;while(k==0)k=k-1;则下面描述中正确的是( )。

  A. while 循环执行一次   B. 循环是无限循环
  C. 循环体语句一次也不执行   D. 循环体语句执行一次

2. 填空题

(1) 下面程序是从键盘输入的字符中统计字母字符的个数,请填空。

```
#include "stdio.h"
void main()
{
    int n=0,c;
    while((c=getchar())!='*')
        if(_____)n++;
    printf("%d\n",n);
}
```

(2) 试求出 1000 以内的"完全数"。提示:如果一个数恰好等于它的因子之和(因子包括 1,不包括数本身),则称该数为"完全数"。例如,6 的因子是 1、2、3,而 6=1+2+3,则 6 是一个"完全数"。

```
#include "stdio.h"
void main()
{
    int i,a,m;
```

```
    for(i = 1;i < 1000;i++)
    {
        for(m = 0,a = 1;a <= i/2;a++)
            if(!(i%a))    ①    ;
                if(    ②    )
                    printf("%4d",i);
    }
}
```

(3) 百马百担问题。有 100 匹马,驮 100 担货,大马驮 3 担,中马驮两担,两匹小马驮一担,问大、中、小马各多少匹?

```
#include "stdio.h"
void main()
{
    int hb,hm,hl,n = 0;
    for(hb = 0;hb <= 100;hb +=    ①    )
        for(hm = 0;hm <= 100 - hb;hm +=    ②    )
        {
            hl = 100 - hb -    ③    ;
            if(hb/3 + hm/2 + 2 *    ④    == 100)
            {
                n++;
                printf("hb = %d,hm = %d,hl = %d\n",hb/3,hm/2,2*hl);
            }
        }
    printf("n = %d\n",n);
}
```

(4) 下面程序的功能是输入一个正整数,然后从右到左依次显示该整数的每一位。补充语句完成程序。

```
#include "stdio.h"
void main()
{
    int number,digit;
    printf("\n");                    /*换行*/
    scanf("%d",&number);
    printf("\n");
    do
    {    ①                           /*取出变量 number 中的末位数字*/
        printf("%d",digit);
        number/ = 10;                /*去掉已经显示过的数字,重置变量 number 的值*/
    }while(    ②    );               /*当每一位数字都显示后结束循环*/
    printf("\n");
}
```

(5) 执行以下程序后输出"#"号的个数是_____。

```
#include "stdio.h"
void main()
{
```

```c
    int i,j;
    for(i = 1;i < 5;i++)
        for(j = 2;j <= i;j++)
            putchar('#');
}
```

3. 读程序写结果题

(1) 以下程序的输出结果是_____。

```c
#include "stdio.h"
void main()
{
    int i;
    for(i = 1;i <= 5;i++)
    {
        if(i%2)
            printf(" * ");
        else
            continue;
        printf("#");
    }
    printf(" $ \n");
}
```

(2) 以下程序的输出结果是_____。

```c
#include "stdio.h"
void main()
{
    char c;
    int i;
    for(i = 65;i < 68;i++)
    {
        c = i + 32;
        switch(c)
        {
            case 'a':case 'b':case 'c':printf(" %c,",c);break;
            default:printf("end");
        }
    }
}
```

(3) 以下程序的输出结果是_____。

```c
#include "stdio.h"
void main()
{
    int k1 = 1,k2 = 2,k3 = 3,x = 15;
    if(!k1)
        x--;
    else if(k2)
```

```
        if(k3)
            x = 4;
        else x = 3;
        printf("x = %d\n",x);
}
```

(4) 以下程序的输出结果是_____。

```
#include "stdio.h"
void main()
{
    int j, k, x = 0;
    for(j = 0; j < 2; j++)
    {
        x++;
        for(k = 0; k <= 3; k++)
        {
            if(k%2) continue;
            x++;
        }
        x++;
    }
    printf("x = %d\n", x);
}
```

(5) 以下程序的输出结果是_____。

```
#include "stdio.h"
void main()
{
    int a = 0, i;
    for(i = 1; i < 5; i++)
    {
        switch(i)
        {
            case 0:
            case 3: a += 2;
            case 1:
            case 2: a += 3;
            default: a += 5;
        }
    }
    printf("%d\n",a);
}
```

(6) 以下程序的输出结果是_____。

```
#include "stdio.h"
void main()
{
    int i;
    for(i = 1;i + 1;i++)
```

```
        {
            if(i > 4)
            {
                printf("%d\n", i++);
                break;
            }
            printf("%d\n", i++);
        }
    }
```

(7) 以下程序的输出结果是_____。

```
#include "stdio.h"
void main()
{
    int x = 15;
    while(x > 10 && x < 50)
    {
        x++;
        if(x/3)
        {
            x++;
            break;
        }
        else continue;
    }
    printf("%d\n", x);
}
```

4. 编程题

(1) 用1元纸币兑换1分、2分和5分的硬币,要求兑换硬币的总数为50枚,问共有多少种换法？每种换法中各硬币分别为多少？

提示：本题可以采用"穷举法"来编程。定义变量 a 的值为5分硬币的枚数,由于1元钱纸币最多能兑换20枚5分硬币,所有变量 a 的取值范围为1~20；变量 b 的值为2分硬币的枚数,由于1元钱纸币最多能兑换50枚2分硬币,所以 b 的取值范围为1~50。因为要求兑换硬币的总数为50枚,所以当5分和2分的硬币确定后,1分硬币的枚数 c 等于 $50-a-b$。

(2) 输出所有的"水仙花数",所谓"水仙花数"是指一个3位数,其各位数字的立方和等于该数本身。例如,153是一个水仙花数,因为 $153 = 1^3 + 5^3 + 3^3$。

(3) 中国数学家张丘建在他的《算经》中提出了一个著名的"百钱百鸡问题"：鸡翁一,值钱五,鸡母一,值钱三,鸡雏三,值钱一,百钱买百鸡,问翁、母、雏各几何？

提示：设鸡翁、鸡母和鸡雏的个数分别为 x、y、z。题意给定100钱买100只鸡,若全买鸡翁最多买20只,显然 x 的取值范围为0~20；同理,y 的取值范围为0~33,可得到下面的不定方程组：

$$\begin{cases} 5x + 3y + z/3 = 100 \\ x + y + z = 100 \end{cases}$$

所以此问题可归结为求这个不定方程的整数解。

(4) 输入一个数 n，制作一个高为 $2n-1$ 的菱形。其结构如下：

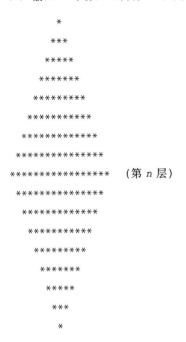

(5) 输入一个自然数 n，将 n 分解为质因子连乘的形式并输出。如输入 24，则程序输出为 $24=2\times2\times2\times3$。

(6) 找出 3～100 的质数。

提示：i 从 3 循环到 100，j 从 2 循环到 $\text{sqrt}(i)$，如果 i 能整除 j 则退出 j 循环，在 j 循环外、i 循环内进行比较，如果 $j>\text{sqrt}(i)$，则表示没找到可以整除 i 的数，即 i 是质数，输出 i。

(7) 张三、李四、王五、赵六的年龄构成一个等差数列，他们 4 人的年龄相加为 26，相乘为 880，求以他们的年龄为前 4 项的等差数列的前 20 项。

提示：设数列的首项为 a，则前 4 项之和为"$4\times n+6\times a$"，前 4 项之积为"$n\times(n+a)\times(n+a+a)\times(n+a+a+a)$"。同时有"$1\leqslant a\leqslant 4$""$1\leqslant n\leqslant 6$"，可采用穷举法求出此数列。

(8) 设甲、乙有一个合约：甲每天给乙 10 万元，乙第一天给甲 1 分，第二天给 2 分，第三天给 4 分(每天是前一天的两倍)，问一个月(30 天)后甲给了乙多少钱，乙给了甲多少钱？

(9) 一根长度为 139m 的材料需要截成长度为 19m 和 23m 的短料，求两种短料各截多少根时剩余的材料最少？

本章实验实训

【实验目的】

(1) 熟练掌握循环的运用方法。

(2) 熟练掌握 for、while、do-while 语句的运用方法。

(3) 学会循环结构程序的设计。

【实验内容及步骤】

输入多个学生成绩,用空格隔开,以负数结束。求学生成绩的最高分、最低分、平均分、不及格人数和及格率。

第 2 部分　提　升　篇

第5章　数组
第6章　函数
第7章　自定义数据类型

第 5 章 数组

编写程序会涉及数据的处理和保存,在前面的章节已经解决了将单个数据存储到相应类型变量中的问题,但是在一些实际应用中往往需要处理和保存大量的数据。通常,这类数据具有两个特点,一是数量大,二是类型相同。例如,气象站的百叶箱每 30 分钟测一次气温、湿度和风力,每天将产生气温、湿度和风力数据各 48 个;一个开设了 C 语言程序设计课程有 75 名学生的班级,学期末将产生考试成绩 75 个,诸如此类的例子不胜枚举。如果要存储和处理这类数据,用前面的办法就要定义大量名字不同的变量,还要编写大量功能相似甚至完全相同的语句处理这些数据,从而使程序变得相当臃肿。于是 C 语言引入了数组这种重要的数据类型。

5.1 厨师选鱼(一维数组)

视频讲解

厨师要用千岛湖大鱼为客人做一桌美味的全鱼宴,需要从 10 条大鱼中挑选出质量最大的一条鱼,要求程序运行时可以输入 10 条鱼的质量,再找出最大的。

5.1.1 分析与设计

一种简单的方法是将 10 条鱼的质量输入并保存到一个数组中,与此同时通过逐步比较的过程找出其中质量最大的数组成员。

例 5-1 厨师选大鱼(从 10 条大鱼中找质量最大的鱼)。

```
#include "stdio.h"
void main()
{
    float fish[10],max,w;              /*定义数组*/
    int n=0,max_n=0;
    printf("请输入10条鱼的质量:\n");
    while(n<10)                         /*输入数组成员*/
    {
        scanf("%f",&w);
        if(w<=0)
            printf("数据非法,重来!\n");
        else
        {
```

```
            fish[n] = w;
            n++;
        }
    }
    max = fish[0];                    /*不妨先假设第一条鱼质量最大*/
    for(n = 1;n < 10;n++)             /*找出质量最大成员*/
    {
        if(max < fish[n])
        {
            max = fish[n];
            max_n = n;
        }
    }
    printf("第%d条鱼质量最大,鱼质量: %.2f\n",max_n,max);
}
```

运行结果：

请输入10条鱼的质量:
1
2
0
数据非法,重来!
－3
数据非法,重来!
3
4
5
6
7
8
9
10
第9条鱼质量最大,鱼质量: 10.00

程序运行结果如图 5.1 所示。

图 5.1　运行结果

用户也可以优化以上程序,改用一个循环语句,控制程序在循环输入数据的同时就将最大数据找出来。

5.1.2　一维数组

1. 一维数组的定义

数组和普通变量是一样的,都要遵循先定义后使用的原则,定义一维数组的一般形式如下：

类型名 数组名[常量表达式]

其中：

(1)"数组名"的命名要符合 C 语言标识符的命名规则。

(2)"类型名"用来指定数组存储数据的类型,可以为 int、float、char 等基本数据类型,也可以为指针或结构体等复合型的数据类型。

(3)"[常量表达式]"用来指定数组的长度,即这个数组能够存储的数据的个数。指定数组长度必须用常量表达式,可以是常量也可以是符号常量,但是不能包含变量。"[ ]"不能省略。

例如:

```
int count[13];
```

这是一个标准的数组定义语句,其中包含的信息有数组的名字为 count;数组的类型为 int 型,即数组的所有成员都是 int 型数据,数组包含 13 个成员。

2. 一维数组的存储

编译器根据变量的定义类型为它们分配相应大小的存储空间。那么数组具体是怎样存储的呢?为了管理数组中的元素,为每个元素分配一个下标,以数组定义语句 int a[13];为例,数组元素的下标由 0(下标下限)到 12(下标上限),数组中的元素分别为 $a[0]$、$a[1]$、$a[2]$、…、$a[12]$,共计 13 个,编译器在内存中分配一片连续的存储空间来存放这 13 个元素,它们占用的内存空间大小为 4bytes×13 = 52bytes(当开发环境为 VC++ 6.0 时,每个整型元素占用 4 字节),共 52 字节。这些数组元素在内存中是顺序存放的,如图 5.2 所示。

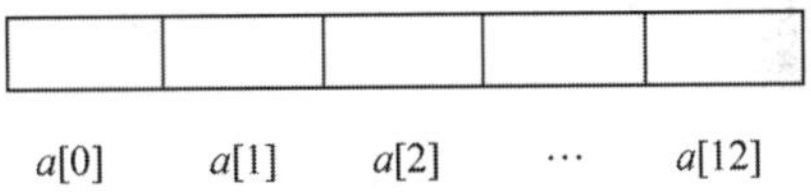

图 5.2 一维数组的存储示意图

从以上分析可知,"int a[13];"中的 13 是指数组中有 13 个元素,因下标是从 0 开始的,所以可引用的最大下标为 12,而不是 13,这一点读者需要特别注意。

3. 一维数组元素的引用

通过一维数组中元素的下标来引用数组元素,这种方法称为下标法。引用形式如下:

数组名[下标值]

其中:

(1)下标值必须在数组元素下标值范围内,假如数组长度为 N(N 为常量),那么下标值要在[0,$N-1$]才被视为有效引用。

(2)下标值的形式多样,可以是常量,也可以是变量或者表达式。

例如:

```
int a[100];
```

以下形式都是合法的引用,前提是下标值不超过规定范围:a[0]、a[99]、a[4+5]、a[4*5]、a[i]、a[i+3]、a[i+j]。

(3)一个数组元素实质上就是一个同类型的基本数据类型变量,在使用数组元素时可以把它们看作同类型的变量来使用,因此基本数据类型变量能够进行的操作也适用于同种类型的数组元素,如数组元素可以进行算术运算、逻辑运算、关系运算等。

(4)数组名不代表任何一个数组元素。例如,a 不代表 $a[0]$~$a[99]$中的任何一个元素。数组名实质上是一个地址常量,它代表数组的起始地址。

4. 一维数组的初始化

在定义变量时给变量赋初始值称为变量的初始化,同样在定义数组时为数组元素赋初始值就是数组元素的初始化。数组在定义时,系统分配的存储单元内没有确定的数值,通过初始化为数组元素分配确定值。

一维数组的初始化有以下两种方法。

(1) 给数组的全部元素赋值,例如:

```
int a[5] = {10,11,12,13,14};
```

该语句把 10~14 分别赋给 a[0]~a[4] 这 5 个数组元素。在给全部元素赋初值的情况下也可以省略数组的长度,例如:

```
int a[ ] = {10,11,12,13,14};
```

这种赋初值的方法,其效果和上面的语句是等同的,编译器会根据赋值的个数来确定数组的长度,但是这种方法只适用于给数组中全部元素赋初值的情况,不能滥用。

(2) 给数组的部分元素赋值,例如:

```
int a[5] = {10,11,12};
```

该语句给数组 a 中的部分元素赋初值,分别把 10、11、12 赋给 $a[0]$、$a[1]$、$a[2]$ 这 3 个元素,那么数组中剩余的两个元素则自动赋初值为 0。

注意:这种初始化方法是在数组定义时进行的,如果定义时不需要初始化,可以在程序运行过程中进行,只是要注意不能使用没有被初始化的数组元素,因为元素值是不确定的。

5. 一维数组元素的输入/输出

因为数组是由若干元素按序排列而成的,所以对数组元素的访问可通过循环语句来实现。

例 5-2 定义一个一维数组,由键盘先输入数据到数组元素中,再把数组元素从头到尾顺序输出到屏幕。

```
#include "stdio.h"
void main()
{
    int a[5];
    int i;
    for(i = 0;i < 5;i++)            /* 用循环控制,向数组中的 a[0]~a[4] 输入数值 */
        scanf("%d",&a[i]);
    for(i = 0;i < 5;i++)            /* 用循环控制,把数组中的元素值输出到屏幕 */
        printf("%d ",a[i]);
    printf("\n");
}
```

运行结果:

```
1 2 3 4 5
1 2 3 4 5
```

说明：在本例中用循环控制变量来控制数组元素的下标变化，从头至尾按顺序给数组元素赋值，再把数组元素的值按顺序输出到终端。

下面再举一些应用一维数组的例子。

例 5-3 查找并替换一维整数数组中部分元素的值。例如，将数组中元素值为 x 的所有元素替换为 y，其中 x、y 的值通过输入获得。

```c
#include "stdio.h"
void main()
{
    int i,x,y,n=0,a[12]={5,6,7,8,9,10,11,12,6,13,6,20};
    printf("请输入要查找和修改的数据：");
    scanf("%d%d",&x,&y);
    if(x==y)                    /*两个数相同就不用换*/
    {
        printf("两个数相同,数组仍然保持原样\n");
        return;
    }
    for(i=0;i<12;i++)
    {
        if(a[i]==x)              /*查找数组元素*/
        {
            a[i]=y;              /*修改数组元素*/
            n++;
        }
        printf("%d\n",a[i]);
    }
    if(n>0)
        printf("有%d个元素被置换\n",n);
    else
        printf("数组中没有找到%d\n",x);
}
```

运行结果：

```
请输入要查找和修改的数据：6 -6
5
-6
7
8
9
10
11
12
-6
13
-6
20
有3个元素被置换
```

程序运行效果如图 5.3 所示。

图 5.3 查找并修改数组的元素

例 5-4 比较两个成员数量相同的整型数组是否相等(如果两个数组的成员个数相同,且下标相同的数组成员的数值也相同,则称这两个数组相等)。

```c
#include "stdio.h"
#define N 6
#define M 6
void main()
{
    int i,a[N] = {5,6,7,8,9,10},b[M] = {5,6,7,10,11,12};
    if(N!= M)
    {
        printf("这两个数组不相等\n");
        return;
    }
    for(i = 0;i <= 5;i++)
        if(a[i]!= b[i])            /* 比较相同下标的数组成员 */
            break;                 /* 遇到不相等元素就停止,0≤i≤5 */
    if(i > 5)
        printf("这两个数组相等\n");   /* i > 5 表明所有元素比较完成 */
    else
        printf("这两个数组不相等\n");
}
```

运行结果:

这两个数组不相等

例 5-5 有一个含有 6 个元素的整型数组,程序要完成以下功能。
(1) 调用 C 语言库函数中的随机函数给所有元素赋以 0~49 的随机数。
(2) 输出数组元素的值。
(3) 对下标为奇数的数组元素求和。

分析:调用 C 语言函数库中的随机函数 rand()可给数组元素赋随机值,该函数会产生一个 0~32767 的随机数,为避免每次运行时产生的随机数序列相同,可使用 srand()函数,每次运行时输入不同的整数就会产生不同的随机数序列,调用这两个函数需包含 stdlib.h 文件。另外要注意对下标的控制,下标初始值应为 1,每次的增值为 2,而不是 1。

```c
#include <stdio.h>
#include <stdlib.h>
#define N 6
void main()
{
    int i,a[N],sum = 0,seed;
    printf("input a integer(seed): ");
    scanf("%d",&seed);
    srand(seed);                   /* 新的随机数系列种子,避免每次产生的随机数序列相同 */
    printf("随机产生的数组为:\n");
    for(i = 0;i < N;i++)
    {
        printf("%d\n",a[i] = rand() % 50);        /* 产生 0~49 的随机数 */
```

```
            if(i%2)
                sum += a[i];
        }
        printf("下标为奇数的数组元素的和为: %d\n",sum);
}
```

运行结果:

input a intuger(seed): 100
随机产生的数组为:
15
16
15
4
4
4
下标为奇数的数组元素的和为: 24

程序运行结果如图 5.4 所示。

图 5.4　下标为奇数的数组元素的和

例 5-6　找出 100~999 中最大的 3 个水仙花数,并求这 3 个数的和。提示:水仙花数是指一个 n 位数($n \geqslant 3$),它的每位上的数字的 n 次幂之和等于它本身(例如,$1^3 + 5^3 + 3^3 = 153$)。

```
#include "stdio.h"
void main()
{
    int n,f,s,t,a[3],i = 0,sum = 0;
    printf("100~999 中最大的 3 个水仙花数:\n");
    for(n = 999;n >= 100;n -- )                    /*从大往小找*/
    {
        f = n/100;
        s = (n - f * 100)/10;
        t = (n - f * 100) - s * 10;
        if(f * f * f + s * s * s + t * t * t == n)
        {
            a[i] = n;
            printf("%d\n",a[i]);
            sum += a[i++];
```

```
        }
        if(i>=3)
            break;
    }
    printf("3个水仙花数的和:%d\n",sum);
}
```

例 5-7 某城市一天中发生交通事故的记录如表 5.1 所示,按性别统计肇事司机人数和损失。

表 5.1 交通事故的记录

肇 事 司 机	肇事损失(万元)	肇 事 司 机	肇事损失(万元)
女	5.2	女	0.5
男	10.5	男	1.2
男	13.0	男	0.03
女	2.5	男	3.2
男	0.7	女	0.05

```c
#include<stdio.h>
void main()
{
    char gender[10]={'f','m','m','f','m','f','m','m','m','f'};    /*定义数组*/
    float m[10]={5.2,10.5,13.0,2.5,0.7,0.5,1.2,0.03,3.2,0.05},fm=0,mm=0;
    int n,fn=0,mn=0;
    for(n=0;n<10;n++)
    {
        if(gender[n]=='f')
        {
            fm+=m[n];
            fn++;
        }
        else
        {
            mm+=m[n];
            mn++;
        }
    }
    printf("女司机肇事%d起,损失:%.2f\n",fn,fm);
    printf("男司机肇事%d起,损失:%.2f\n",mn,mm);
}
```

运行结果:

女司机肇事4起,损失:8.25
男司机肇事6起,损失:28.63

例 5-8 水果罐头生产线加工一批产品,共计 100 瓶,要求每瓶罐头的标准质量为 500g,因工艺的原因工人在装料时可能未按产品标准装料(多装或少装)。为保证质量,检验员必须视情况为不合格的罐头减少或添加物料以达到标准要求。编写程序,输入每瓶罐头的现有质量数据,然后将该数据与标准质量数据进行比较,提示该瓶罐头需要添加或减少物料的数量,当这批罐头数据输入完毕后给出总共为这批罐头添加或减少了多少物料。

```c
#include<stdio.h>
#define STD 500                              /*产品标准质量500g*/
void main()
{
    float pd[100],sum1=0,sum2=0;             /*设置产品数据数组和物料累计变量*/
    int n;
    for(n=0;n<100;n++)
    {
        printf("输入罐头质量:");
        scanf("%f",&pd[n]);
        if(STD-pd[n]>0)
        {
            printf("本件产品物料不足,少装:%.2f\n",STD-pd[n]);
            sum1+=STD-pd[n];
        }
        else
        {
            if(STD==pd[n])
                printf("本件产品物料质量符合标准\n");
            else
            {
                printf("本件产品物料超量,多装:%.2f\n",pd[n]-STD);
                sum2+=pd[n]-STD;
            }
        }
    }
    if(sum2-sum1>0)
        printf("这批产品总共添加物料:%.2f\n",sum2-sum1);
    else
        printf("这批产品总共减少物料:%.2f\n",sum1-sum2);
}
```

5.1.3 实战演练

将一个长度为 N 的一维数组中的元素按颠倒的顺序重新存放,注意操作时只能借助一个临时变量而不得另外开辟数组。

分析:题目要求不是逆序打印数据,而是要变换数值的存储位置。例如,原数组如图 5.5 所示,变换后的数组如图 5.6 所示。

1	3	5	7	9

图 5.5　原数组

9	7	5	3	1

图 5.6　变换后的数组

虽然数组元素还在同一个数组中,但元素的位置发生了变化。解决的方法就是把数组中前后对应位置的元素相互调换。可以用 i、j 两个变量记录要交换的两个数组元素的下标,i 的初始值是 0,j 的初始值是最后一个元素的下标 $N-1$。

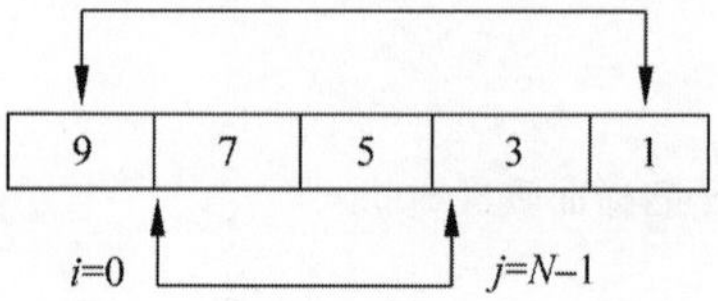

交换过程如图 5.7 所示。

对应位置的数组元素每交换一次,i 的数值加 1,指向后一个元素;j 的数值减 1,指向前一个元素,然后继续交换,直到 i 和 j 的值不满足条件 $i<j$ 为止。该程序使用循环实现。程序流程图如图 5.8 所示,请补全下面的程序并运行得出结果。

图 5.7 数组元素交换的示意图

```
#include<stdio.h>
#define N 5
main()
{
    int a[N] = {1,3,5,7,9};
    int i,j,temp;
    printf("原数组:\n");
    for(i = 0;i<N;i++)
        printf(" %d ",a[i]);
    printf("\n");
    for(;;)                    /*调换数组元素*/
    {
        _____;
        _____;
        _____;
    }
    printf("调换后数组:\n");
    for(i = 0;i<N;i++)
        printf(" %d ",a[i]);
    printf("\n");
}
```

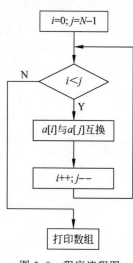

图 5.8 程序流程图

视频讲解

5.2 果园里的竞赛(二维数组)

某果园举行摘果子比赛,参赛选手有 3 名,比赛规则是在规定时间内摘 3 种水果——葡萄、鸭梨和桃子,摘得果子总质量最多的人赢得比赛。3 人的比赛成绩表如表 5.2 所示,请编写一个程序来计算谁是冠军。

表 5.2 摘果子比赛成绩表

选手编号	葡萄(kg)	鸭梨(kg)	桃子(kg)	总质量(kg)
1	57	68	40	
2	60	83	72	
3	40	56	69	

5.2.1 分析与设计

首先要将表5.2中的15个数据保存到数组中,分别是3位选手的序号、所摘的每种水果的质量和3种水果的总质量。这个数组显然与一维数组不同,因为如果用某种手段能将此表逻辑上映射到存储器中,那么每个数据的位置要由它所在的行和列来确定,这与一维数组存储的数据只需一个下标就能确定元素位置不同。下面采用一种新的数据类型——二维数组来保存这些数据。这里定义一个3行5列的二维数组存储数据,它们在内存中的抽象状态(实际保存状况不是这样)如图5.9所示,每一行存储一个选手的所有数据,每一列表示所有人的同样的数据,分别是所有参赛选手的编号、所有选手摘的同种水果的质量,以及所有选手摘水果的总质量。

	第0列	第1列	第2列	第3列	第4列
第0行	1	57	68	40	0
第1行	2	60	83	72	0
第2行	3	40	56	69	0

图5.9 二维数组的数据存储示意图

如果要计算出冠军得主,只需要对二维数组的每行从列号为1的元素到列号为3的元素求和,存放到列号为4的元素中,再通过比较第4列的元素的值就可以得出谁是冠军了。

例5-9 果园里的竞赛(二维数组的应用)。

```c
#include<stdio.h>
void main()
{
    int i,j,id,max = 0;
    //定义二维数组保存水果质量,并初始化
    int s[3][5] = { {1,57,68,40,0}, {2,60,83,72,0},{3,40,56,69,0} };
    printf(" NO. GRAPE PEAR PEACH TOTAL\n");
    for(i = 0;i < 3;i++)
    {
        printf(" %4d ",s[i][0]);            /*输出参赛选手的编号*/
        for(j = 1;j < 4;j++)
        {
            s[i][4] += s[i][j];              /*求第i个选手摘得水果的总质量*/
            printf(" %6d",s[i][j]);          /*输出各种水果的质量*/
        }
        printf(" %8d\n",s[i][4]);            /*输出第i个选手摘得水果的总质量*/
        if(s[i][4]> max)
        {
            id = s[i][0];
            max = s[i][4];
        }
    }
    printf("冠军编号: %4d,摘水果的总质量: %8d kg\n",id,max);
}
```

运行结果：

```
NO. GRAPE    PEAR     PEACH    TOTAL
1    57      68       40       165
2    60      83       72       215
3    40      56       69       169
冠军编号：   2,摘水果的总质量：     215kg
```

在本例中采用二维数组来存储数据，这些数据有以下特点：由行属性和列属性描述位置。在二维数组的行和列上进行相应的运算可以得出有特定意义的数据。例如，计算每个选手的总成绩是在每一行上取第1、2、3列元素求和。如果要求出所有人采摘某种水果的总质量，应该如何做呢？

5.2.2 二维数组

1. 二维数组的定义

从以上例子可以知道，二维数组的定义类似一维数组，但是要在一维数组的基础上增加一个维度。在C语言中定义二维数组的一般形式如下：

类型名 数组名[常量表达式1][常量表达式2]

其中，二维数组名的命名规则、"类型名"与一维数组相同，不同的是"[常量表达式1]"用来指定二维数组的行数；"[常量表达式2]"用来指定二维数组的列数。在指定数组的行数和列数时，可以是常量（整型、字符型），也可以是符号常量或常量表达式，但是不能包含变量。与一维数组相比，二维数组多了一个维度的定义——[常量表达式2]，使二维数组可以存储矩阵和二维表数据（如例5-9所示）。

例如：

```
int s[3][5];
```

这是一个二维数组定义语句，包含的信息如下：

数组的名字为s，数组的类型为int型，是整型数组。数组为3行5列的二维数组，数组s能够存储的int型数据应该有$3\times5=15$个，该数组的逻辑结构可视为3行5列的矩阵或二维表格，但要注意数组元素的类型必须一致，否则不能定义成数组，其形式如图5.10所示。

	第0列	第1列	第2列	第3列	第4列
第0行	$s[0][0]$	$s[0][1]$	$s[0][2]$	$s[0][3]$	$s[0][4]$
第1行	$s[1][0]$	$s[1][1]$	$s[1][2]$	$s[1][3]$	$s[1][4]$
第2行	$s[2][0]$	$s[2][1]$	$s[2][2]$	$s[2][3]$	$s[2][4]$

图5.10 数组s的逻辑结构

一维数组的存储是按元素顺序依次存放在内存中的。二维数组的存储也类似，按行顺序依次存储数组元素。二维数组的每个元素有两个下标，分别代表元素所在的行和列，下标值的范围规定与一维数组类似，这里以数组s为例，下标值的取值范围分别为0~2行和

0~4 列。数组 s 在内存中的存储形式如图 5.11 所示。

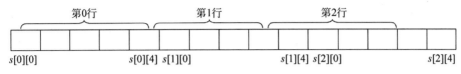

图 5.11　数组 s 在内存中的存储

2. 二维数组元素的引用

二维数组元素的引用也采用下标法，具体引用形式如下：

数组名[下标值1][下标值2]

其引用的规则同一维数组。例如，定义一个数组：

int a[20][50];

则以下形式都是合法的引用：

a[0][0]、a[19][49]、a[4+5][8]、a[4*4][0]、a[i][j]、a[i+3][j*4]、a[i+j][5%2]

以下形式为非法的引用：

a[20][50]、a(3)(4)、a{m}{n}、a[2,3]

读者能否说出这些引用存在哪种语法错误？和一维数组名类似，二维数组名不代表任何一个数组元素，实质上是一个地址常量。例如，a 不代表 a[0][0]~a[19][49]中的任何一个元素，它代表数组的起始地址。

通常，二维数组还可以看作特殊的一维数组，如图 5.12 所示。

a		a[0][0]	a[0][1]	a[0][2]	a[0][3]	a[0][4]
	a[0]					
	a[1]	a[1][0]	a[1][1]	a[1][2]	a[1][3]	a[1][4]
	a[2]	a[2][0]	a[2][1]	a[2][2]	a[2][3]	a[2][4]

图 5.12　特殊的一维数组

把 a 看作一个一维数组，它有 3 个元素，即 a[0]、a[1]、a[2]，其中每个元素又是一个有 5 个元素的一维数组。

C 语言还支持多维数组，读者在二维数组的基础上可以理解多维数组。例如，定义一个三维数组：

int threeDim[4][5][6];

3. 二维数组的初始化

二维数组在定义的同时也可以对数组元素进行初始化。二维数组的初始化方式主要有以下两种。

1) 对数组的全部元素赋初始值

(1) 整体赋初始值：将所有数据写在一对大括号内，按照它们的排列顺序给各元素赋值。

int a[3][4] = {1,2,3,4,5,6,7,8,9,10,11,12};

(2) 分行赋初始值：以行为单位将数据用一对大括号括起来，最外层再用一对大括号把所有数据括起来。这种赋值方式更加直观。

int a[3][4] = {{1,2,3,4},{5,6,7,8},{9,10,11,12}};

在对全部元素赋初始值时，数组的第一维长度是可以省略的。例如：

int a[3][4] = {1,2,3,4,5,6,7,8,9,10,11,12};

可写成：

int a[ ][4] = {1,2,3,4,5,6,7,8,9,10,11,12};

2) 对数组的部分元素赋初始值

对数组中各行的某些元素赋值：

int a[3][4] = {{1},{5},{9}};
int a[3][4] = {{1},{0,6},{0,0,0,11}};
int a[3][4] = {{1},{5,6}};

以上 3 条语句的赋值结果如图 5.13 所示。

1	0	0	0		1	0	0	0		1	0	0	0
5	0	0	0		0	6	0	0		5	6	0	0
9	0	0	0		0	0	0	11		0	0	0	0

图 5.13　二维数组的赋值结果

部分赋值是对数组中各行对应位置的元素赋初始值，没有指定值的元素由系统自动赋值。

在对部分元素赋值时同样可以省略数组的第一维长度的指定，例如：

int a[3][4] = {{1},{0,6},{0,0,11}};

可写成：

int a[ ][4] = {{1},{0,6},{0,0,11}};

数组的长度被自动确定为 3，再如：

int a[ ][4] = {1,2,3,4,5,6,7,8,9};

此时，数组的第一维长度的确定方法是用数值的总数和第二维长度之商作为依据，若能整除，该商即为第一维长度（即为数组的所有元素赋值时省略第一维长度的情况）；若不能整除，该数组的第一维长度为商值加 1。所以本例数组的第一维长度为 3。

注意：在定义二维数组和赋值时，不管是哪种情况，第二维长度都不能够省略。下面的赋值语句是错误的。

```
int a[3][] = {1,2,3,4,5,6,7,8,9};
int a[][] = {1,2,3,4,5,6,7,8,9};
```

4. 二维数组的输入/输出

一维数组用一个循环语句控制数组元素的输入/输出，二维数组有行和列，所以要用二重循环来访问。

例 5-10 定义一个二维数组，由键盘输入数据为数组元素赋值，再把数组元素值输出到屏幕。

```
#include<stdio.h>
main()
{
    int a[3][2];
    int i,j;
    for(i=0;i<3;i++)                    /*给数组元素输入数据*/
        for(j=0;j<2;j++)
            scanf("%d",&a[i][j]);
    for(i=0;i<3;i++)                    /*将数组元素的值输出*/
    {
        for(j=0;j<2;j++)
            printf("%d ",a[i][j]);
        printf("\n");                   /*每输出数组的一行元素,数据就换下一行*/
    }
    printf("\n");
}
```

运行结果：

```
1 2 3 4 5 6
1  2
3  4
5  6
```

说明：在本例中用循环控制数组的下标，依次给数组元素赋值或把数组元素值输出到终端。由于二维数组有行和列两个下标，要遍历二维数组中的每个元素需要采用二重循环，一般外层循环控制行，内层循环控制列。

下面再举一些应用二维数组的例子。

例 5-11 将表 5.3 中小于 0 的数据显示出来，其他数据用 0 代替。

表 5.3 实数表

20.0	-3.5	-6.0
-10.0	2.2	50.0
-9.1	71.0	-20.0
3.0	8.0	-11.0

```
#include<stdio.h>
```

```c
void main()
{
    float a[4][3] = {{20.0, -3.5, -6.0},{-10.0,2.2,50.0},{-9.1,71.0,-20.0},{3.0,8.0,
-11.0}};
    for(int i = 0;i < 4;i++)
    {
        for(int j = 0;j < 3;j++)
            if(a[i][j]<0)
                printf("%5.1f ",a[i][j]);
            else
                printf("%5.1f ",0);
        printf("\n");
    }
}
```

运行结果：

```
  0.0  -3.5  -6.0
-10.0   0.0   0.0
 -9.1   0.0 -20.0
  0.0   0.0 -11.0
```

程序运行结果如图 5.14 所示。

例 5-12 某乡鼓励农民通过办农家乐来增加收入，因此全乡农家乐已经发展到 10 家，各家的经济来源为住宿与餐饮、种植与养殖两项。年终到了，请编写程序帮乡里找出总收入最高的农户，乡里要给予奖励。

图 5.14 显示负实数

```c
#include<stdio.h>
void main()
{
    float a[10][2],max;                    /*10家农家乐两项经济收入*/
    int i,m;
    for(i = 0;i < 10;i++)
    {
        printf("输入第%d家的收入状况\n",i);
        printf("住宿与餐饮：");
        scanf("%f",&a[i][0]);
        printf("种植与养殖：");
        scanf("%f",&a[i][1]);
    }
    m = 0;
    max = a[m][0] + a[m][1];
    for(i = 1;i < 10;i++)
    {
        if(max < a[i][0] + a[i][1])
        {
            max = a[i][0] + a[i][1];
            m = i;
        }
```

```
    }
    printf("第%d家总收入最高,已经达到: %.2f\n", m,a[m][0] + a[m][1]);
}
```

思考:请考虑用一个循环语句实现的方案,即在输入数据的同时找出最大者,另外要排除输入的非法数据该如何处理。

例 5-13 老师布置给道路桥梁工程专业学生的实习任务是测量学校旁一段公路的长度,学生们沿着公路测量,获得如表 5.4 所示的公路的经纬度数据。学生们利用两点间距离公式设计程序来处理这些数据,并估算公路的长度。

表 5.4 公路的经纬度数据

经度	10.57	10.578	10.5792	10.5799	10.58	10.583	10.5785	10.57862	10.5787
纬度	35.775	35.76	35.77	35.771	35.775	35.78	35.782	35.783	35.785

分析:设置二维数组保存各测量点数据,计算各相邻点间的距离并求和,最后算出公路的长度。

```c
#include<stdio.h>
#include<math.h>
void main()
{
    float m_xy[10][2];                      /*保存测量数据的二维数组*/
    float roadlength = 0,dis;               /*公路长度*/
    int n;
    printf("输入测量数据(经度和纬度):\n");
    for(n = 0;n<10;n++)
    {
        scanf("%f%f",&m_xy[n][0],&m_xy[n][1]); /*输入第n个测量点数据*/
        /*计算相邻两点距离*/
        dis = sqrt(pow(m_xy[n][0] - m_xy[n-1][0],2) + pow(m_xy[n][1] - m_xy[n-1][1],2));
        roadlength += dis;                  /*公路长度求和*/
    }
    printf("这段路长度%.6f:\n",roadlength);
}
```

5.2.3 实战演练

(1) 2015 年国际田联钻石联赛有 14 场比赛,美国队 3 名短跑运动员 A、B、C 参加了全部赛事,教练员将用程序把运动员每场比赛的最好成绩记录下来,最后将 3 人在 14 场比赛中的最好成绩交给体育记者做新闻报道,请完成该程序。

提示:设置二维数组记录 3 人 14 场的最好成绩,同时比较每个运动员每场比赛的成绩,找出 14 场中的最好成绩。

(2) 求 3×4 矩阵 *a* 的所有外围元素之和。

提示:3×4 矩阵 *a* 的外围元素如图 5.15 所示,图中加底纹标识的元素是 *a* 的外围元素。设 i 代表矩阵的行下标、j 代表矩阵的列下标,可以看出外围元素的下标有以下特点:

a[0][0]	a[0][1]	a[0][2]	a[0][3]
a[1][0]	a[1][1]	a[1][2]	a[1][3]
a[2][0]	a[2][1]	a[2][2]	a[2][3]

图 5.15 矩阵 *a* 的外围元素

① 当 $i=0$ 时，j 为 0~3 中的任何整数；
② 当 $i=1$ 时，j 为 0 或者 3 中的一个整数；
③ 当 $i=2$ 时，j 为 0~3 中的任何整数。

只要 $i=0$ 和 2（即起始行和终结行的下标），该元素就确定是外围元素；$j=0$ 和 3（即起始列和终结列的下标），该元素也可以确定为外围元素，可以利用逻辑表达式 $i==0 \| i==2 \| j==0 \| j==3$ 表示该条件。对矩阵中的任意元素的下标 i 和 j 的值进行判断，满足该条件的元素即为外围元素。请补全下面的程序，观察运行结果。

考虑为什么 $i==0 \| i==2 \| j==0 \| j==3$ 可以作为判断外围元素的条件，是否还有其他的解决方法？如果是 $M \times N$ 的矩阵应该怎样改写程序？

程序如下，请填空。

```
#include<stdio.h>
void main()
{
    int i,j,sum = 0;
    int a[3][4] = {{2,1,4,5},{2,3,5,9},{4,6,8,1}};
    for(i = 0; _____ ;i++)
        for(j = 0; _____ ;j++)
            if( _____ )
                sum += a[i][j];
    printf("sum = %d\n",sum);
}
```

视频讲解

5.3 古诗词填空（字符数组）

古诗词填空，编写一个程序让用户将诗句"楼船夜雪瓜州渡，____秋风大散关"中所缺的两个字填上。

5.3.1 分析与设计

在计算机中保存一个汉字一般需要 2 字节，在 C 语言中保存字符串用字符数组。因此，要解决以上问题可以先将整个诗句保存到一个一维字符数组中，当然所缺的汉字要占用的空间应先预留，这里缺两个汉字所以要预留 4 字节，以上诗句有 15 个汉字（","也占用 2 字节）要怎样处理呢？一是安排足够的空间，建立字符数组，并保存诗句；二是由用户输入所缺的汉字；三是将汉字数据填入数组中的相应位置；四是输出整个诗句。

例 5-14 古诗词填空（字符数组）。

```
#include<stdio.h>
void main()
{
    char stent[] = {"楼船夜雪瓜州渡，  秋风大散关"};  /*注意预留两个汉字的空间*/
    char tmp[5];                                    /*定义字符数组存储输入的缺字*/
```

```
    printf("%s\n",stent);
    printf("输入诗句中的缺字:");
    scanf("%s",tmp);                    /*输入两个缺字*/
    stent[16] = tmp[0];                 /*填写第一个缺字*/
    stent[17] = tmp[1];
    stent[18] = tmp[2];                 /*填写第二个缺字*/
    stent[19] = tmp[3];
    printf("%s\n",stent);
}
```

运行结果：

楼船夜雪瓜州渡，　秋风大散关
输入诗句中的缺字:铁马
楼船夜雪瓜州渡,铁马秋风大散关

程序运行结果如图 5.16 所示。

读者也可以用字符串处理函数更简便地实现本例,在后面将介绍一些字符串处理函数。

图 5.16　程序运行结果

5.3.2　字符数组

字符数组即用于存储字符的数组,在 C 语言中用字符数组来处理字符串。与前面介绍的数组类似,字符数组中的每个元素都可以看作一个字符型变量。字符以 ASCII 码的形式存放在数组元素中。在第 1 章介绍过字符串常量,字符串是一种字符数组,并且其最后一个单元是'\0'(结束符),即字符串是一种以'\0'结尾的字符数组。结束符的作用是标识字符串的结束。

1. 字符数组的定义

字符数组的定义方法与一维数组类似。如例 5-14 中的语句：

```
char string[100];
```

其含义为定义一个一维字符数组 string,它具有一维数组的性质。数组名遵循 C 语言的标识符命名规则。该数组长度为 100,即可以存储 100 个字符。

字符数组元素同样采用下标法引用,引用范围为 string[0]～string[99]。string[i]即为对字符数组中下标为 i 的元素的引用。

字符数组在内存中的存储是连续的,它占用一段连续的内存空间,且数组元素按顺序依次存储在内存中。例如,程序段：

```
char ch[5];                                              /*定义字符数组 ch*/
ch[0] = 'h',ch[1] = 'a', ch[2] = 'p',ch[3] = 'p', ch[4] = 'y';   /*给数组 ch 赋值*/
```

在内存中的存储如图 5.17 所示。

也可以定义二维字符数组：

```
char diamond[3][5] = {{' ',' ','*'},{' ','*',' ','*'},{'*',' ',' ',' ','*'}};
```

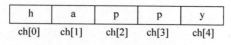

图 5.17　ch 数组的存储示意图

diamond 数组为一个二维字符数组,存储一个字符矩阵,其定义和初始化方法和二维数组一致,请试着画出这个字符矩阵的形状。

2. 字符数组和整型数组的关系

前面介绍过字符型数据和整型数据存在一定的关联,字符型数据在计算机中是以整型数据来存储的,即字符的 ASCII 码,所以在一定范围内字符型数据和整型数据是可以通用的。依据这一点,也可以定义一个整型数组来存放字符型数据,例如:

```
int ch[10];
ch[0] = 'a';
```

上面这样处理是可以的,但是会浪费存储空间,因为存储整型数据占用的字节数多于字符型数据。

3. 字符数组元素的引用

字符数组元素的引用可以通过下标法来实现,如字符数组元素的引用语句:

```
c = string[i];
```

该语句的含义为把数组 string 中的第 i 个元素赋给字符型变量 c。

例 5-15　输出一个字符串。

分析:定义一个字符数组,给字符数组存入数值,然后输出该字符数组。

```
#include<stdio.h>
void main()
{
    char string[10] = {'I',' ','a','m',' ','a',' ','b','o','y'};
    int i;
    for(i = 0;i < 10;i++)
        printf("%c",string[i]);
    printf("\n");
}
```

运行结果:

I am a boy

4. 字符数组的初始化

在初始化字符数组时,注意存入字符数组中的字符个数或字符串的长度要小于字符数组的长度,对字符数组初始化主要有以下两种方法。

1) 逐个元素赋值

char string[10] = {'I',' ','a','m',' ','a',' ','b','o','y'};

即在定义数组 string 时对该数组中的元素赋初始值,大括号中的字符按照顺序依次存入字符数组中。由于字符数组元素为字符型变量,所以在赋值时元素值要使用单引号,以代表该值是一个字符型常量。各元素值之间用","隔开。

2) 整体赋值

整体赋值是直接把一个字符串常量赋给字符数组。例如:

char string[12] = "I am a boy";

或者

char string[12] = { "I am a boy"};

注意:在采用整体赋值方式赋值时,实际能够赋给字符数组的字符的个数要比字符数组能够容纳的字符个数少一个,这也正是例 5-14 中留给大家的问题,到底是为什么呢? 因为 C 语言在处理字符串时会在每个字符串结束的位置加一个结束标志'\0',也就是"I am a boy"的真正面目是"I am a boy\0",这个标志在显示字符串的时候不显示出来,但的确是字符串的一部分,所以当字符串被存入字符数组时'\0'占用一个字符的存储空间,因此"I am a boy"存放到数组中后内存如图 5.18 所示。

图 5.18 字符串"I am a boy"的内存存储示意图

图 5.18 中第一个'\0'是字符串结束标志,第二个'\0'是由于字符串长度小于数组的长度,最后还空余一个字符的空间,所以最后一个字符空间的值也被自动设定为'\0'。

5. 字符数组的输入/输出

下面介绍几种常用的字符数组输入/输出方法。

1) 字符数组的输出

(1) 逐个字符输出:在格式输出函数中用格式符"%c"输出一个字符。例如:

char string[50] = {"I am a student"};
for(i = 0;i < strlen(string);i++)
    printf("%c",string[i]);

与一维数组元素的输出方法相同,用循环语句依次输出字符串中的字符。strlen()函数是计算字符串实际长度的函数,将在后面介绍。

(2) 将整个字符串一次输出:在格式输出函数中用格式符"%s",意思是对字符串的输出。例如:

char string[50] = { "I am a student"};
printf("%s",string);

这种方法会输出数组 string 中的字符串,直到遇见结束符'\0',但不输出'\0'。这种输出的好处是只输出字符串的有效字符"I am a student",而不是输出字符数组的 50 个字符。如果一个字符数组中包含多个'\0',则遇到第一个'\0'时输出就结束。

2) 字符数组的输入

利用 scanf()函数输入一个字符串,存放在指定的字符数组中。例如:

```
char string[50];
scanf("%s",string);
```

这种输入方法实际上存入数组中的字符还有一个'\0'。

注意:对于包含空格的字符串,在使用 scanf()函数时要把空格隔开的部分单独进行字符串处理。例如,下列语句:

```
char string[50];
scanf("%s",string);
printf("%s",string);
```

从键盘输入:

I am a student

输出的结果:

I

结果并没有出现输入的字符串,而是只有字符串的第一个单词"I",这是因为系统把空格符作为输入的字符串之间的分隔符,因此只将空格前的字符"I"存入数组 string 中,在"I"的后面加'\0'。数组的存储状态如图 5.19 所示。

I	\0	\0	\0	\0	\0	\0	\0

图 5.19　只存入空格前的单词的数组状态

把程序改变一下:

```
char str1[8],str2[8],str3[8],str4[8];
scanf("%s%s%s%s",str1,str2,str3,str4);
printf("%s %s %s %s",str1,str2,str3,str4);
```

从键盘输入:I am a student
输出的结果:I am a student
数组的状态如图 5.20 所示。

I	\0	\0	\0	\0	\0	\0	\0
a	m	\0	\0	\0	\0	\0	\0
a	\0	\0	\0	\0	\0	\0	\0
s	t	u	d	e	n	t	\0

图 5.20　4 个单词存入 4 个字符数组的状态

在使用 scanf()和 printf()函数以字符串的形式输入或输出字符数组值时只需要提供

字符数组名即可,下面的用法是错误的:

scanf("%s",&string);

因为字符数组名本来就代表了字符数组的起始地址,所以不需要再一次取地址。

3) 利用其他字符串输入/输出函数对数组进行输入/输出

因为 scanf()函数不能输入带空格的字符串,所以采用 scanf()函数对于带有空格的字符串的输入操作是不方便的,而利用字符串输入函数就可以输入带空格的字符串。

(1) 字符串输入函数 gets()。

其一般形式如下:

gets(字符数组名)

例如:

char string[50];
gets(string);

程序运行时可从键盘输入:

I am a student

整个字符串被送入 string 字符数组中进行存储,不受空格符号的限制。

(2) 字符串输出函数 puts()。

其一般形式如下:

puts(字符数组名)

例如:

char string[50];
gets(string);
puts(string);

程序运行时可从键盘输入:

I am a student

输出:

I am a student

注意:在使用 gets()、puts()函数时,函数参数只需提供字符数组名即可。

5.3.3 字符串处理函数

在 C 语言的函数库中提供了一些专门处理字符串的函数,使用十分方便,下面介绍几种常用的函数,在使用前要加语句"#include <string.h>"说明。

1. strlen()函数

该函数用来测试字符串长度。其一般形式如下:

strlen(字符数组)

其中：

(1) 该参数会返回一个整数，数值即为字符串的实际长度值(不包含'\0'在内)。

(2) 参数可以写成字符数组名，也可以是一个字符串常量。例如：

```
int len1,len2;
char str = {"I love China!"};
len1 = strlen(str);
len2 = strlen("I love China!");
```

变量 len1、len2 的数值为 13。

2. strcmp()函数

该函数用于比较两个字符串的大小。其一般形式如下：

strcmp(字符串1,字符串2)

其中：

(1) 两个参数"字符串 1"和"字符串 2"既可以是字符数组名也可以是字符串常量。例如：

```
strcmp(str1,str2);                  /*字符数组 str1 和 str2 中的字符串进行比较*/
strcmp(str1, "C program");          /*字符数组 str1 和"C program"进行比较*/
strcmp("China","USA");              /*"China"和"USA"进行比较*/
```

(2) 该函数的返回值为整型，通过判断返回值来确定两个字符串的大小关系。

(3) 两个字符串的比较结果与返回值的关系如表 5.5 所示。

表 5.5 strcmp()函数的返回结果

字符串间的关系	函数的返回值
字符串 1 等于字符串 2	0
字符串 1 大于字符串 2	正数
字符串 1 小于字符串 2	负数

(4) 字符串的比较规则。

对两个字符串自左至右逐个字符相比(按 ASCII 码值大小比较)，直到出现不同的字符或遇到'\0'为止。如全部字符相同，则认为相等；若出现不同的字符，则以第一个不同的字符的 ASCII 码值比较结果为准。例如：

"computer"大于"compare"、"a"大于"A"、"DOG"小于"cat"、"12+36"大于"!$&#"

比较两个字符串必须使用 strcmp()函数。例如：

```
if(strcmp(str1,str2)>0)
    printf("yes\n")
else
    printf("no\n");
```

不能写成：

```
if(str1 > str2)
    printf("yes\n")
else
    printf("no\n");
```

这种方式是错误的,这是比较两个字符串的首地址。两个字符串的比较一定要通过调用函数实现,不能直接用关系运算来比较大小。

3. strcat()函数

该函数用于连接两个字符串。其一般形式如下:

strcat(字符数组 1,字符数组 2)

其中:

(1) 把字符串 2 连接到字符串 1 的后面,结果存放在字符数组 1 中,函数会有一个返回值(字符数组 1 的地址)。**字符数组 1 必须写成数组名**,字符数组 2 可以为数组名也可以为字符串常量。

(2) 字符数组 1 的长度必须足够大,以便容纳连接后的字符串。

(3) 在连接前两个字符串的后面都有'\0',连接后去掉了第一个字符串的'\0',在新串后面保留'\0'。

例如:

```
char str1[30] = "I love ";
char str2[] = "C program! ";
strcat(str1,str2);                    /*连接两个字符串 str1、str2*/
puts(str1);
```

输出:

I love C program!

4. strcpy()函数和 strncpy()函数

这两个函数是字符串复制函数。strcpy()函数的一般形式如下:

strcpy(字符数组 1,字符数组 2)

把字符数组 2 的内容复制到字符数组 1 中。
strncpy()函数的一般形式如下:

strncpy(字符数组 1,字符数组 2,n)

把字符数组 2 的前 n 个字符复制到字符数组 1 中。

其中:

(1) 字符数组 1 必须足够大,以便容纳复制的字符串。

(2) 函数的返回值为字符数组 1 的地址。

(3) 字符数组 1 要写成数组名的形式,字符数组 2 可以是数组名也可以是一个字符串常量。例如:

```
strcpy(str1,str2);
strncpy(str,"China",3);
```

strcpy()函数把数组2中的字符串和它后面的'\0'一起复制到数组1中。

例如：

```
char str1[8] = "Chinese";
char str2[ ] = "USA";
strcpy(str1,str2);
puts(str1);
```

输出结果：

USA

复制之后 str1 的存储内容如图 5.21 所示。

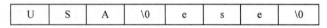

图 5.21 使用 strcpy()复制 str2 后 str1 的存储内容

当输出数组1时,遇到第一个'\0'结束输出,所以后面的字符不再显示,但并不代表数组1中原来的字符不存在了,逐个输出数组中的元素,就可以看到复制后的数组中的全部内容。strncpy()函数把数组2中的前 n 个字符复制到数组1中,不另外附加'\0'。例如：

```
char str1[8] = "Chinese";
char str2[ ] = "USA";
strncpy(str1,str2,2);
puts(str1);
```

输出结果：

USinese

复制后数组1的状态如图 5.22 所示。

| U | S | i | n | e | s | e | \0 |

图 5.22 使用 strncpy()函数复制 str2 后 str1 的存储内容

注意：不能将一个字符串常量或者字符数组直接赋给一个字符数组。以下语句是错误的：

```
str1 = "student";
str1 = str2;
```

例 5-16 将"aaaaBBccccBBBddddddBBeeeeeefffBB"中的"BB"替换成"AA",即使其变为"aaaaAAccccBBBddddddAAeeeeeefffAA"。

```c
#include<stdio.h>
#include<string.h>
void main()
{
```

```
    char strs[80] = "aaaaBBccccBBBddddddBBeeeeeefffBB",strd[] = "BB";
    int i,n = 0;
    for(i = 0;i <= strlen(strs);i++)
    {
        if(strs[i] == 'B')
            n++;
        else
        {
            if(n == strlen(strd))
            {
                strs[i - n] = 'A';
                strs[i - n + 1] = 'A';
            }
            n = 0;
        }
    }
    puts(strs);
}
```

运行结果:

aaaaAAccccBBBddddddAAeeeeeefffAA

程序运行结果如图 5.23 所示。

图 5.23　替换结果

5.3.4　实战演练

(1) 以下是一个包含 0 元素的 5×5 方阵,编程序找出"行相邻、列相同"的 3 个 0 元素(已用底纹以示突出),如图 5.24 所示。

1	1	0	0	1
0	1	1	1	0
0	0	0	1	1
1	0	0	1	0
0	0	1	0	0

图 5.24　行中有连续 0 的矩阵

(2) 输入一行最多包含 80 个字符的英语句子,统计其中大写字母、小写字母、数字、空格和其他字符的数量。程序如下,请填空,并观察运行结果。

提示:对输入的每个字符逐一判断,看属于哪种字符。为每种字符设置一个计数器,记录它们出现的次数(字符出现时对应的计数器加 1)。判断字符的依据为该字符的 ASCII 码值。

```
#include <stdio.h>
void main()
{
    /* upper 为大写字母计数器,lower 为小写字母计数器,digit 为数字字符计数器,space 为空格字符计数器,other 为其他字符计数器 */
    int i,upper = 0,lower = 0,digit = 0,space = 0,other = 0;
    char text[80];
    printf("请输入一行英语句子:\n");
    gets(text);
    for(i = 0;;i++)
    {
```

```
                if(text[i]>= 'A'&&text[i]<= 'Z')    /*判断是否为大写字母*/
                    _____;
                else if()                            /*判断是否为小写字母*/
                    _____;
                else if(&&text[i]<= '9') _____    /*判断是否为数字字符*/
                    _____;
                else if()                            /*判断是否为空格字符*/
                    _____;
                else                                 /*判断是否为其他字符*/
                    _____;
        }
        printf("这个英语句子中:大写字母有%d个,小写字母有%d个,",upper,lower);
        printf("数字字符有%d个,空格字符有%d个,",digit,space);
        printf("其他字符有%d个\n",,other);
}
```

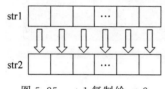

图 5.25 str1 复制给 str2

（3）编写一个字符串复制程序,将字符串 str1 复制到字符串 str2 中(不能使用 strcpy()函数),并显示复制完成后的结果。

提示：将 str1 中的字符串复制给 str2。使用循环逐个将 str1 中的字符复制给 str2 的对应元素,包括字符串结束符'\0',如图 5.25 所示。

5.4 综合设计

例 5-17 把果园竞赛的问题进一步升级,假设这次比赛有 8 个选手参加,需要存储这 8 个选手的姓名、编号以及摘得的葡萄、梨和桃子的质量,选手的具体信息如表 5.6 所示。需要解决以下 3 个问题。

（1）摘桃最多的选手是谁？质量是多少？他的编号是什么？

（2）整个比赛共摘了多少葡萄？每个选手平均摘了多少葡萄？

（3）计算每个选手摘得的水果的总质量,按照总质量由高到低排序,输出成绩表,格式为"姓名 编号 总质量"。

表 5.6 果园竞赛成绩表

姓 名	编 号	葡萄(kg)	梨(kg)	桃子(kg)
张明	2001	55	51	49
王蒙蒙	2002	60	57	62
赵子山	2003	53	46	66
李晓春	2004	47	59	64
李勇	2005	41	48	56
杨天成	2006	61	58	70
刘晓明	2007	40	35	47
丁言	2008	39	54	63

5.4.1 解决数据的存储问题

本例是综合应用问题,需要将前面所学的基础知识灵活地运用起来。对于这类规模较大的问题,可以把问题分成若干个比较容易解决的子问题后再分别解决,然后再把它们结合起来,整个问题就得到解决了。

这道题首先要解决的是数据的存储问题,通过观察成绩表,发现表中大部分数据间的关系和数据类型符合二维数组的特征,可使用二维数组来存储。编号和几种水果质量的 4 列都是整型数据,可用二维数组保存,但是选手姓名是字符串,要使用一个一维数组存储。注意,一维数组每个元素的下标必须和二维数组的行下标一一对应,否则会造成选手姓名和成绩上的混乱。以下程序的功能是输入并保存表 5.6 中的数据,然后输出查看。

```
#include<stdio.h>
void main()
{
    char name[8][8];                        /*保存选手姓名*/
    int fruitWeight[8][4];                  /*保存编号和几种水果的质量*/
    int i;
    printf("输入8位选手的姓名、编号和成绩\n");
    for(i=0;i<8;i++)
    {
        printf("第%d位选手的姓名是:",i+1);
        gets(name[i]);
        printf("编号是:");
        scanf("%d",&fruitWeight[i][0]);
        printf("摘得的葡萄质量是:");
        scanf("%d",&fruitWeight[i][1]);
        printf("摘得的梨质量是:");
        scanf("%d",&fruitWeight[i][2]);
        printf("摘得的桃子质量是:");
        scanf("%d",&fruitWeight[i][3]);
        getchar();
    }
    printf("选手成绩表\n");
    printf("--------------------------------------------------------\n");
    printf("姓名    编号   葡萄    梨    桃子\n");
    for(i=0;i<8;i++)
    {
        puts(name[i]);
        printf("%16d",fruitWeight[i][0]);
        printf("%12d",fruitWeight[i][1]);
        printf("%10d",fruitWeight[i][2]);
        printf("%10d",fruitWeight[i][3]);
        printf("\n");
    }
}
```

输入8位选手的姓名、编号和成绩
第1位选手的姓名是:张明
编号是:2001

摘得的葡萄质量是：55
摘得的梨质量是：51
摘得的桃子质量是：49
第2位选手的姓名是：王蒙蒙
编号是：2002
摘得的葡萄质量是：60
摘得的梨质量是：57
摘得的桃子质量是：62
…
选手成绩表

姓名	编号	葡萄	梨	桃子
张明	2001	55	51	49
王蒙蒙	2002	60	57	62
赵子山	2003	53	46	66
李晓春	2004	47	59	64
李勇	2005	41	48	56
杨天成	2006	61	58	70
刘晓明	2007	40	35	47
丁言	2008	39	54	63

5.4.2 找出摘桃子最多的选手

在所有选手中找出摘桃子最多的选手，然后输出该选手的姓名和编号。该问题是在二维数组的桃子列上做运算，找出该列的最大值，获得最大值对应的选手编号，再根据最大值的行下标在存储选手名字的一维数组中查到该选手姓名的数组元素。

```c
#include<stdio.h>
void main()
{
    char name[8][8];
    int fruitWeight[8][4],max=0,pNo;
    int i;
    printf("输入8位选手的姓名、编号和成绩\n");
    for(i=0;i<8;i++)
    {
        printf("第%d位选手的姓名是：",i+1);
        gets(name[i]);
        printf("编号是：");
        scanf("%d",&fruitWeight[i][0]);
        printf("摘得的葡萄质量是：");
        scanf("%d",&fruitWeight[i][1]);
        printf("摘得的梨质量是：");
        scanf("%d",&fruitWeight[i][2]);
        printf("摘得的桃子质量是：");
        scanf("%d",&fruitWeight[i][3]);
        getchar();
    }
    for(i=0;i<8;i++)              /*在桃子列上找出质量最大值元素*/
    {
```

```
            if(max<fruitWeight[i][3])
            {
                max=fruitWeight[i][3];
                pNo=i;                          /*取最大值元素的行下标*/
            }
        }
        printf("摘桃子的冠军是%s,编号为%d,桃子的质量是%d\n",
                name[pNo],fruitWeight[pNo][0],fruitWeight[pNo][3]);
    }
```

运行结果的输入数据部分与 5.4.1 节相同,这里不再给出,只给出桃子信息的显示部分。

运行结果:

摘桃子的冠军是杨天成,编号为 2006,桃子的质量是 70

5.4.3 计算选手的总成绩

选手总成绩即选手摘得的葡萄、梨和桃子的总质量。要按选手摘得的水果总质量排序,于是需要保存各选手摘得的水果的总质量。可以把数组 int fruitWeight[8][4]变为 int fruitWeight[8][5],即在原数组中增加一列来存储总质量。求选手所摘水果的总质量,只要对 fruitWeight 数组每行的 1~3 列元素求和即可,再存放到第 4 列元素中。对总成绩一列的元素进行排序,排序方法可以选择起泡法,注意当该列数组元素发生位置变换时和它同一列的其他元素也要同步变换,存储姓名的数组元素也要同步变换。

```
#include<stdio.h>
#include<string.h>
void main()
{
    char name[8][8];
    int fruitWeight[8][5];
    int i,j,temp,total=0;
    char nTemp[8];
    printf("输入 8 位选手的姓名、编号和成绩\n");
    for(i=0;i<8;i++)
    {
        fruitWeight[i][4]=0;
        printf("第%d 位选手的姓名是:",i+1);
        gets(name[i]);
        printf("编号是:");
        scanf("%d",&fruitWeight[i][0]);
        printf("摘得的葡萄质量是:");
        scanf("%d",&fruitWeight[i][1]);
        printf("摘得的梨质量是:");
        scanf("%d",&fruitWeight[i][2]);
        printf("摘得的桃子质量是:");
        scanf("%d",&fruitWeight[i][3]);
        fruitWeight[i][4]=fruitWeight[i][1]+fruitWeight[i][2]+fruitWeight[i][3];
```

```c
                getchar();
        }
        for(i = 0;i < 7;i++)
            for(j = 0;j < 7 - i;j++)
                if(fruitWeight[j][4]< fruitWeight[j + 1][4])
                { /* 调换总质量 */
                    temp = fruitWeight[j][4];
                    fruitWeight[j][4] = fruitWeight[j + 1][4];
                    fruitWeight[j + 1][4] = temp;
                    /* 调换编号 */
                    temp = fruitWeight[j][0];
                    fruitWeight[j][0] = fruitWeight[j + 1][0];
                    fruitWeight[j + 1][0] = temp;
                    /* 调换葡萄质量 */
                    temp = fruitWeight[j][1];
                    fruitWeight[j][1] = fruitWeight[j + 1][1];
                    fruitWeight[j + 1][1] = temp;
                    /* 调换梨质量 */
                    temp = fruitWeight[j][2];
                    fruitWeight[j][2] = fruitWeight[j + 1][2];
                    fruitWeight[j + 1][2] = temp;
                    /* 调换桃子质量 */
                    temp = fruitWeight[j][3];
                    fruitWeight[j][3] = fruitWeight[j + 1][3];
                    fruitWeight[j + 1][3] = temp;
                    /* 调换选手姓名 */
                    strcpy(nTemp,name[j]);
                    strcpy(name[j],name[j + 1]);
                    strcpy(name[j + 1],nTemp);
                }

    printf("选手成绩表\n");
    printf("-----------------------------------------------------------\n");
        printf("姓名    编号    葡萄    梨    桃子    总质量\n");
    for(i = 0;i < 8;i++)
    {
        puts(name[i]);
        printf(" % 16d",fruitWeight[i][0]);
        printf(" % 12d",fruitWeight[i][1]);
        printf(" % 10d",fruitWeight[i][2]);
        printf(" % 10d",fruitWeight[i][3]);
        printf(" % 10d",fruitWeight[i][4]);
        printf("\n");
    }
}
```

运行结果的输入数据部分与 5.4.1 节相同,这里不再给出,只给出排序后的成绩表显示部分。

选手成绩表

姓名	编号	葡萄	梨	桃子	总质量
杨天成	2006	61	58	70	189
王蒙蒙	2002	60	57	62	179
李晓春	2004	47	59	64	170
赵子山	2003	53	46	66	165
丁言	2008	39	54	63	156
张明	2001	55	51	49	155
李勇	2005	41	48	56	145
刘晓明	2007	40	35	47	122

以上几个小问题全部解决,把这几个小问题的代码综合在一个程序中,便能得到这个问题的最后解答。试着自己综合 4 段代码,在计算机上调试运行,观察运行结果。

5.5 小结

数组是 C 语言组织数据的一种数据类型,它是将一组类型相同的数据按照顺序关系组织起来,用一个名字来命名,并保存在一片连续内存空间的数据保存形式。

本章介绍了 3 种数组,即一维数组、二维数组和字符型数组。其中字符型数组可以是一维数组,也可以是二维数组。单独介绍字符型数组主要是因为它有存储字符串常量的功能,除此之外,字符数组的定义和使用与前两种数组相同。另外,C 语言风格的字符串有一个字符串结束标志'\0',该标志可作为处理字符串时的依据。

在学习数组时有 4 点需要注意。

(1) 每个数组元素都可以看作一个与数组类型相同的变量来使用。

(2) 数组名是地址常量,它代表数组在内存中的地址,也就是数组的第 0 号元素在内存中的地址。注意,不能改变数组名的值,也不能用数组名来引用整个数组(字符数组除外)。

(3) 有 N 个元素的数组的下标值是 0~N−1,在用下标值引用数组元素时要注意下标值的范围,不要造成下标越界的问题。

(4) 通常使用单重循环处理一维数组,使用双重循环处理二维数组。

习 题 5

1. 选择题

(1) 在 C 语言中引用数组元素时,其数组下标的数据类型允许是(　　)。

  A. 整型常量   B. 整型表达式

  C. 整型常量或整型表达式   D. 任何类型的表达式

(2) 以下能正确定义一维数组的选项是(　　)。

  A. int num[ ];   B. int num[0…100];

  C. ♯define n 100   D. int n = 100;

    int num[n]; int num[n];

(3) 有数组声明 int values[30];，下列下标值引用错误的是(　　)。
    A. values[30]   B. values[20]   C. values[10]   D. values[0]
(4) 以下定义不正确的是(　　)。
    A. float a[2][] = {1};   B. float a[][2] = {1};
    C. float a[2][2] = {1};   D. float a[2][2] = {{1},{1}};
(5) 若有定义 int a[][3] = {1,2,3,4,5,6,7};，则数组 a 的第一维大小是(　　)。
    A. 2   B. 3   C. 4   D. 5
(6) 对 a 和 b 两个数组进行以下初始化：

char a[] = "ABCDEF";
char b[] = {'A','B','C','D','E','F'};

则下面描述正确的是(　　)。
    A. a 和 b 数组完全相同   B. a 和 b 中都存放字符串
    C. sizeof(a) 比 sizeof(b) 大   D. sizeof(a) 与 sizeof(b) 相同
(7) 判断字符串 a、b 是否相等应当使用(　　)。
    A. if(a == b)   B. if(a = b)
    C. if(strcpy(a,b))   D. if(strcmp(a,b) == 0)
(8) 以下选项中能正确赋值的是(　　)。
    A. char s1[10];s1 = "Ctest";
    B. char s2[] = {'C','t','e','s','t'};
    C. char s3[5] = "Ctest";
    D. char s4 = "Ctest\n";
(9) 如果定义 int a[] = {1,1,1};int b[3] = {1,1,1};，表达式 a == b 的结果为(　　)。
    A. 无法比较   B. 为真   C. 为假   D. 不确定
(10) 以下程序的输出结果是(　　)。

```
#include "stdio.h"
void main()
{
    int a[8] = {1,2,3,4,5,6,7,8},sum = 0,i;
    for(i = 0;i < 8;i = i + 2)
        sum = sum + a[i];
    printf("sum = %d",sum);
}
```

    A. 输出一个不正确的值   B. sum = 36
    C. sum = 20   D. sum = 16
(11) 以下程序的执行结果为(　　)。

```
#include "stdio.h"
#include "string.h"
void main()
{
    char a[] = "ABCDEFG";
```

```
    int m,n,t;
    m = 0;
    n = strlen(a) - 1;
    while(m < n)
    {
        t = a[m];
        a[m] = a[n];
        a[n] = t;
        m++;
        n--;
    }
    printf("%s",a);
}
```

  A. ABCDEFG   B. ABCGEFD   C. GFEDCBA   D. 不正确

(12) 以下程序的输出结果是(　　)。

```
#include<stdio.h>
void main()
{
    int a[3][3] = {{1,2},{3,4},{5,6}},i,j,s = 0;
    for(i = 1;i < 3;i++)
        for(j = 0;j <= 1;j++)
            s += a[i][j];
    printf("%d",s);
}
```

  A. 18   B. 19   C. 20   D. 21

(13) 有下面的程序段,则(　　)。

```
char a[3],b[] = "China";
a = b;
printf("%s",a);
```

  A. 运行后将输出 China   B. 运行后将输出 Ch
  C. 运行后将输出 Chi   D. 编译出错

2. 读程序写结果题

(1) 当从键盘输入 18 时,下面程序的运行结果是_____。

```
#include<stdio.h>
void main()
{
    int y,j,a[8];
    scanf("%d",&y);
    j = 0;
    do
    {
        a[j++] = y % 2;
        y++;
```

```
        }while(j<8);
        for(j=7;j>=0;j--)
            printf("%d\n",a[j]);
}
```

(2) 下面程序的运行结果是_____。

```
#include<stdio.h>
main()
{
    int i;
    char str[]="12345";
    for(i=4;i>=0;i--)
    printf("%c\n",str[i]);
}
```

(3) 下面程序的运行结果是_____。

```
#include<stdio.h>
main()
{
    int i=5;
    char c[6]="abcd";
    do
    {
        c[i]=c[i-1];
    }while(--i>0);
    puts(c);
}
```

(4) 下面程序的运行结果是_____。

```
#include<stdio.h>
main()
{
    int i,r;
    char s1[80]="bus",s2[80]="book";
    for(i=r=0;s1[i]!='\0'&&s2[i]!='\0';i++)
        if(s1[i]==s2[i])
        i++;
        else
        {
            r=s1[i]-s2[i];
            break;
        }
    printf("%d",r);
}
```

(5) 下面程序的运行结果是_____。

```
#include<stdio.h>
main()
{
```

```
    int a[4][4] = {{1,2,-3,-4},{0,-12,-13,14},{-21,23,0,-24},{-31,32,-33,0}};
    int i,j,s = 0;
    for(i = 0;i < 4;i++)
        for(j = 0;j < 4;j++)
        {
            if(a[i][j]< 0)
                continue;
            if(a[i][j] == 0)
                break;
            s += a[i][j];
        }
    printf("%d\n",s);
}
```

3. 填空题

(1) 下面的程序以每行 4 个数据的形式输出数组 a，请填空。

```
#include<stdio.h>
#define N 20
main()
{
    int a[N],i;
    for(i = 0;i < N;i++)
        scanf("%d",_____①_____);
    for(i = 0;i < N;i++)
    {
        if(_____②_____) printf("\n");
        printf("%3d",a[i]);
    }
    printf("\n");
}
```

(2) 以下程序是求矩阵 a、b 的和，结果存入矩阵 c 中，并按矩阵的形式输出，请填空。

```
#include<stdio.h>
main()
{
    int a[3][4] = {{3,-2,7,5},{1,0,4,-3},{6,8,0,2}};
    int b[3][4] = {{-2,0,1,4},{5,-1,7,6},{6,8,0,2}};
    int i,j,c[3][4];
    for(i = 0;i < 3;i++)
        for(j = 0;j < 4;j++)
            c[i][j] = _____①_____;
    for(i = 0;i < 3;i++)
    {
        for(j = 0;j < 4;j++) printf("%3d",c[i][j]);
        _____②_____;
    }
}
```

（3）以下程序的功能是删除字符串 s 中的所有数字字符，请填空。

```
#include<stdio.h>
main()
{
    int i,n = 0;
    char s[] = "f45dsa45fas8";
    for(i = 0; s[i]; i++)
        if (_____)
            s[n++] = s[i];
    s[n] = '\0';
}
```

（4）以下程序的功能是求矩阵 b（除外围元素）的元素之积，请填空。

```
#include<stdio.h>
main()
{
    int i,j,f = 1;
    int b[][4] = {1,2,3,4,5,6,7,8,9,1,2,3,4,5,6,7};
    for(i = 1;_____①_____;i++)
        for(j = 1;j<3;j++)
            f = f * _____②_____;
    printf("f = %d\n",f);
}
```

4. 编程题

（1）编写程序实现"查表"功能，即如果若干数据存放在一个数组 data 中，该程序对输入的任意一个数查找数组 data 中是否有与这个数相等的数。若有，则输出该数在数组 data 中的位置，否则输出"没有找到数据！"。

（2）找出二维数组的"鞍点"，即该位置上的元素在该行上最大、在该列上最小。二维数组也可能没有"鞍点"。

（3）输入一个字符串，把该字符串中的字符按照由小到大的顺序重新排列。

（4）编程按顺序计算 500～1 中的整数之和，当和数超过 5000 时停止，输出结果时参与求和的整数的个数。

（5）将 1～200 中能被 7 整除的数删除，显示余下的数据。

本章实验实训

【实验目的】

（1）掌握数值型一维数组及二维数组的定义、初始化，以及输入/输出方法。

（2）掌握用一维数组及二维数组解决实际问题的算法。

（3）掌握字符型数组的定义、初始化，以及输入/输出的方法。

（4）掌握用字符型数组解决字符串问题的方法。

（5）掌握常用字符串处理函数的应用。

【实验内容及步骤】

设计一个学生成绩管理程序。为简化设计，学生人数、课程名称和门数可以事先确定。程序应具有以下主要功能。

（1）能输入学生的姓名和课程的成绩。

（2）可按成绩总分从高到低的次序排序，姓名同时做相应调整，输出排序后的学生成绩表。

（3）按学生姓名查询成绩表，输出各门课的成绩和总分，若未找到要输出提示。

第6章 函数

解决大而复杂的问题的方法之一是化整为零,分而治之。在程序设计中也采用这样的方法,将大任务分解成设计者能力所及的若干规模较小、复杂度较低的模块,达到降低程序的复杂性、增加程序的可靠性和可重用性的目的。在 C 语言程序中,模块以函数的形式来体现,所以说 C 语言程序是由函数构成的语言。

其实,从第1章开始,就在使用函数了。例如,main()函数是 C 语言程序必须使用的函数,printf()函数、scanf()函数、getchar()函数等是 C 语言系统提供的库函数。只要用#include 预处理命令把相关的头文件包含到程序中,用户就可以写出函数名和括号中的参数调用函数了,而无须知道函数是如何实现和定义的,这样降低了程序的复杂性。如果库函数不能满足需要,就需要用户自己定义函数,这种函数称为用户自定义函数。一个 C 语言程序由一个 main()函数和若干其他函数组成,这些函数可以写在一个文件中,也可以写在若干文件中,无论 main()函数的位置在何处,程序总是从 main()函数开始执行,也在 main()函数结束。图 6.1 是 C 语言程序的组织示意图。

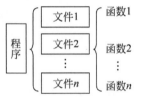

图 6.1 C 语言程序的组织

本章介绍如何自定义函数、怎样调用和声明函数,以及变量的作用域、存储类型和编译预处理命令。

视频讲解

6.1 阶乘之和(函数的定义、调用和声明)

如何使用函数编程计算 3!+5!+8!?

6.1.1 分析与设计

题目要求计算3个阶乘的值,相加后输出结果,核心在于计算阶乘。在一个 main()函数中完成计算的程序如下。

例 6-1 在一个 main()函数中完成阶乘的相加。

```
#include "stdio.h"
main()
{
    long int j,t=1,s=0;
    for(j=1;j<=3;j++) t=t*j;              /*计算3的阶乘*/
```

```
    s += t;
    for(t = 1,j = 1;j <= 5;j++) t = t * j;         /* 计算 5 的阶乘 */
    s += t;
    for(t = 1,j = 1;j <= 8;j++) t = t * j;         /* 计算 8 的阶乘 */
    s += t;
    printf("3! + 5! + 8!= % ld\n",s);
}
```

运行结果：

3! + 5! + 8!= 40446

仅仅因为循环次数不同,在程序中写了 3 遍计算阶乘的程序段(3 个 for 语句),程序显得重复累赘,如果把计算阶乘的程序段独立写成一个模块(函数),在需要时调用它,程序的可重用性、可靠性、可维护性都可得到提高,那么怎样定义一个函数呢？

（1）把求阶乘的程序段独立写成一个函数,在调用这个函数时输入 n,函数就输出 $n!$,如图 6.2 所示。

（2）在 main() 函数中 3 次调用求阶乘的函数,并将结果相加后输出。

图 6.2 求 $n!$ 的函数

整个程序划分为 fact() 和 main() 两个函数,完整的程序见例 6-2。

例 6-2   用函数实现若干阶乘的相加。

```
#include "stdio.h"
long fact(int n)                                   /* 求阶乘的函数定义 */
{
    long t = 1;
    int j;
    for(j = 1;j <= n;j++)
        t * = j;
    return t;
}
main()
{
    long s = 0;
    s = fact(3) + fact(5) + fact(8);               /* 3次调用求阶乘的函数,取代了 3 个 for 语句 */
    printf("3! + 5! + 8!= % ld\n",s);
}
```

将以上两个函数输入计算机,编译、运行后输出：

3! + 5! + 8!= 40446

结果与例 6-1 的结果相同,但程序的模块化程度提高了,分工更加明确。整个程序由两个函数组成,可重用性提高,fact() 函数可被多次使用,程序的逻辑更清晰,main() 函数的程序更简练,它主要完成调用其他函数的任务。如果想求 3～10 的阶乘的和,只要在 main() 函数中调用 fact() 函数即可,见例 6-3。

例 6-3   求 3～10 的阶乘的和。

```
#include "stdio.h"
long fact(int n);                                  /* 函数的声明 */
```

```
main()
{
    long s = 0;
    int i;
    for(i = 3;i <= 10;i++)
        s = s + fact(i);                    /* 在循环体中调用求阶乘的函数 */
    printf("3! + 5! + 6! + … + 10!= %ld\n",s);
}
long fact(int n)                            /* 函数的定义 */
{
    long t = 1;
    int j;
    for(j = 1;j <= n;j++)
        t *= j;
    return t;
}
```

程序运行结果：

3! + 5! + 6! + … + 10!= 4037910

该例求阶乘的函数与例 6-2 完全相同，只是 main() 函数中的调用语句不同，可见函数的使用使程序的可重用性大大提高。

从以上例子可以看到函数的应用主要涉及 3 方面的内容，即定义、调用、声明。

6.1.2　函数的定义和调用

函数的定义由函数头和函数体两部分组成，形式如下：

```
函数头
{
    函数体
}
```

1. 函数头

C 语言程序通过函数头来调用函数，因此函数头是函数的用户界面，其一般形式如下：

类型名　函数名(形参表列)

类型名是函数返回值的类型，而返回值可以用来表示函数的运行结果，如例 6-2 中的 long fact(int n) 表示该函数将返回一个长整型数据，即 n 的阶乘的值。无返回值的函数是 void 型，而函数头中类型名省略的函数返回 int 型。

函数名是函数的标识，必须是合法的 C 语言标识符。

括号中的形参表列是 0 个或多个以逗号分隔的形式参数，它定义了调用该函数时必须送给该函数的数据类型及数据个数，之所以称为形式参数，是因为函数不被调用时系统不给这些参数分配存储空间，只在调用发生时才分配空间，在调用结束后系统又收回空间。这种参数就像剧本中的角色，只有在被演员扮演时才能有演出效果。注意，函数头后面没有分号，就像 main() 函数头后也没有分号一样。

2. 函数体

函数体是用一对大括号括起来的语句系列(语句块)，它描述了函数实现某一功能的执行过程，函数最后要执行返回，返回的作用如下：

(1) 将程序的执行从当前函数返回其上级(调用它的函数)；
(2) 释放该函数的参数及变量所占用的内存空间；
(3) 向调用函数返回一个值(如果函数的类型不是 void)。

当函数要返回一个值时必须通过 return 语句返回，其形式如下：

return (表达式);

其中，表达式的类型应该和函数定义时函数名前的类型一致，有冲突时服从于函数名前的类型，return 后的括号可以省略，即可以写为

return 表达式;

例 6-4 返回一个整数的绝对值的函数定义。

```
#include "stdio.h"
int absint(int x)
{
    if (x>=0)
        return x;
    else
        return -x;
}
```

C 语言函数只能通过一个 return 语句返回一个值，所有 return 语句的返回值的类型应与函数名前的类型一致。这个函数虽然有两个 return 语句，但执行时只可能执行到一个 return 语句。

函数只完成某一功能，而不返回任何值时可将函数定义成 void 类型，在这种函数中 return 语句可有可无，函数执行完后有无 return 语句都执行返回功能。

例 6-5 无返回值的 void 函数。

```
#include "stdio.h"
void pok()
{
    printf("ok");
    return;                          /*可以无 return*/
}
```

在一个程序中不能出现同名的多个函数定义，且函数体内不能再定义函数，即不能嵌套定义，例如：

```
int ff1()                            /*ff1 函数定义*/
{
    float ff2()                      /*ff2 函数定义出现在 ff1 函数定义中,错*/
    {

    }
}
```

函数的定义就是给出函数的名字、函数的返回值类型、函数的形参名字与类型、函数的实现语句(函数体)。

在函数体中没有语句从语法角度不算错,这种函数称为空函数,例如:

```
void dummy()
{                                    /* 这里暂时没有语句 */
}
```

从程序设计的角度上讲,空函数状态是函数的暂时现象。为了降低程序设计的复杂度,将设计工作分为总体设计、详细设计和代码实现阶段,在总体设计阶段有时只需要确定模块(函数)接口和功能,对功能实现的细节暂时不关心,而把细节设计和实现工作放到后面的阶段完成。于是一些函数就用空函数来描述,目的是在程序中先"占一个位置",先把模块(函数)间的逻辑关系搞清楚,以后再来完成细节。

初学者由于缺乏程序设计经验,往往喜欢把一个函数设计成"全能选手",但不知这样做可能会引发很多问题,例如有时对函数内某局部功能的修改会产生连锁性、全局性影响,使对模块的修改变得比较困难,所以在设计时要尽量让每个函数只完成单一的功能,并对实现复杂度进行适当控制。若发现某函数的实现过于复杂而难以掌控,有可能是用户在无意中让它承载了过多的责任(功能),这样将使该函数的内聚度降低,解决问题的一般方法是将它们按功能单一性原则分开成多个函数。当然,事情也并不是绝对的。

6.1.3 函数原型、函数的声明与函数的调用

1. 函数原型

在调用函数时系统需要知道下列信息:
- 函数类型;
- 函数名;
- 函数的参数(个数、类型及顺序)。

在知道这些信息后系统就可以找到该函数。这些信息描述了函数的模型,是函数的用户界面,称为函数原型。例如:

```
int absint(int);   void pok();
```

2. 函数的声明

在调用函数前,C语言系统需要知道函数原型,这样才能保证函数的正确调用,因此当函数调用在前、定义在后时(当函数为 int 型时也可不声明)必须用函数原型声明,以便 C 语言系统获取相关信息。在声明时形式参数名可以省略,但类型名不可以省略,例如:

```
int ff1(int age,char sex);
```

也可以写为

```
int ff1(int ,char);
```

声明中的形式参数名相当于注释,以便系统检查调用时实参的位置,所以可以省略。

3. 函数的调用

函数的定义相当于写剧本,函数的调用相当于演戏,函数的定义只是说明了函数的存在,函数必须通过调用才能被执行。函数调用的功能如下所述。

(1) 安排实参向形参传递数据(安排临时演员担当角色)。
(2) 为参数和函数体内的变量分配内存空间。
(3) 中断当前函数的执行,把执行流程转向被调用函数的入口,执行被调用函数。

函数调用通过调用表达式进行,其形式如下:

函数名(实参表列)

当函数无返回值时,调用表达式后加分号,作为调用语句使用,例如"pok();";当函数有返回值时,调用表达式作为其他表达式的一部分,例如"c=max(a,b)+x;"。在下面的例子中,函数调用结束后返回到调用时的中断处,但形参的值不传递给实参,参数的传递是单向值传递,见例6-6。

例 6-6 单向值传递举例。

```c
#include "stdio.h"
main()
{
    float n = 5.76,result;
    float mult10(float);              /*函数的声明,定义在后声明必须在前*/
    result = mult10(n);               /*函数的调用*/
    printf("result = %f\n",result);
    printf("num = %f\n",n);
}
float mult10(float n)                 /*函数的定义*/
{
    n *= 10;
    return(n);
}
```

运行结果:

```
result = 57.600002
num = 5.760000
```

当变量做函数的形式参数时,实参可以是表达式(包括已有确定值的变量、常量),当执行到调用表达式时计算表达式的值,将实参的值传递给形参。当函数返回时,形参的值不传给实参,这被称为**单向值传递**。形参和实参是不同的变量,即便它们有相同的名字也互不相干,如本例的形参和实参都是 n,但形参 n 的值不影响实参 n。

说明:该程序从 main() 函数开始执行,执行到函数调用 mult10(n) 时将实参 n 变量中的值传递给形参的 n 变量,执行 mult10() 函数中的语句,形参 n 变量乘10后返回到 main() 函数,并将 mult10() 函数的结果 57.600002(形参 n 变量的值)赋给 result 变量。形参 n 变量和实参 n 变量是不同的内存单元,mult10() 函数调用结束后形参 n 变量的值不传给实参 n 变量,因此实参 n 变量的值不会改变。在调用时,实参变量中的值传递给形参变量,调用结束后,形参变量的值不传给实参变量,这就是单向值传递,如图 6.3 所示。

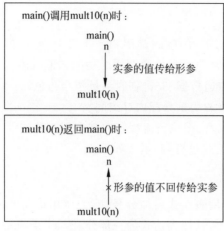

图 6.3 单向值传递

例 6-7 采用写专用函数的方法计算学生的总评成绩,总评成绩由平时成绩和期末考试卷面成绩两部分构成,要求卷面成绩占 70%、平时成绩占 30%。

分析:设计 total()函数计算总评成绩,将学生的期末考试成绩和平时分按值传递给它,计算出总评成绩,再由函数返回;在 main()函数中调用 total()函数,将卷面成绩和平时分传递给 total()函数,学生的总评成绩被计算并返回结果后由 main()函数输出。

```c
#include "stdio.h"
/*定义计算总评函数,形式参数 score 为卷面成绩,score_a_h 为平时分;返回结果小于零表示输
入非法,大于或等于零的数为总评成绩*/
int total(int score,int score_a_h)
{
    if(score>=0 && score<=100 && score_a_h>=0 && score_a_h<=100)
        return((int)(score*0.7+ score_a_h*0.3));  /*输入合法*/
    else
        return(-1);                                /*输入非法*/
}
void main()                                        /*main()函数*/
{
    int i,s,s_ah,t;
    for(i=0;i<5;i++)                               /*计算5个人的总评成绩*/
    {
        printf("输入考试成绩和平时分:");
        scanf("%d%d",&s, &s_ah);
        t=total(s, s_ah);                          /*调用 total()计算的总评成绩*/
        if(t<0)
            printf("数据非法!\n");
        else
            printf("总评: %d\n",t);
    }
}
```

运行结果:

输入考试成绩和平时分:83 95
总评: 86

输入考试成绩和平时分:92 100
总评: 94
…

程序运行后的结果如图 6.4 所示。

图 6.4　5 个人的总评成绩

6.1.4　实战演练

(1) 以下程序通过调用 max() 函数求 a、b 中的大数,请写出 max() 函数的定义。

```
#include "stdio.h"
void main()
{
    int a, b, c;
    scanf("%d,%d",&a,&b);
    c = max(a,b);
    printf("max = %d",c);
}
```

(2) 下面的函数可以输出数字金字塔,请写出 main() 函数调用它,输出 3、5、7 以内的数字金字塔。

```
#include "stdio.h"
void pyra(int n)
{
    int i,j;
    for(i = 1;i <= n;i++)
    {
        for(j = 1;j <= n - i;j++)
            printf(" ");
        for (j = 1;j <= i;j++)
            printf("%d",i);
        printf("\n");
    }
}
```

(3) 以下程序求三角形的面积,请写出 pb()函数和 area()函数的定义。

分析:根据调用语句可知 pb()函数有 3 个整型形参,接受调用语句传来的三角形的 3 条边,函数返回 1 表示 3 个数是三角形的边,返回 0 表示不是三角形的边;area()函数也是 3 个整型形参,返回三角形的面积。

```
#include "math.h"
#include "stdio.h"
void main()
{
    int a,b,c;
    scanf("%d,%d,%d",&a,&b,&c);
    if(pb(a,b,c))
        printf("area=%d",area(a,b,c));
    else
        printf("input error!);
}
```

6.2 成绩统计(函数的参数传递)

有 10 个同学的某科考试成绩存入数组 s,求他们的平均分,并对成绩由高到低排序。

6.2.1 分析与设计

1. 数据结构设计

要考虑的首要问题是数据如何存放。学生成绩(10 个数据)可以存入一维数组中,然后通过程序对这个数组进行操作。

2. 总体设计

可以将其划分成 3 个函数实现,average()函数实现求平均分,sort()函数完成学生成绩的排序,main()函数完成数据的定义、输入,并调用 average()函数求出平均分,调用 sort()函数完成排序。

3. 排序函数的分析与设计

排序函数的头是什么样子?排序就是将数组中的数据排序,不需要返回值,因此函数类型是 void,其次要考虑函数有几个参数,是什么类型?送给排序函数进行排序的对象是一个一维数组,这是排序函数的第一个参数,其次由于每次需要排序的数目不同,因此还必须有第二个参数,告知该函数需要排序的数据个数,这个参数肯定是一个 int 型变量,这样我们就有了下面该函数的轮廓:

```
void sort(一维数组, int n)
{
    用某种算法对该数组排序
}
```

现在的问题是在 C 语言中用一维数组做参数时应怎样表达？根据前面的知识，实参和形参的类型应该一致，因此第一个参数只能是 float、int、char 这些基本类型中的一个数组，C 语言允许一维数组做形参时可不定义大小，因此如果对 int 型数据排序，这个函数头如下：

```c
void sort(int s[ ],int n)
{
    用某种算法对该数组排序
}
```

在函数体中，只要用某种算法排序数组 s 即可。

若用选择法排序，该函数如下：

```c
void sort(int s[ ],int n)
{
    int j,t,k;
    for(j = 0;j < n - 1;j++)
        for( k = j + 1;k < n;k++)
            if(s[j]< s[k])
            {
                t = s[j];
                s[j] = s[k];
                s[k] = t;
            }
}
```

4．求平均分函数的分析与设计

求平均分函数是要返回一个平均分的，因此函数的类型应该是数值型，如果希望返回实型，应定义为 float；如果要返回整型，可以不定义类型。求平均分也是对数组中的数据求平均分，所以函数的参数与排序函数相同，函数头为 average(int s[ ],int n)，在函数体中对数组 s 求平均即可，最后一定要通过 return 返回平均值。函数如下：

```c
average(int s[ ],int n)
{
    int i,pj = 0;
    for(i = 0;i < n;i++)
        pj = pj + s[i];
    return (pj/n);
}
```

有了以上两个函数的定义后，main()函数的任务就简单了，在 main()函数中给数组赋值后调用 sort()函数、average()函数输出结果即可。完整的程序见例 6-8。

例 6-8　用 3 个函数求 10 个同学的平均分及成绩排序。

```c
# include "stdio.h"
void sort(int s[ ],int n)                    /*排序函数的定义*/
{
    int j,t,k;
```

```c
        for(j = 0;j < n - 1;j++)
            for( k = j + 1;k < n;k++)
                if(s[j]< s[k])
                {
                    t = s[j];
                    s[j] = s[k];
                    s[k] = t;
                }
}
average(int s[],int n)                    /*求平均分函数的定义*/
{
    int i,pj = 0;
    for(i = 0;i < n;i++)
        pj = pj + s[i];
    return (pj/n);
}
void main()
{
    int j,a[ ] = {60,70,55,89,90,100,67,88,76,95};
    sort(a,10);                           /*调用排序函数*/
    for(j = 0;j < 10;j++)
        printf(" % d,",a[j]);
    printf("平均分 = % d", average(a,10));  /*调用求平均分的函数*/
}
```

运行结果：

100,95,90,89,88,76,70,67,60,55,平均分 = 79

函数必须通过调用才能被执行，因此必须在 main()函数中定义实参数组，并调用该函数。C 语言规定，当形参是数组时实参应是同类型的数组地址，如本例中的 *a* 数组，数组名是数组的首地址，将实参数组的首地址传给形参数组(本例中为 *s* 数组)，这样实参数组和形参数组共用同一段内存单元，对形参数组的操作就是对实参数组的操作，因此形参数组的排序完成，实参数组的排序也完成了，如图 6.5 所示。

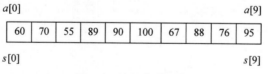

图 6.5　地址传递示意

6.2.2　函数的参数传递

函数的参数用于在调用函数和被调函数之间进行数据传递，所以要求实参表中的实参个数、数据类型及顺序必须与函数定义时的形参完全对应。在调用函数时，先将实参传递给形参，然后再执行函数体。参数传递分为值传递和地址传递两种类型。

1. 值传递

值传递是把实参的值传递给形参,而被调函数中形参的改变不会影响调用函数中实参的值,因此值传递具有单向性。当形参是变量时,实参可以是变量、常量或表达式,这种情况下的参数传递就是值传递。

2. 地址传递

地址传递是把实参的地址传递给形参,在被调函数中通过该地址可以访问调用函数中的实参,而对形参的任何改变实际上就是对调用函数中实参的改变,因此地址传递具有双向性。形参是数组,实参是数组名或数组名加一个整数时的参数传递就是地址传递。

例 6-9 参数的值传递例子。假设住房的建筑面积和使用面积按一定的比例换算,即使用面积=建筑面积×得房率。通常,多层房屋(≤7)的得房率比高层房屋(>7)的得房率要高,多层房屋的得房率为82%、高层为75%,这是因为高层要公摊电梯、走廊及一楼大厅的面积。如一套建筑面积是 $113m^2$ 的多层建筑房子,其使用面积为 $92.66m^2$,但同样建筑面积的高层就只有使用面积 $84m^2$。设计一个计算使用面积的函数,并调用它计算如表 6.1 所示 5 套房子的建筑面积与房屋楼层。

表 6.1 5 套房子的建筑面积与房屋楼层表

建筑面积(m^2)	150	110	200	85	90
房屋楼层	6	10	7	20	5

分析:定义 area()函数计算房屋的使用面积,将建筑面积和房屋楼层以值传递方式传递给函数,该函数按照房屋类型的得房率计算使用面积。在 main()函数中循环调用 area()函数计算 5 套房子的使用面积。5 套房子的建筑面积和房屋类型用二维数组存放。

```c
#include "stdio.h"
float area(int m,int n)            /*值传递的形式参数:m是建筑面积,n是房屋楼层数*/
{
    if(n>0&&m>0)
    {
        if(n>7)
            return(m*0.75);        /*计算高层房屋的使用面积*/
        else
            return(m*0.82);        /*计算多层房屋的使用面积*/
    }
    else
        return(-1);                /*输入非法*/
}
void main()                        /*main()函数*/
{
    int i,a[5][2]={150,6,110,10,200,7,85,20,90,5};
    float r;
    printf("5套房子的使用面积:\n");
    for(i=0;i<5;i++)
```

```
        {
            r = area(a[i][0],a[i][1]);         /*计算使用面积*/
            if(r<0)
                printf("数据非法!\n");
            else
                printf("使用面积: %.2f(%d,%d)\n",r,a[i][0],a[i][1]);
        }
    }
```

运行结果:

5套房子的使用面积:
使用面积: 123.00(150,6)
使用面积: 82.50(110,10)
使用面积: 164.00(200,7)
使用面积: 63.75(85,20)
使用面积: 73.80(90,5)

程序运行结果如图6.6所示。

图6.6 5套房子的使用面积

例 6-10 参数的地址传递例子。有5个购房者要购房,表6.2是他们要购房屋总价格和申请房屋贷款的比例,请计算他们应向银行申请房屋贷款的金额。

表 6.2 5套房子的房屋总价格和申请房屋贷款比例表

房屋总价格(万元)	350.0	210.0	70.0	85.0	90.0
申请房屋贷款的比例	70%	80%	75%	70%	50%

分析:保存该表可以用二维数组,设计一个计算房屋贷款的fun()函数,将数组用传地址方式传递给它即可。

```c
#include "stdio.h"
void fun(float list[][2],int n)                /*形式参数,list[][]传地址,n传值*/
{
    printf("房屋贷款金额:\n");
    for(int i = 0;i<n;i++)
    {
        if(list[i][0]>0 && list[i][1]>0)
            printf("%.2f\n", list[i][0]*list[i][1]);
        else
            printf("数据非法!");
    }
}
void main()                                    /*main()函数*/
{
    float a[5][2] = {350.0,0.7,210.0,0.8,70.0,0.75,85.0,0.7,90.0,0.5};
    fun(a,5);
}
```

运行结果:

房屋贷款金额:

245.00
168.00
52.50
59.50
45.00

程序运行结果如图 6.7 所示。

图 6.7 房屋贷款结果

例 6-11 带参数有返回值的函数例子。求 $s=s1+s2+s3+s4$ 的值。

其中：

$s1=1+1/2+1/3+\cdots+1/50$；

$s2=1+1/2+1/3+\cdots+1/100$；

$s3=1+1/2+1/3+\cdots+1/150$；

$s4=1+1/2+1/3+\cdots+1/200$。

分析：s1、s2、s3、s4 的值都是求分式的累加和，求和过程相同，只是求和的终值不同，可以用一个函数来求 n 个分式的累加和。在 main() 函数中调用该函数求 s1、s2、s3、s4 的值即可。程序如下：

```
#include "stdio.h"
float fc(int n)                              /*定义函数求 1+1/2+1/3+…+1/n 的值*/
{
    float s = 0;
    int i;
    for(i = 1; i <= n; i++)
        s += 1/(float)i;
    return(s);
}
void main()                                  /*main()函数*/
{
    float sum;
    sum = fc(50) + fc(100) + fc(150) + fc(200); /*4 次调用 fc()函数*/
    printf("sum = %f",sum);
}
```

运行结果：

sum = 21.155797

6.2.3 实战演练

(1) 某学院常安排汽修专业的学生去汽车 4S 店实习,该店根据学生实习的时间长短给学生发实习津贴,标准如表 6.3 所示。

某月有 6 名学生到该店实习,他们在店实习的时间不相同(如表 6.4 所示),请设计用于查询津贴的函数,然后在 main() 函数中调用该函数计算并输出 6 名学生当月应得的津贴,并计算 6 名学生津贴的总和。

表 6.3 学生的实习津贴标准

实习的时间	津贴数额(元)
第 1 月	800
第 2 月	1500
第 3 月	1800

表 6.4 学生实习情况表

实习学生	张雨霖	李慧芬	王菲儿	李进	韩耕	徐曼
实习时间	第 1 月	第 3 月	第 2 月	第 2 月	第 3 月	第 1 月

(2) 完善成绩统计程序,写一个函数求成绩的最高分,再写一个函数求不及格人数,在 main() 函数中调用它们。

求成绩最高分的函数的基本框架如下:

```
maxf(int s[],int n)
{
    int max,i;
    …
    return max
}
```

求不及格人数的函数与 maxf() 函数的基本框架相似。

(3) 已有如下 main() 函数,它调用 add1() 函数使数组 a 的各元素加 1,请写出 add1() 函数的定义。

```
#include<stdio.h>
main()
{
    int i;
    int a[]={0,1,2,3,4,5,6,7,8,9};
    add1(a,10);
    for(i=0;i<10;i++)
        printf("%d",a[i]);
}
```

6.3 计算三角形面积(嵌套调用和递归调用)

在 main() 函数中用随机函数产生 10 组数,每组 3 个数,调用函数完成以下功能:3 个数是三角形的边,求三角形的面积。

6.3.1 分析与设计

1. main()函数的设计

在 main()函数中,每组 3 个数用 a、b、c 来接收,随机数用第 5 章介绍的 rand()函数产生,用循环语句产生 10 组 a、b、c 的随机数,每产生一组数就调用 area()函数求三角形的面积。

2. 求三角形面积函数 area()的设计

该函数首先要判断 a、b、c 是否为三角形的边,通过调用 pb()函数判断是否为三角形的边,函数返回 0,说明 a、b、c 不是三角形的边,否则是三角形的边,则可计算三角形的面积。

main()函数调用 area()函数,该函数又调用 pb()函数判断是否为三角形的边,形成嵌套调用。

例 6-12 用嵌套调用的方法计算 10 组数中的三角形面积。

```c
#include<stdio.h>
#include<stdlib.h>
#include "math.h"
float area(int a,int b,int c);
int pb(int a,int b,int c);
main()
{
    int i,a,b,c,seed;
    float mj;
    printf("Input an intuger(seed): ");
    scanf("%d",&seed);
    srand(seed);                      /*生成新的随机数系列的种子数*/
    for(i=0;i<10;i++)
    {
        a = rand()%50;
        b = rand()%50;
        c = rand()%50;
        mj = area(a,b,c);
        if(mj)
            printf("%d,%d,%d,mj=%.2f\n",a,b,c,mj);
    }
}
float area(int a,int b,int c)
{
    float s,m;
    if(pb(a,b,c))                     /*嵌套调用*/
    {
        s = (a+b+c)/2.0;
        m = sqrt(s*(s-a)*(s-b)*(s-c));
        return(m);
    }
    else
```

```
        return 0;
}
int pb(int a, int b, int c)
{
    int t = 0;
    if(a + b > c&&a + c > b&&b + c > a)
        t = 1;
    return t;
}
```

运行结果如下：

```
Input an intuger(seed): 1
41,17,34,mj = 282.91
31,27,11,mj = 145.88
41,45,42,mj = 784.41
27,36,41,mj = 478.33
4,2,3,mj = 2.90
42,32,21,mj = 327.58
```

该运行结果中有 6 组数是三角形的边，因为 10 组数是用随机函数产生的，每次运行时输入的整数不同，即随机数系列的种子数不同，结果会有所不同。

6.3.2 嵌套调用

C 语言不可以嵌套定义，但可以嵌套调用，在调用一个函数时这个函数又调用其他函数则称函数嵌套调用。嵌套调用也遵循前面介绍的调用规则，即从哪里调用该函数，该函数执行完成后也返回到调用它的函数中。

例 6-13 嵌套调用。

```
#include "stdio.h"
int f11(int a, int b)                    /* 定义 f11()函数 */
{
    int c;
    c = a * b % 3;
    return c;
}
int f1(int a, int b)                     /* 定义 f1()函数 */
{
    int c;
    a += a;
    b += b;
    c = f11(a,b);                        /* 嵌套调用 f11()函数 */
    return c * c;
}
main()
{
    int x = 11, y = 19;
    printf("%d\n",f1(x,y));              /* 调用 f1()函数 */
}
```

程序的执行结果如下：

4

程序的执行过程如图 6.8 所示。

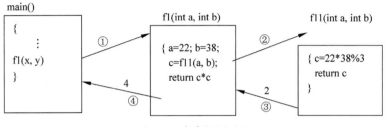

图 6.8　嵌套调用过程

6.3.3　递归调用

在调用函数时,这个函数自己调用自己就叫递归调用,当然递归调用也必须有终点,不能无终止地自己调用自己。递归调用是嵌套调用的特例,是程序设计中常用的方法之一。

求 $n!$ 可以用递归的方法表达,即 $5!=4!\times5$,而 $4!=3!\times4,3!=2!\times3,2!=1!\times2$,$1!=1$(这就是递归的终点),因此递归公式如下：

$$n!=\begin{cases}1, & n=0,1 \quad /* \text{ 递归的终点 } */ \\ n(n-1)!, & n>1 \quad /* \text{ 递归调用 } */\end{cases}$$

根据该公式,就可以写出求 $n!$ 的函数的程序。

例 6-14　用递归的方法求 $n!$。

```c
#include "stdio.h"
float ff(int n)
{
    float f;
    if(n<0) printf("n<0 data error!");
    else if(n==0 || n==1)
        f=1;                          /*递归的终点*/
    else
        f=ff(n-1)*n;                  /*递归调用*/
    return f;
}
void main()
{
    int n;
    float y;
    printf("Input an integer number:");
    scanf("%d",&n);
    y=ff(n);
    printf("%d!=%.0f\n",n,y);
}
```

运行结果：

```
Input an integer number:5
5! = 120
```

递归调用一定要有结束调用的条件，在本例中，当 $n=0$ 或 1 时 $f=1$，结束递归调用，当 $n>1$ 时发生递归调用，即在 ff() 函数中又调用 ff() 函数(即 ff($n-1$)函数)，图 6.9 以 5! 为例分析该函数的执行过程。

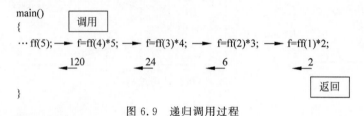

图 6.9　递归调用过程

6.3.4　实战演练

（1）在 main() 函数中随机产生 10 个数，调用 even() 函数判断是否为偶数，是偶数则统计偶数的个数，是奇数再调用 prime() 函数判断是否为素数，输出其中的奇数、素数。请填空。

```
#include<stdio.h>
#include "stdlib.h"
#include "math.h"
main()
{
    int i,a,cn = 0, seed;
    int even(int n);
    int prime(int m);
    printf("input an Integer(seed): ");
    scanf("%d",&seed);
    srand(seed);                        /*生成新的随机数系列的种子数*/
    for(i = 0;i<10;i++)
    {
        a = rand()%50;
        if(even(_____))
            cn++;
    }
    printf("\n偶数的个数为：%d\n",);
}
int even(int n)
{
    if(n%2 == 0)
        return 1;
    else
    {
        printf("奇数：%d,_____",n);
        if(prime(_____))
            printf("素数:%d,_____",n);  /*嵌套调用*/
        return 0;
    }
}
```

prime()函数读者自己完成。

(2) 有 5 个人坐在一起,问第 5 个人多少岁?他说比第 4 个人大两岁。问第 4 个人多少岁?他说比第 3 个人大两岁。问第 3 个人多少岁?他说比第 2 个人大两岁。问第 2 个人多少岁?他说比第 1 个人大两岁。最后问第 1 个人多少岁?他说 10 岁。请问第 5 个人多少岁?根据分析,有以下公式:

$$\text{age}(n) = \begin{cases} 10, & n=1 \\ \text{age}(n-1)+2, & n>1 \end{cases}$$

程序如下,请填空。

```
int age( int n)
{
    int c ;
    if(n == 1)
        c = 10;
    else
        c = _____ ;              /* 递归调用 */
    return ();
}
void main()
{
    printf(" % d",age(5));
}
```

6.4　迎接第 15 亿个婴儿(变量的作用域)

视频讲解

我国现有人口 14.11 亿(至 2022 年 5 月),请用函数计算当人口每年增长率分别为 2%、1.5%、1%、0.5% 时,多少年后我国的人口增加到 15 亿。要求调用函数后能够得到两个值,即需要多少年人口达到多少。

6.4.1　分析与设计

该题要求函数返回两个值(多少年,人口数)。通过函数调用可以用 return 语句返回一个值给调用函数,如果想返回多个值,应该怎么办呢?这道题可用 return 语句返回一个值,用全局变量再得到一个值,这涉及变量的作用域问题。现在利用全局变量来完成一个函数,送入人口增长率后得到需要几年人口数达到多少的函数,在 main()函数中调用该函数时,由于增长率是有规律的,可用循环语句产生增长率,完整的程序如下。

例 6-15　我国人口何时增加到 15 亿。

```
#include<stdio.h>
#define P 1411000000
float pe;                          /* 全局变量 */
int fun(float x)
{
    int n = 0;
```

```c
        pe = P;                              /*初始化pe变量为14.11亿*/
        while(pe < 1500000000)
        {
            pe = pe * (1 + x);               /*计算人口数*/
            n++;                             /*计算年数*/
        }
        return n;
}
void main()
{
    float rat = 0.02;
    int m;
    while(rat >= 0.001)
    {
        m = fun(rat);
        printf("rat is %.3f,It needs %d years and the population is %.0f \n",rat,m,pe);
        rat -= 0.005;
    }
}
```

运行结果：

```
rat is 0.020,It needs 4 years and the population is 1527311872
rat is 0.015,It needs 5 years and the population is 1520047872
rat is 0.010,It needs 7 years and the population is 1512782976
rat is 0.005,It needs 13 years and the population is 1505517824
```

该程序中使用了在函数体外定义的全局变量 pe，在 fun()函数中利用该变量计算人口数，在 main()函数中又输出 pe 的值，两个函数都在用 pe 变量，这是前面的程序中没有的情况，那么什么是全局变量和局部变量？它们有何特点？

6.4.2 局部变量和全局变量

变量是程序设计中的重要元素，它的一些属性：类型决定了它所获得的存储空间的大小；存入变量的值可以被多次使用，写入（赋值）将覆盖变量中原有的值；它所占据的存储空间的编号是变量的地址，此外，它还有存储属性，存储属性包括作用域与生存期两方面。

变量的作用域就是变量在源程序代码中的可用范围，作用域根据变量的定义位置区分为局部变量和全局变量两种。

1. 局部变量（内部变量）

在函数体内或语句块中定义的变量称为局部变量，它们的作用范围只在所定义的函数体内或语句块中。

2. 全局变量（外部变量）

在函数体外定义的变量称为全局变量，它的作用域从定义点起，直到本源文件结束。如果用 extern 关键字加以引用说明，它的作用范围可以扩大到在一个程序内的所有文件。

```
int p = 1,q = 5;        /* 定义外部变量 */
float f1(int a)         /* 定义f1函数 */
{
    int b,c;
    …
}
char c1,c2;             /* 定义外部变量 */
char f2(int x)          /* 定义f2函数 */
{
    int b,j;
    …
}
main()                  /* 主函数 */
{
    int m,n;
    …
}
```

说明：

(1) 在函数体内定义的变量(局部变量)只在本函数中有效，因此在不同的函数中可以使用相同名字的变量，如本例中的 f1、f2 函数都有变量 b，但它们分属两个不同的作用域。如同两个班级都有一个同名的学生一样，但他们是两个不相干的个体。

(2) 在 main() 函数中定义的变量 m、n 也只在 main() 函数中有效，其他函数不得使用。

(3) 形参也是局部变量。

(4) 在函数体外定义的变量都是全局变量 p、q、c1、c2，但根据定义点作用范围不同(c1、c2 的作用范围小)。

(5) 外部变量方便函数间交换数据，但加大了数据的安全风险和函数间的耦合度(使函数的修改更困难)，建议大家少用全局变量。

例 6-16 编写简单的本地群发消息程序(不是网络群发程序)，用数组来模拟消息池。

```c
#include "stdio.h"
#include "string.h"
/* 定义全局变量 */
char messagepool[100][200];          /* 定义群发消息池,保存大家发布的信息 */
                                     /* 消息总量≤100条,每条消息<200个字符 */
int num = 0;                         /* 目前消息数量 */
int p = 0;                           /* 待更新消息位置 */
void push()                          /* 发布信息函数 */
{
    char str[200];                   /* 局部变量定义,串操作变量 */
    if(num > 100)
        printf("消息池满!\n");
    else
        num++;
    printf("消息>> ");
    scanf("%s",str);                 /* 输入要发布的信息 */
    strncpy(messagepool[p],str,200); /* 保存信息到消息池 */
    p = ++p % 100;
```

```
    }
    void display()
    {
        printf(" ----- 消息池 ----- \n");
        for(int i = 0;i < num;i++)
            puts(messagepool[i]);
        printf(" ---------------- \n");
    }
    void main()
    {
        int cmm;                                        /*局部变量定义,命令变量*/
        printf("命令 = [发布信息输入 1]|[显示消息输入 2]|[退出输入 3]\n");
        while(cmm!= 3)
        {
            printf("命令>> ");
            scanf(" % d",&cmm);
            switch(cmm)
            {
            case 1:
                push();break;
            case 2:
                display();break;
            }
        }
    }
```

运行结果:

命令 = [发布信息输入1]|[显示消息输入 2]|[退出输入 3]
命令>> 1
消息>> aaaaaa
…
-------- 消息池 --------
aaaaaa
…

程序运行结果如图 6.10 所示。

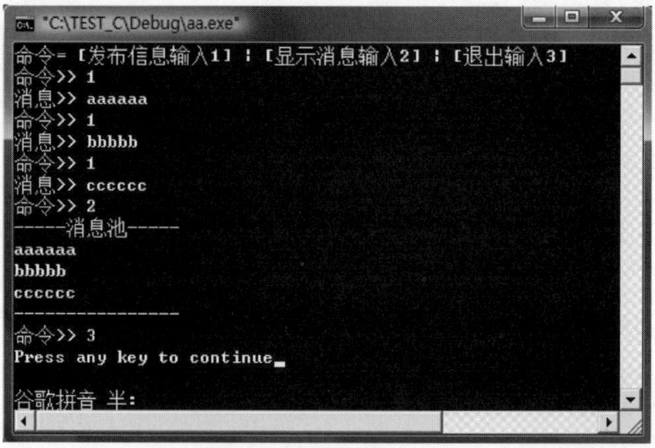

图 6.10 程序运行结果

6.4.3 实战演练

(1) 已有如下 main()函数,请写出 carea()函数,它接受圆的半径 r 后得到圆的面积及圆的周长(cl 需定义为全局变量)。

```
main()
{
    float r,area;
    printf("r = ?");
    scanf("%f",&r);
    area = carea(r);
    printf("r = %5.2f,carae = %5.2f,cl = %5.2f\n",r,area,cl);    /*使用全局变量 cl*/
}
```

(2) 以下程序中的 main()函数调用 avmaxmin()函数求出数组中的平均值、最大值和最小值,请写出 max、min 变量的定义并填空。

```
#include "stdio.h"
#define N 10
avmaxmin( int score[])
{
    int i,pj = 0;
    max = min = score[0];
    for(i = 0;i < N;i++)
    {
        pj = pj + score[i];
        if(max < _____ ) max = score[i];
        if(min _____ ) min = score[i];
    }
    return _____;
}
main()
{
    int score[10] = {56,78,45,78,98,46,55,67,87,90},ave;
    ave = avmaxmin (_____);
    printf("\n average = %d,max = %d,min = %d\n",ave/N,max,min);
}
```

6.5 构造整数(变量的存储类型)

输入字符('0'~'9')构成正整数,例如输入字符'3'、'2'、'1'构成整型数 321。

6.5.1 分析与设计

通过整数 321 的形成过程来研究输入'0'~'9'字符而形成任意整数的过程。由于字符的输入是自左至右逐步进行的,所以一个数的形成过程也是逐步完成的,即在没有输入最末一位之前谁也不知道最终的数据是什么。321 的形成过程如下所述。

(1) 先输入'3'时,计算机推测最终的数是 3。
(2) 又输入'2'后,它推翻前面的判断,推测可能是 32。
(3) 再输入'1'后,再次推翻判断,推测可能是 321,但仍不能确定。
(4) 最后,输入回车符,才知道用户已经输入完毕了,最终可以确定这个数据是 321。
这个过程可以归纳为以下算法。
(1) 设变量 res,置初始值为 0。
(2) 接收输入并保存到 n。
(3) n 中是回车符吗?若是转(7),否则继续。
(4) res×10 并保存到 res。
(5) res+n 仍保存到 res。
(6) 转(2)。
(7) 输出 res。

最终结果的形成靠每次将变量 res(它保存着上一次的结果)乘 10 再加新输入的数据,直到输入回车符后形成,所以该变量必须能保存上一次的值,在下一次调用该函数时还要将它取出再进行同样的过程。因此,将该变量设计为静态局部变量,静态局部变量可以保存函数的结果,以备下一次调用函数时使用,换句话说就是在函数调用完成后它还存在。所以在定义变量时不仅要考虑它的作用域,还要考虑它的生存期。

例 6-17 输入字符('0'~'9')构成整数。

```c
#include "stdio.h"
#include <conio.h>
int inputNum(int n)                        /* 构造整数函数 */
{
    static int res = 0;
    res = res * 10;
    res = res + n;
    return res;
}
void main()                                /* main()函数 */
{
    char c;
    int num;
    while(c!= '\r')
    {
        c = getch();
        if(c >= '0' && c <= '9')
        {
            printf(" %c",c);
            c = c - 48;                    /* 字符转整数 */
            num = inputNum(c);
        }
        else if(c!= '\r')
            printf("\n请输入'0'~'9'\n");
        else
```

```
            printf("\n 欢迎再来!\n");
        }
    if(num >= 0)
        printf("\n 你输入的数是： % d\n",num);
}
```

运行结果：

```
367
欢迎再来!
你输入的数是：367
```

程序运行结果如图 6.11 所示。

在该例中必须知道变量的存储类型与变量的生存期。C 语言把用户执行程序所占用的内存空间分为 3 部分，即程序代码区、静态变量存储区和动态变量存储区。静态存储区中的变量在编译时创建，在程序结束时才被撤销。全局变量和静态变量放在该区，也就是说，在整个程序的执行期间它们始终存在。而存储在动态存储区中的变量在程序的执行过程中根据需要创建，在运行完所在域后即被撤销，它们是动态存在的。局部变量和形参就分配在动态存储区，如图 6.12 所示。

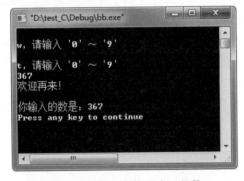

图 6.11 输入字符形成正整数

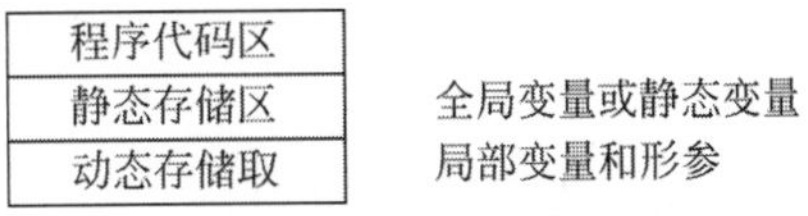

程序代码区	
静态存储区	全局变量或静态变量
动态存储取	局部变量和形参

图 6.12 变量存储区

C 语言定义一个变量的完整形式如下：

存储类型说明符 数据类型 说明符变量名

其中，存储类型说明符有 auto（自动）、extern（外部）、static（静态）、register（寄存器）4 种。一个变量只能声明为一种存储类别。

6.5.2 局部变量的存储类型

局部变量有 3 种存储类型，即 auto、static、register。

1. 自动变量

局部变量在定义时若不指明存储类型或用 auto 说明都是自动变量，自动变量分配在动态存储区。程序执行到该局部变量所在域时，C 语言系统为该局部变量分配存储空间，执行完该域后释放其所在的空间。再次调用函数时，系统将为自动变量重新分配空间。如果自动变量在定义时有初值,则每调用一次函数都要赋初值,没有赋初值的自动变量将得到分配给它的内存单元原有的值,是一个不确定的值。

2. 静态局部变量

使用 static 定义的局部变量称静态局部变量,它的作用域与自动变量一样,但它被分配在静态存储区中,因此当函数调用完成后它依然存在,再次调用函数时 C 语言系统不再重新为静态局部变量分配存储空间,赋给静态局部变量的初值是在编译时完成的,在程序执行期间不再赋初值,因此局部静态变量可以保存上一次函数结束时的值,以备下一次函数调用时使用。对于定义时未赋初值的静态局部变量,C 语言系统在编译时自动赋初值一次,数值型赋 0,字符型赋空格。

3. 寄存器变量

使用 register 定义的局部变量称为寄存器变量。顾名思义,寄存器变量占用 CPU 的通用寄存器,而不占内存单元,因此使用寄存器变量就省去了访问内存的时间,从而提高了程序的执行速度。由于这一特点,用户在使用时请注意以下 4 点。

(1) 寄存器非常有限,不可能让变量长时间占有,所以寄存器变量只可能是自动变量,且程序中使用的寄存器变量的数目也是有限的。

(2) 由于长度的限制,有的系统只允许将 char、int 和指针型变量定义为寄存器变量。

(3) 寄存器变量没有地址,不能对它进行求地址运算。

(4) 那些被频繁使用且占用字节数不多的变量适合定义为寄存器变量。当今的优化编译系统能够识别频繁使用的变量,能自动将这些变量放在寄存器中,而不需要程序设计者指定。因此,用户不必用 register 声明变量,介绍它主要是为了在读他人编写的程序时不至于感到茫然。

例 6-18 使用寄存器变量。

```
#include "stdio.h"
power(int x,register int n);           /* 函数定义在后,所以要先声明 */
void main()
{
    int s;
    s = power(5,3);
    printf("%d \n",s);
}
power(int x,register int n)            /* n 为寄存器变量 */
{
    int p;
    for(p = 1;n;n -- )
        p* = x;
    return p;
}
```

运行结果:

125

n 是寄存器变量,当传给 n 的值较大时可以节省很多到内存存取变量值的时间。

通过以上介绍,读者可以知道局部变量的 3 种存储类型中自动变量(auto)用得最多,本章之前的局部变量都是自动变量,寄存器变量(register)是频繁使用的 char、int 型变量,放在寄存器中可以提高运行速度,当今系统可以自行决定变量是否放到寄存器,无须设计者操心。而静态局部变量(static)是需要用户重点关注的,它与自动变量相比有以下不同。

(1) 它放在静态存储区,在整个程序的运行期间不释放。

(2) 赋给静态局部变量的初值是在编译时完成的,在程序执行期间不再赋初值。也就是说,赋初值的语句只做一次,如果没有赋初值的语句,则对数值型变量赋 0,对字符型变量赋空字符。

(3) 局部静态变量可以保存上一次函数结束时的值,以备下一次函数调用时使用。

例 6-19　某学生会发起对患白血病同学的爱心捐助,编写程序统计同学们的捐款金额。

```
#include "stdio.h"
float contribute(float donation)
{
    static float sum = 0;
    if(donation > 0)
    {
        sum += donation;
        printf("目前善款已累计到:%.2f\n",sum);
    }
    return sum;
}
void main()
{
    float d,s;
    while(d!= -1)
    {
        printf("您的爱心奉献是:");
        scanf("%f",&d);
        if(d > 0)
            s = contribute(d);
    }
    if(s > 0)
        printf("此次活动结束,我们募捐到善款%.2f,由衷感谢各位献出的大爱!\n",s);
    else
        printf("我们期待您的参与!\n");
}
```

程序运行结果如图 6.13 所示。

6.5.3　全局变量的存储类型

全局变量有 extern(外部)和 static(静态)两种存储类型。

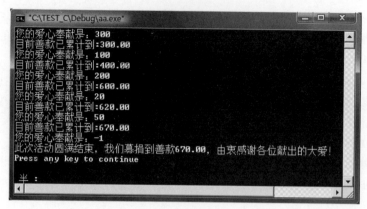

图 6.13 运行结果

一个大的 C 语言程序由若干文件组成,为了增加联系,文件之间应该可以相互引用全局变量,那么如何引用全局变量呢？这就是我们这里要讨论的问题。

1. 外部变量

没有用 static 定义的全局变量就是外部变量,在引用这种外部变量时用 extern 加以说明就可以使它的作用范围扩大到它所在的整个源程序文件,甚至其他文件。

例 6-20 外部变量的使用方法。

```
/*源程序文件 f1.c*/
#include "stdio.h"
#include "f2.c"
extern int a = 5;                    /*定义外部变量,extern 可省略*/
char c1 = 'a',c2 = 'b';              /*定义外部变量*/
main()
{
    extern int b;                    /*外部变量 b 的定义在后,使用在前,必须用
                                       extern 进行引用性声明*/
    char c2 = 'B';
    printf("%c \n",c1 - 32);
    printf("%c,%d\n",c2,b*b);        /*局部变量 c2 起作用*/
    printf("%d!= %d\n",a,fact());
}
int b = 2; /*定义外部变量 b2*/

/*源程序文件 f2.c*/
extern int a;            /*使用另一个源程序文件中定义的外部变量必须进行引用性声明*/
fact()
{
    int k,p = 1;
    for(k = 1;k <= a;k++)
        p *= k;
    return(p);
}
```

运行结果：

A
B ,4
5!= 120

注意：该例在上机操作时首先应分别编辑两个源文件 f1.c 和 f2.c，然后打开 f1.c 以及相应的活动工作空间，在 VC++ 环境中选择"工程"下的"增加到工程"命令，把 f2.c 增加进来，再编译、运行即可。

在使用外部变量时用户应注意以下问题。

(1) 在同一个源程序文件中使用外部变量时，如果使用在前，定义在后，必须用 extern 进行引用性声明。

(2) 使用另一个源程序文件中定义的外部变量，必须用 extern 声明后才能使用。

(3) 当全局变量和局部变量名相同时，在局部变量的作用范围内局部变量起作用，全局变量被屏蔽。

extern 有定义性声明和引用性声明两种声明形式，定义性声明是为了建立实体，即建立变量的存储空间；引用性声明是为了建立标识符与实体之间的联系。

定义性声明的形式如下：

[extern]类型 变量名[= 初始化表达式]；

定义在函数体外的变量都是外部变量，所以 extern 通常被省略，当初始化表达式被省略时，C 语言系统为数值型外部变量赋 0，字符型赋空格。

引用性声明的形式如下：

extern 类型 变量名；

定义性声明和引用性声明的区别如下所述。

(1) 定义性声明一定是在外部，引用性声明不限于外部，只要在使用该外部变量前声明即可。

(2) 定义性声明可以初始化，引用性声明不能初始化。

(3) 定义性声明在程序中只有一次，而引用性声明可以有多次。

2．静态全局变量

当用 static 定义全局变量时，该全局变量不允许其他文件引用，只能在定义它的源文件中使用，这种变量称静态全局变量。如例 6-20 中的外部变量 a，若定义成"static int a；"，则 f2.c 文件不能引用。

C 语言中的函数与全局变量类似，无论在定义时是否用 extern 修饰，都是外部的，都具有静态生存期。若要使用在一个程序中的其他文件定义的函数，用 extern 进行引用性声明，例如：

extern float ff(float);   /＊声明将引用一个其他文件中的函数＊/

如果函数不允许其他文件引用，定义时在函数名前面加 static 修饰，例如：

```
static float fn(int n)              /*定义一个不能被其他文件引用的函数*/
{ …
}
```

在全局变量的两种存储类型中 extern(外部)比较简单,它只能用于全局变量,主要说明该变量是定义在其他文件中或定义在本文件中(但调用在前)的外部变量(全局变量);在定义全局变量时,extern 可以加在变量名前,也可以不加。static 需要用户重点关注,因为它既可以加在局部变量前,也可以加在全局变量前。static 具有永久和私有两种属性,局部变量本身具有私有性(只能在本函数使用),用 static 定义后使其又具有永久性(不释放),而全局变量本身具有永久性(程序运行期间始终存在),用 static 定义后使其又具有私有性(其他文件不能引用)。

6.5.4 实战演练

(1) 分析以下程序,写出程序的结果。

```
void test_static()
{
    static int vs = 0;
    printf("static = %d\n",vs);
    ++vs;
}
main()
{
    int i;
    for(i = 0;i < 4;i++)
        test_static();
}
```

(2) 已有如下 main()函数,它通过 5 次调用 fact()函数打印 1~5 的阶乘值。请设计 fact()函数。

分析:该题有多种算法,其中效率较高的一种是先求出 1!=1,在 1!的基础上再乘 2,就得 2!(2!=1!×2),在 2!的基础上再乘 3,就得 3!(3!=2!×3),以此类推,要写的函数必须能保存上一次的阶乘值,在(n-1)!的基础上再乘 n 就完成了 n!。

```
#include "stdio.h"
main()
{
    int i;
    for(i = 1;i <= 5;i++)
        printf("%d! = %d\n",i,fact(i));
}
```

6.6 快速计算(编译预处理)

不用函数方法,怎样快速计算若干三角形的面积呢?

6.6.1 分析与设计

通过前面大家已经知道如何定义一个求三角形面积的函数,以及如何调用它求出三角形的面积。如果要多次调用该函数,就要多次进行参数的传递,多次返回三角形的面积,也就是要占用较多的运行时间,达不到快速计算的目的。如果用宏定义,就可以不用参数传递和函数返回的时间,这样可提高运行的速度。

例 6-21 用带参数的宏定义求三角形的面积。

```
#define AREA(a,b,c) sqrt(s*(s-a)*(s-b)*(s-c))
#define S(a,b,c) (a+b+c)/2.0
#define PB(a,b,c) if(a+b>c&&a+c>b&&b+c>a) t=1
#include<stdio.h>
#include<stdlib.h>
#include "math.h"
main()
{
    int i,x,y,z,t=0;
    float s,ar;
    for(i=0;i<10;i++)
    {
        x = rand()%50;
        y = rand()%50;
        z = rand()%50;
        t = 0;
        PB(x,y,z);           /*替换为:if(x+y>z && x+z>y && y+z>x) t=1;*/
        if(t)
        {
            s = S(x,y,z);    /*替换为: s=(x+y+z)/2.0;*/
            ar = AREA(x,y,z);/*替换为: ar=sqrt(s*(s-x)*(s-y)*(s-z));*/
            printf("%d,%d,%d,ar=%.2f\n",x,y,z,ar);
        }
    }
}
```

程序的运行结果如下:

```
41,17,34,ar=282.91
31,27,11,ar=145.88
41,45,42,ar=784.41
27,36,41,ar=478.33
4,2,3,ar=2.90
42,32,21,ar=327.58
```

在程序头部出现的以#开头、末尾没有分号的命令是编译预处理命令,C语言系统在进行实质性的编译前(即将源程序文件翻译成目标文件前)先要对这些命令进行处理,故把它们称为编译预处理命令,以区别于在程序执行时才起作用的执行语句。C语言提供的编译预处理命令如下。

(1) 宏定义命令:#define。

(2) 文件包含命令：#include。

(3) 条件编译命令：#ifdef #else #endif，#if #else #endif。

(4) 行控制命令：#line。

(5) 其他：#pragma、#error 等。

下面主要介绍前两种。

6.6.2 宏定义命令

用一个宏名(标识符)来代表一个字符串，就叫宏定义，其形式如下：

`#define 宏名 字符串`

宏名用大写字母表示，以区别于变量，宏名后的字符串可以是表达式或语句，并可以进行嵌套定义(引用已定义的宏名)。

例 6-22 嵌套宏定义。

```
#define X 5                /*用X表示5*/
#define Y X+1              /*用Y表示X+1(嵌套定义)*/
#define Z Y*X/2            /*用Z表示Y*X/2(嵌套定义)*/
#include "stdio.h"
main()
{
    int a = Y;             /*替换为 int a = 5+1*/
    printf("%d,",Z);       /*Z处替换为 5+1*5/2*/
    printf("%d\n", --a);
}
```

程序的运行结果如下：

7,5

宏定义命令可以带参数，带参数的宏定义的形式如下：

`#define 宏名(参数表) 字符串`

在字符串中应包含参数表中的参数，例如：

`#define CUBE(X) (X)*(X)*(X)`

…

int b = 0, a = 3;

b = CUBE(a);   /*替换为 b = (a)*(a)*(a)*/

在使用有参数的宏时请注意以下两点。

(1) 当实参为表达式时，字符串中的参数是否用括号括起来将影响替换结果。如上例改为

`#define CUBE(X) X*X*X`

…

int b = 2, a = 3;

```
b = CUBE(b + a);            /* 替换为 b = b + a * b + a * b + a,而不是(b + a) * (b + a) * (b + a) */
```

严格地说,例 6-22 中的带参宏定义,字符串中的参数应该用括号括起来,否则当实参是表达式时将出现错误的结果,请改正。

(2)宏名与带参数的括号之间不应加空格,否则将空格以后的字符串都作为替代字符串的一部分,成为无参宏。例如:

```
#define CUBE (X) (X) * (X) * (X)
int b = 2, a = 3;
b = CUBE(a);                /* 替换为 b = (X) (X) * (X) * (X)(a) */
```

宏调用在编译时进行简单的字符串替换,宏调用将使编译时间增加、源程序增长。

6.6.3 文件包含

文件包含的作用是将另一个文件包含(嵌入)本文件中,如图 6.14 所示。

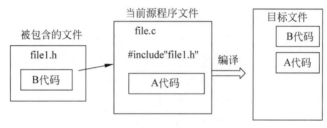

图 6.14 文件包含示意

在文件包含命令中,当被包含文件用双引号括起来时,编译系统按图 6.15 所示的方式搜索所要包含的文件。

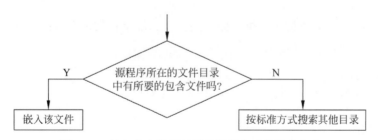

图 6.15 被包含文件用双引号括起来时的搜索方式

当被包含文件用尖括号括起来时,编译系统只按标准方式搜索其他目录,搜索范围较小,但搜索时间短。

注意:一个#include 命令只能包含一个文件。文件包含可以嵌套使用,即一个包含文件又包含另一个文件,当被包含文件的内容被修改后,包含这个文件的源程序文件要重新编译。

6.6.4 实战演练

(1)已有以下程序,请完成 MIN(a,b)宏定义,求 a、b 中的最小值。

```
#include "stdio.h"
```

```
main()
{
    int a,b;
    scanf("%d,%d",&a,&b);
    printf("%d\n",MIN(a,b));
}
```

（2）已有以下宏定义，求半径为 r 的圆的周长，编写一个程序使用该宏定义，求半径为 2～10 的圆的周长。

```
#include "stdio.h"
#define PI 3.1415
#define CIRFER(r) 2*PI*(r)
```

6.7 综合设计（诗词十二宫格游戏）

例 6-23 编写一个与《中国诗词大会》节目上所用的诗词十二宫格游戏功能类似的程序。如图 6.16 所示，出题人可以在 12 个格子中填字，将某首古诗中的一个诗句以及干扰诗句隐藏进格子中，要求玩家从 12 个格子中找出适合的字组合成那个完整的诗词句子。具体功能：在十二宫格中按照行列位置输入诗词中的汉字；按照行列位置从十二宫格中挑选汉字；将挑选出的汉字组成诗句输出。

安	千	得	一
白	广	万	行
厦	上	鹭	间

图 6.16 诗词十二宫格

6.7.1 分析与设计

1. 数据结构设计

显然，十二宫格中的诗词汉字可以保存到一个二维字符数组中，挑选出的汉字组成诗句保存到一个一维数组中。其定义如下：

```
char prioer[3][8];          /*一个汉字占2字节*/
char sentence[25];          /*挑选出的汉字组成诗句*/
```

2. 总体设计

该程序要完成的任务由 4 个函数实现，inputPri()函数实现 12 个诗词汉字的输入；pick()函数实现从十二宫格中挑选汉字；outputPri()函数实现将挑选出的汉字组成诗句并输出；main()函数完成系统集成。

6.7.2 完整的源程序代码

```
#include<stdio.h>
#include<string.h>
void inputPri(char prioer[3][8])
{
    int row;
```

```c
    char tmp[3];
    printf(" * 输入诗词汉字 * \n");
    for(row = 0;row < 3;row++)
    {
        printf("第%d行:",row);
        gets(prioer[row]);
    }
}
bool pick(char prioer[3][8],char tmp[3],int row,int col)
{
    if(row >= 0 && row < 3 && col >= 0 && col < 4)
    {
        col = 2 * col;
        tmp[0] = prioer[row][col++];
        tmp[1] = prioer[row][col];
        tmp[2] = '\0';
        return 1;
    }
    else
        return 0;
}
void outputPri(char sentence[])
{
    printf("你挑选完成的诗句是：\n");
    puts(sentence);
}
void main()
{
    char p[3][8],s[25],tmp[3];
    int i,m,n,r,c;
    inputPri(p);
    printf("输入要挑选的汉字个数：");
    scanf("%d",&n);
    printf("挑选汉字所在的行和列：");
    i = 0;
    m = 0;
    while(i < n)
    {
        printf("行和列:");
        scanf("%d%d",&r,&c);
        if(pick(p,tmp,r,c))
        {
            m = i * 2;
            s[m++] = tmp[0];
            s[m++] = tmp[1];
        }
        i++;
    }
    s[m] = '\0';
    outputPri(s);
}
```

程序运行结果如图 6.17 所示。

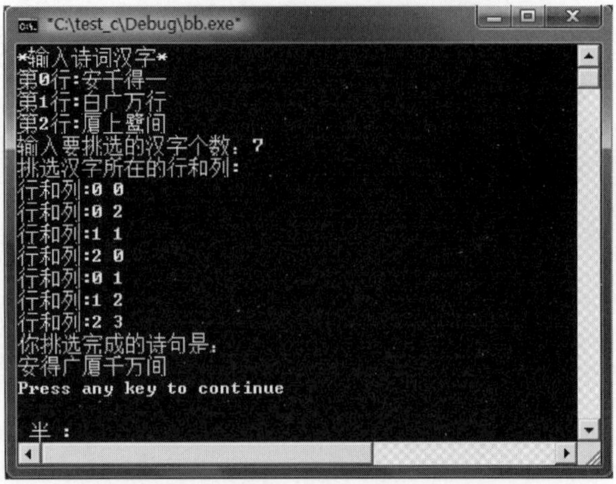

图 6.17 诗词十二宫格游戏运行结果

6.8 小结

　　C 语言程序是由函数构成的,因此编写 C 语言程序的主要工作包括定义函数、调用函数和声明函数。定义函数要考虑函数的返回值类型、函数名、函数的参数类型和参数个数、函数的执行语句。如果函数有返回值,只能通过 return(表达式)语句返回一个值,如果 return 语句的返回值类型与函数类型冲突,系统自动将其转换为函数类型。如果没有定义函数类型,则为整型。

　　函数通过调用被执行,在调用时给出函数名和实参(如果有参数)即可。实参的类型、个数、顺序应与形参一致,当程序执行到调用语句时,则实参的值传给形参,形参值的改变不影响实参的值,这叫单向值传递。如果形参是数组,实参应该是数组的地址,数组名是数组的首地址,发生调用时,实参数组的地址传给形参数组,实参数组与形参数组的地址相同,形参数组值的改变就是实参数组值的改变。

　　函数不可以嵌套定义,但可以嵌套调用,如果函数自己调用自己就是递归调用。如果函数类型为非整型,必须在调用前用函数原型声明。

　　变量不仅有数据类型,还有存储类型,存储类型指变量的作用域和生存期,即变量的可见性和寿命。C 语言大量使用的是自动变量,自动变量的作用域限制在定义它的函数体或语句块内,在调用这个函数(块)时系统自动分配内存空间,调用完成后释放空间。外部变量的作用域是从定义点起直到整个程序结束,整个程序运行期间占有内存空间。如果要使用定义在后或在其他文件中定义的外部变量,必须用 extern 做引用声明。

　　使用 static 定义的局部变量具有不释放特性,在程序运行期间存在,但作用域仍限制在本函数(块)内,当用 static 定义外部变量和函数时,外部变量和函数不得被其他文件引用,它们被限制在本文件内。建议大家少用外部变量、静态变量。

习 题 6

1. 选择题

(1) 下列函数定义正确的是(　　)。
    A. double fun(int x, int y)　　　　B. double fun(int x; int y)
    C. double fun(int x, y)　　　　　　D. double fun(int x, y;)

(2) 在省略修饰符的情况下,函数自身是(　　)。
    A. static　　　　B. auto　　　　C. register　　　　D. extern

(3) 下面说法不正确的是(　　)。
    A. 通常C语言程序是由许多小函数组成的,而不是由少量的大函数组成的
    B. 在源文件中可以用不同的顺序定义函数
    C. 通常调用函数前函数必须被定义或声明
    D. dummy(){ }是无用的函数

(4) 下面程序的结果是(　　)。

```
#include "stdio.h"
increment()
{
    static int x = 0;
    x += 1;
    printf("%d", x);
}
void main()
{
    increment();
    increment();
    increment();
}
```

　　A. 1 1 1　　　　B. 1 2 3　　　　C. 0 1 2　　　　D. 0 0 0

(5) 若函数的形参为一维数组,则下列说法中正确的是(　　)。
    A. 调用函数时的对应实参必为数组名
    B. 形参数组可以不指定大小
    C. 形参数组的元素个数必须等于实参数组的元素个数
    D. 形参数组的元素个数必须多于实参数组的元素个数

(6) 下面叙述正确的是(　　)。
    A. 全局变量在定义它的文件中的任何地方都是有效的
    B. 全局变量在程序的全部执行过程中一直占用内存单元
    C. 同一文件中的变量不能重名
    D. 使用全局变量有利于程序的模块化和可读性的提高

(7) C 语言程序的基本结构单位是(　　)。

  A. 文件　　　　　B. 语句　　　　　C. 函数　　　　　D. 表达式

(8) 有以下函数调用语句：

func(rec1,rec2 + rec3,rec4);

该函数调用语句中含有的实参个数是(　　)。

  A. 3　　　　　　B. 4　　　　　　C. 5　　　　　　D. 有语法错

(9) 在 C 语言中,局部变量的隐含存储类别是(　　)。

  A. auto　　　　　B. static　　　　　C. register　　　　　D. 无存储类别

(10) 一个 C 语言程序的执行是(　　)。

  A. 从程序的 main()函数开始到 main()函数结束

  B. 从程序的第一个函数开始到最后一个函数结束

  C. 从程序的 main()函数开始到最后一个函数结束

  D. 从程序的第一个函数开始到程序的 main()函数结束

2. 读程序写结果题

(1) 以下程序的运行结果是＿＿＿＿。

```c
#include "stdio.h"
int func(int a,int b)
{
    static int m = 0, j = 2;                /*静态局部变量*/
    j += m + 1;
    m = j + a + b;
    return(m);
}
main()
{
    int k = 4,m = 1,p;
    p = func(k,m);
    printf("%d,",p);
    p = func(k,m);
    printf("%d\n",p);
}
```

(2) 以下程序的运行结果是＿＿＿＿。

```c
#include<stdio.h>
int z;                                      /*全局变量*/
void f(int);
main()
{
    z = 5;
    f(z);
    printf("z = %d\n",z);
}
void f(int x)
{
    x = 2;
```

```
    z += x;
}
```

(3) 以下程序的运行结果是_____。

```
#include<stdio.h>
void num()
{
    extern int x,y;
    int a=15,b=10;
    x=a-b;
    y=a+b;
}
int x,y;                                    /*全局变量*/
main()
{
    int a=7,b=5;
    x=a+b;y=a-b;
    num();
    printf("%d,%d\n",x,y);
}
```

(4) 以下程序的运行结果是_____。

```
#include "stdio.h"
f(int a[])
{
    int i=0;
    while(a[i]<=10)
    {
        printf("%d ",a[i]);i++;
    }
}
main()
{
    int a[]={1,5,10,9,11,7};
    f(a+1);                                 /*地址作为实参*/
}
```

(5) 以下程序的运行结果是_____。

```
#include "stdio.h"
fun(int k,int j)
{
    int x=7;
    printf("k=%d,j=%d,x=%d\n",k,j,x);
}
main()
{
    int k=2,x=5,j=7;
    fun(j,6);                               /*单向值传递*/
    printf("k=%d,j=%d,x=%d\n",k,j,x);
}
```

(6) 以下程序的运行结果是_____。

```
# include "stdio.h"
inct()
{
    int x = 0;
    x += 1;
    printf("x = %d\t",x);
}
inc1()
{
    static int y = 0;                          /*静态局部变量*/
    y += 2;
    printf("\ny = %d\t",y);
}
main()
{
    inct();inct();inct();
    inc1();inc1();inc1();
}
```

(7) 以下程序的运行结果是_____。

```
# define A 4
# define B(x) A * (x)/2                        /*有参宏定义*/
# include "stdio.h"
main()
{
    float c,a = 4.5;
    c = B(a);
    printf("%5.1f\n",c);
}
```

(8) 以下程序的运行结果是_____。

```
# include <stdio.h>
# include <stdlib.h>
# define FOREVER 1                             /*宏定义*/
# define STOP 4
main()
{
    void f(void);
    while (FOREVER)
        f();
}
void f(void)
{
    static int cnt = 0;                        /*静态局部变量*/
    printf("cnt = %d\n",++cnt);
    if(cnt == STOP)
    exit(0);
}
```

(9) 以下程序的运行结果是_____。

```
# include "stdio.h"
ff(int x)
```

```
{
    x = x + 2;
    return x;
}
main()
{
    int a = 3, b;
    b = ff(a);                              /* 单向值传递 */
    printf("a = %d, b = %d\n", a, b);
}
```

(10) 以下程序的运行结果是_____。

```
#include "stdio.h"
int func(int a, int b)
{
    return(a + b);
}
main()
{
    int x = 2, y = 5, z = 8, r;
    r = func(func(x, y), z);                /* 嵌套调用 */
    printf("%d\n", r);
}
```

3. 填空题

下面的程序计算 10 个同学某门课程成绩的平均分，请填空。

```
#include "stdio.h"
_____①_____ average( float array[10] )
{
    int i;
    float sum = array[0];
    for( i = 1; i < 10; i++ )
        sum += array[i];
    return sum /10;
}
main()
{
    float score[10], aver;
    int i;
        for(i = 0; i < 10; i++ )
    scanf("%f", _____②_____ );
    aver = _____③_____ ;
    printf( "average score is %5.2f \n", aver );
}
```

4. 编程题

(1) 编写一个判断是否素数的函数，在主函数中输入一个整数，输出是否为素数的信息。

(2) 编写一个函数求 x 的 n 次方（n 是整数），在 main() 函数中调用它求 5 的 3、4、5、6 次方。

(3) 编写一个函数，由实参传来一个字符串，统计此字符串中字母、数字、空格和其他字符的个数，在主函数中输入字符串并输出统计结果。

(4) 编写一个可以将字符串按字母逆序排列的函数，在 main() 函数中调用该函数将输入字符串逆序输出。

(5) 编写一个将一个字符串插入另一个字符串中的函数，在 main() 函数中调用该函数实现字符串的插入操作。

(6) 编写一个字符替换函数，可以将所给字符串中与指定字符相同的所有字符替换成要求的字符，并在 main() 函数中调用该函数实现字符替换操作。

本章实验实训

【实验目的】

(1) 掌握函数定义的方法。
(2) 掌握函数实参与形参的对应关系以及"值传递"的方式。
(3) 掌握函数的嵌套调用和递归调用的方法。
(4) 了解全局变量和局部变量、动态变量、静态变量的概念和使用方法。

【实验内容及步骤】

假如《中国诗词大会》节目邀请你编写一个实现"诗词顺句游戏"的程序。详细功能要求如下：

(1) 出题人可以输入正确的诗词句子，并记住该诗词的句子顺序；
(2) 出题人可以将诗词句子的顺序随意打乱并显示出来；
(3) 出题人可以随时显示正确顺序的诗词句子；
(4) 参赛人看到乱序的诗词后，将他认为正确的诗词顺序给出并显示出来；
(5) 程序根据正确的顺序判断参赛人的答案是否正确。

说明：为了简化诗词的保存，可以由用户固定诗词每行的汉字个数和整首诗的行数，如图 6.18 所示，可以安排二维字符数组保存诗句。

从	军	十	年	余	，	能	无	分	寸	功	。
众	人	贵	苟	得	，	欲	语	羞	雷	同	。
中	原	有	斗	争	，	况	在	狄	与	戎	。
丈	夫	四	方	志	，	安	可	辞	固	穷	。

图 6.18　杜甫的《前出塞九首》其九

第 7 章 自定义数据类型

前面已经介绍了 C 语言基本的数据类型(整型、实型、字符型)及构造类型之一的数组,在程序设计中我们往往会遇到关系密切但类型不同的一组数据,而这种数据无法采用上面的数据类型描述,为此 C 语言提供了 3 种可以让用户自己定义的数据类型框架,它们是枚举、结构体和共用体。

7.1 今天是星期几(枚举类型)

视频讲解

假如有人问"今天星期几?",我们的回答只有 7 种可能性,此时可以把变量定义为枚举类型。所谓"枚举"是指将变量的值一一列举出来,且变量的值只限于列举的值的范围之内。

7.1.1 分析与设计

例 7-1 从键盘输入 0~6 的数字,输出对应的星期几。

```c
#include "stdio.h"
main()
{
    enum weekday{sun,mon,tue,wed,thu,fri,sat} wd;
    int i;
    printf("请输入数字(0~6)");
    scanf("%d",&i);
    wd=(enum weekday)i;
    switch(wd)
    {
        case sun:printf("今天星期天!");break;
        case mon:printf("今天星期一!");break;
        case tue:printf("今天星期二!");break;
        case wed:printf("今天星期三!");break;
        case thu:printf("今天星期四!");break;
        case fri:printf("今天星期五!");break;
        case sat:printf("今天星期六!");break;
    }
}
```

7.1.2 枚举类型的定义与引用

1. 枚举类型的定义

定义枚举类型的一般形式如下：

```
enum 枚举名
{
    枚举常量表列
};
```

其中，enum 是定义枚举类型的关键字，枚举名是用户定义的枚举类型的名字，枚举常量分别代表不同的枚举值，每个枚举常量是一个枚举元素。

2. 枚举变量的定义

在定义完枚举类型之后就可以用该类型来定义变量。其形式如下：

```
enum 枚举名  变量名表列;
```

例如：

```
enum weekday wd;            /* wd 是枚举类型 enum weekday 的变量 */
```

3. 注意事项

(1) 每一个枚举常量的值取决于它在定义时排列的次序，第一个枚举常量的序号为 0 (规定序号从 0 开始)，因此该枚举常量值为 0，以后顺序加 1。若上述定义中枚举常量的形式和顺序为 sun、mon、tue、wed、thu、fri、sat，则这些枚举常量的值依次为 0、1、2、3、4、5、6。若想改变枚举常量的值，可在定义枚举类型时另行指定枚举常量的值，例如：

```
enum weekday{sun = 1,mon,tue,wed,thu,fri,sat} wd;
```

则指定 sun 为 1，mon 为 2，以后按顺序加 1，最后一个枚举常量 sat 为 7。

(2) 一个枚举变量的值只能是这几个枚举常量之一，可以将枚举常量赋给一个枚举变量，但不能将一个整数赋给它。例如：

```
wd = fri;      /* 正确 */
wd = 2;        /* 错误 */
```

(3) 若想将整数值赋给枚举变量必须做强制类型转换。例如：

```
wd = (enum weekday)2;
```

上述语句的功能是将顺序号为 2 的枚举常量赋给 wd，其相当于：

```
wd = tue;
```

转换后的值也应该在枚举范围内。

7.2 模拟显示数字时钟(结构体类型)

显示屏上所显示的数字时钟值往往是 hh:mm:ss 的形式,其中 hh 代表小时,mm 代表分钟,ss 代表秒数。要想显示一个数字时钟就必须有具体的时、分、秒的值,这 3 个值共同构成了一个有实际意义的时钟值。如果要解决此类有多个成员共同构成的数据问题,需要引入结构体。

7.2.1 分析与设计

先定义一个 clock 结构类型,该类型由 hour、minute 和 second 几个成员构成。然后定义该类型的变量 ck,通过 Update()函数实现 ck 的 hour、minute 和 second 成员的更新。second 的值从 0 开始自增;当 second 自增到 60 时,minute 的值加 1,second 归零;当 minute 的值加到 60 时,hour 的值加 1,minute 归零;当 hour 的值增加到 24 时,hour 的值又从 0 开始计时。

例 7-2 在屏幕上模拟显示数字时钟。

```c
#include <stdio.h>
struct clock
{
    int hour;
    int minute;
    int second;
};
struct clock ck;           /*全局变量的定义*/
void Update(void)          /*函数功能:时、分、秒时间的更新*/
{
    ck.second++;
    if (ck.second == 60)   /*若 second 的值为 60,则 minute 的值加 1*/
    {
        ck.second = 0;
        ck.minute++;
    }
    if (ck.minute == 60)   /*若 minute 的值为 60,则 hour 的值加 1*/
    {
        ck.minute = 0;
        ck.hour++;
    }
    if (ck.hour == 24)     /*若 hour 的值为 24,则 hour 的值从 0 开始计时*/
    {
        ck.hour = 0;
    }
}

void Display(void)         /*函数功能:时、分、秒时间的显示*/
{
        printf("%2d:%2d:%2d\r", ck.hour, ck.minute, ck.second);
        /*用回车符'\r'控制时、分、秒显示的位置*/
}
```

```
void Delay(void)                        /*函数功能：模拟延迟1秒的时间*/
{
    long t;
    for (t = 0; t < 50000000; t++) ;    /*循环体为空语句的循环,起延时作用*/
}
void main()
{
    long i;
    ck.hour = ck.minute = ck.second = 0;  /* hour、minute、second 赋初值0*/
    for (i = 0; i < 100000; i++)          /*利用循环结构控制时钟运行的时间*/
    {
        Update();                         /*时钟更新*/
        Display();                        /*时间显示*/
        Delay();                          /*模拟延时1秒*/
    }
}
```

该程序以时：分：秒的方式显示时钟的变化,初始状态为"0:0:0",每60秒分钟加1,要想长时间显示时钟,只需将for循环中 i 结束时的值加大即可。

7.2.2 结构体类型的定义与引用

1. 结构体类型的定义

定义结构体类型的一般形式如下：

struct 结构体类型名
{
    成员表列;
};

结构体类型名用来做结构体类型的标志。在定义一个结构体类型时必须对各成员进行类型说明,即

类型名　成员名;

成员名的定义规则与变量名的定义规则相同。结构体的成员可以是简单变量、数组、指针、结构体和共用体。

定义结构体类型的位置一般在文件开头,在所有函数(包括 main()函数)之前。当然,用户也可以在函数中定义结构体类型,此时的结构体只在本函数内有效。

2. 结构体变量的定义

和其他变量一样,结构体变量也必须先定义,然后才能引用。一个结构体变量的定义可以有以下3种方式。

1) 先定义结构体类型再定义结构体变量

其形式如下：

struct 结构体类型名
{
    成员表列;

};
struct 结构体类型名 变量名表列；

例如：

```
struct student
{   char num[10];
    char name[20];
    char sex ;
    int age;
    float score[3];
    float ave;
};
struct student stu1,stu2;
```

上面的程序定义了 stu1、stu2 两个结构体变量，每个变量都具有 6 个成员，在 VC++ 环境下每个变量各占 51 字节的存储单元(10＋20＋1＋4＋12＋4)。

2）在定义结构体类型的同时定义结构体变量

其形式如下：

struct 结构体类型名
{
**　　成员表列；**
}变量名表列；

例如：

```
struct student
{   char num[10];
        …
    float ave; ;
}stu1,stu2;
```

3）直接定义结构体变量，无类型名

其形式如下：

struct   /＊无类型名＊/
{
**　　成员表列；**
}变量名表列；

例如：

```
struct
{   char num[10];
        …
    float ave;
}stu1,stu2;
```

说明：

(1) 以上 3 种定义结构体变量的形式各有所长。形式一是常用的方法，比较直观，它能将定义结构体类型和定义结构体变量分开，便于在不同的函数甚至不同的文件之间使用所定义的结构体类型。形式二是形式一的简略形式。结构体类型只在本文件中使用的情况可用形式三。

（2）在定义结构体类型时系统并不分配内存空间，只有在定义了结构体变量时系统才为定义的每一个变量分配相应的存储单元。每个结构体变量所占内存的长度是各成员所占内存的长度之和。

3. 结构体变量的初始化

和其他类型的变量一样，结构体变量可以在定义时进行初始化。例如：

```
struct student
{    char num[10];
     char name[20];
     char sex;
     int age;
     float score[3];
     float ave;
};
struct student stu1 = {"2008001","LiNing",'M',19,84.3, 82.5,89.4,85.4};
```

在对结构体变量进行初始化时，按成员的顺序和类型依次为每个结构体成员指定初始值。

说明：

（1）初始化数据之间用逗号分隔。

（2）初始化数据的个数一般与成员的个数相同，若小于成员数，则剩余的成员将被自动初始化为 0 或空格（字符型）。

（3）初始化数据的类型要与相应成员的类型一致。

（4）初始化时只能对整个结构体变量进行，不能对结构体类型中的各成员进行初始化赋值。

4. 结构体类型变量成员的引用

引用结构体类型的变量成员的一般形式如下：

结构体变量.成员

其中，"."是结构体成员运算符，其优先级别最高，结合性为自左至右。因此，对于结构体成员完全可以像操作简单变量一样操作它。

例如，对上面定义的变量 stu1 可做以下赋值操作：

```
strcpy(stu1.num,"2011001");
strcpy(stu1.name,"LiNing ");
stu1.sex = 'M';
stu1.age = 19;
stu1.score[0] = 84.3;
stu1.score[1] = 82.5;
stu1.score[2] = 89.4;
stu1.ave = 85.4;
```

说明：

（1）在 C 语言中不允许对结构体变量整体进行各种运算、赋值或输入/输出操作，而对其成员则可像简单变量一样进行各种运算、赋值或输入/输出操作。

（2）可以将一个结构体变量的值赋给另一个具有相同结构的结构体变量。例如，上面的 stu1、stu2 都是 student 类型的变量，可以这样赋值：

```
stu1 = stu2;
```

5. 结构体中的结构体成员

在上述学生信息中，如果再加上出生日期信息，应该怎样定义呢？

出生日期包含了年、月、日，而这 3 项又是联系紧密的，因此可以把出生日期定义为一个结构体 Date，在 student 结构体中使用 Date 定义一个结构体的成员变量即可。

例如，日期结构体定义为

```
struct Date
{   int year;
    int month;
    int day;
};
```

student 结构体及变量 stu1 的定义为

```
struct student
{   char num[15];
    char name[10];
    char sex;
    struct Date birthday ;
    int age;
    float score[3];
    float ave;
}stu1;
```

这样一来，在学生信息中就加上了出生日期的数据。在程序中对出生日期的引用方式如下：

```
stu1.birthday.year = 1990;
stu1.birthday.month = 4;
stu1.birthday.day = 12;
```

读者可以看出，结构体中结构体变量的引用方式与其他普通变量的引用方式一样，只是在这里要用两次成员运算符，即必须要引用到最低一级成员。

7.2.3 结构体数组及其使用

当相同结构类型的变量比较多时，为了方便地实现变量的定义和引用，同样可以考虑引入数组进行数据的组织，这时的数组称为结构体数组。

1. 结构体数组的定义

可以用下面的语句定义结构体数组 stu1：

```
struct student
{   char num[10];
    char name[20];
    char sex;
    int age;
    float score[3];
    float ave;
}stu1[100];
```

结构体数组 stu1[100]中有 100 个元素，每个元素都是 struct student 类型，在 VC++ 下各占 51 字节(10+20+1+4+12+4=51)。

2. 结构体数组元素的引用

结构体数组中的每个元素都是一个结构体变量，因此用户在引用时要遵守引用结构体变量的规则。对第 i 个结构体数组元素的引用如下：

```
stu1[i].num
stu1[i].name
stu1[i].sex
stu1[i].age
stu1[i].score[0], stu1[i].score[1], stu1[i].score[2]
stu1[i].ave
```

引用结构体数组元素的一般形式如下：

数组名[下标].成员名

例如：

```
stu1[i].sex = 'M';
```

结构体数组在定义的同时可以初始化。

7.2.4 结构体变量做参数

在 C 语言中，结构体的引入为函数间传递一组不同类型的数据提供了方便。当以结构体变量成员作为函数的参数时，函数间传递的是单个成员；当以结构体变量作为函数的参数时，函数间传递的是整个结构体；当以结构体数组名作为函数的参数时，函数间传递的是结构体数组的首地址，因为数组名代表它的首地址。

7.3 学生成绩表的制作（共用体类型）

视频讲解

假设每个学生的成绩表由学号、姓名、平时成绩、考试成绩和总评成绩组成，总评成绩=平时成绩×40%+考试成绩×60%，如果总评成绩大于 60 就显示实际分数，否则总评成绩显示"不及格"。在该问题中,总评成绩可以是"分数"和"不及格"两种不同的状态,二者类型不同而且不会同时出现,该类问题可以用共用体方式加以解决。

7.3.1 分析与设计

定义一个共用体类型为 comment,该类型拥有两个成员,分别是 score(分数)和 fail(不及格)状态,这两个成员不会同时出现。将该共用体类型用在学生成绩表中处理总评成绩,总评成绩大于 60 就显示实际分数,否则总评成绩显示"不及格"。

例 7-3 制作学生成绩表,总评成绩大于 60 就显示实际分数,否则总评成绩显示"不及格"。

```
#include "stdio.h"
#include "string.h"
#define N 3
union comment
{
    double score;
    char fail[7];
};
struct student
{
    int no;
    char name[10];
    int usual;
    int exam;
    union comment comm;
}st[N];

void main()
{
    int i;
    printf("请输入 3 名同学的信息: \n");
    for(i = 0;i < N;i++)
    {
        scanf("%d%s%d%d",&st[i].no,st[i].name,&st[i].usual,&st[i].exam);
        if(st[i].usual * 0.4 + st[i].exam * 0.6 >= 60) st[i].comm.score = st[i].usual * 0.4 + st[i].exam * 0.6;
        else strcpy(st[i].comm.fail,"不及格");
    }
    printf("这 3 名同学的总评成绩如下: \n");
    for(i = 0;i < N;i++)
    {
        printf("%d\t%s\t%d\t%d\t",st[i].no,st[i].name,st[i].usual,st[i].exam);
        if(st[i].usual * 0.4 + st[i].exam * 0.6 >= 60) printf("%.1lf\n",st[i].comm.score);
        else printf("%s\n", st[i].comm.fail);
    }
}
```

程序运行结果如下:

请输入 3 名同学的信息:

```
1001    李凡    90    95
1002    张鑫    60    45
1003    刘宇    75    78
```

这 3 名同学的总评成绩如下：

```
1001    李凡    90    95    93.0
1002    张鑫    60    45    不及格
1003    刘宇    75    78    76.8
```

7.3.2 共用体类型的定义与引用

1. 共用体类型的定义

共用体类型的定义与结构体类似，其一般形式如下：

```
union 共用体名
{
    共用体成员名;
};
```

其中，union 是关键字，称为共用体定义说明符。每个共用体成员的声明都具有以下形式：

数据类型说明符　成员名;

2. 共用体变量的定义与引用

与其他类型相同，在共用体类型定义后就可以定义该类型的变量，其变量的定义和结构体变量的定义一样有 3 种形式，其中一种定义形式如下：

```
union 共用体名
{
    共用体成员表;
}变量表列;
```

共用体变量也要先定义后引用，引用共用体成员，引用形式如下：

共用体变量名.成员名

3. 共用体变量空间的分配

union(共用体)的各个成员是以同一个地址开始存放的，每一个时刻只可以存储一个成员，所以一般情况下共用体类型的存储空间按其所占字节数最多的成员进行分配。

7.4　实战演练

1. 今天是今年的第几天

从键盘输入年月日，计算该日是本年中的第几天？注意闰年问题。

设计思想：定义结构体，它有年、月、日 3 个成员。定义一个数组存储 12 个月的天数，根据输入的年份判断是否为闰年，若是则 2 月份的天数是 29。最后利用循环计算该日是本年中的第几天。

程序设计如下：

```c
#include "stdio.h"
struct day
{
    int year;
    int month;
    int date;
};
main()
{
    struct day d;
    int i,sum = 0;              /* sum 为最终结果 */
    int m[12] = {31,28,31,30,31,30,31,31,30,31,30,31};
    printf("请输入年：");
    scanf("%d",&d.year);
    printf("请输入月：");
    scanf("%d",&d.month);
    printf("请输入日：");
    scanf("%d",&d.date);
    if(d.year%4 == 0 && d.year%100!= 0 || _____)    /* 判断该年是否为闰年 */
        _____;            /* 2 月份有 29 天 */
    for(i = 0;i < d.month - 1;i++)
    {
        sum = sum + m[i];       /* 计算该月之前的天数 */
    }
    _____;                /* 计算该日在本月之前的天数 */
    printf("该日是本年的第%d天\n",sum);
}
```

运行结果如下：

请输入年：2016
请输入月：5
请输入日：20
该日是本年的第 141 天

思考：怎样处理月份输入 13 或日期输入 32 的情况？

2．找朋友

实现从朋友记录表中查找某一位朋友的详细信息并显示出来的功能。其中，朋友的信息包含多种不同类型的数据，因此定义了 struct friends 结构实现对朋友信息的描述；main() 函数实现了对朋友信息记录表的初始化操作，然后通过调用 getname() 函数实现朋友姓名的输入，调用 search() 函数实现根据输入的姓名查找朋友，调用 print_result() 函数将查询结果进行输出。

请根据提示填空,完善程序功能。

```c
#include <stdio.h>
#include <string.h>
#include <stdlib.h>
struct friends                              /*定义保存朋友的信息*/
{
    char name[20];                          /*名字*/
    char province[20];                      /*省份*/
    char city[20];                          /*所在城市*/
    char nation[20];                        /*民族*/
    char sex[2];                            /*性别 M/F*/
    int age;                                /*年龄*/
};
void getname (char search_name[]);          /*姓名的输入*/
int search (struct friends friend_list[], char search_name[]); /*根据姓名进行查找*/
void print_result(struct friends friend_list[], int index);   /*显示查找结果*/

int main (void)
{
    int index;
    char search_name[20];
    struct friends friend_list[4] = {
    {"lihan", "liaoning", "huluodao","han","M",19},
    {"zhuqiang", "jiangsu", "changzhu","han","M",19},
    {"wangjiangang", "liaoning", "anshan","han","M",20},
    {"zhanghongwei", "shandong", "zhucheng","han","M",21},
    };                                      /*初始化朋友列表*/

    (void) getname (search_name);           /*获得用户输入*/
    index = search (friend_list, search_name); /*查询*/
    (void) print_result (friend_list,index);   /*打印结果*/
    return 0;
}

void getname (char search_name[])           /*获得用户要查询的对象的名字*/
{
    printf ("Please enter the name of your friends you want to search>>");
    scanf ("%s", _____);               /*输入查询对象的名字*/
}

int search (struct friends friend_list[], char search_name[])   /*查询对象*/
{
    int i;
    for (_____; _____; _____)    /*穷举朋友信息表*/
    { if (strcmp(friend_list[i].name, search_name) == 0) return (i); }
    if (i == 4)
    {
        printf ("I am sorry! there is nobody by the name you enter!\n");
        fflush(stdin);
        getchar();
```

```
        exit (0);
    }
}
void print_result(struct friends friend_list[], int index)     /*打印结果*/
{
    printf ("the imformation of %s:\n", friend_list[index].name);
    printf ("---------------------------------------------------\n");
    printf (" NAME: %-s\n", friend_list[index].name);
    printf ("PROVINCE: %-s\n", friend_list[index].province);
    printf (" CITY: %-s\n", friend_list[index].city);
    printf (" NATION: %-s\n", friend_list[index].nation);
    printf (" SEX: %-s\n", friend_list[index].sex);
    printf (" AGE: %-d\n", friend_list[index].age);
    printf ("---------------------------------------------------\n");
    fflush(stdin);
    getchar();
}
```

运行结果如下：

```
Please enter the name of your friends you want to search>> zhanghongwei
the information of zhanghongwei:
---------------------------------------------------
NAME: zhanghongwei
PROVINCE: shangdong
CITY: zhucheng
NATION: han
SEX: M
AGE:21
---------------------------------------------------
```

7.5 综合设计

利用本章所学的知识编写一个图书馆管理程序，可以实现学生借书、还书和图书查阅功能。

7.5.1 分析与设计

1. 数据结构设计

1) 借书证类型的定义及初始化

学生一般通过本人所持的借书证借书，借书证应该有借书证号、学生姓名和已借书数量等基本信息，所以在这里定义了 struct Card 结构对借书证进行描述：

```
struct Card                       /*借书证类型*/
{   char card_num[10];            /*借书证号*/
    char student_name[20];        /*学生姓名*/
    int book_totle;               /*已借书数量*/
};
```

为了能进行后面功能的实现,创建并初始化一个 struct Card 结构的数组 card,其中存放了 5 位同学的借书证信息,具体如下:

```c
struct Card card[5] = {{"20111101","Zhanjun",3},{"20111103","YangKai",1},
    {"20111113","WuGang",4},{"20111123","Shanglei",2},
    {"20111112","ZhaoKun",5}};
```

2) 书籍结构体类型的定义及初始化

每本书都应该有相关信息的档案记录,如书号、书名、是否借出、借出日期等,其中借出日期又应该包含具体的年、月、日,因此应定义日期结构 struct Date,在此基础上定义书籍结构体类型 struct Book,具体如下:

```c
struct Date                        /* 日期类型 */
{   int year;
    int month;
    int day;
};
struct Book                        /* 书籍类型 */
{   char book_num[10];             /* 书编号 */
    char book_name[20];            /* 书名 */
    struct Date date;              /* 借出日期 */
    int flag;                      /* 借出标志 */
};
```

同样定义并初始化了一个书籍结构的数组,里面存放了 5 本书的原始信息。

```c
struct Book book[5] = {{"305032","History",{0,0,0},1},{"409812","Geogrophy",{0,0,0},1},
    {"213401","English",{0,0,0},1},{"3287463","Maths",{0,0,0},1},
    {"4102102","Physics",{0,0,0},1}};
```

2. 总体设计

该程序要完成的任务较多,下面设计一个菜单函数 menu()来完成功能的选择,用户可以通过选择 1～4 分别实现查询、借书、还书和退出功能。

```c
menu()                             /* 菜单函数 */
{   int op;
    printf("欢迎使用图书管理系统!\n");
    printf("请选择你要进行的操作\n");
    printf("1. 查询图书\n");
    printf("2. 借书\n");
    printf("3. 还书\n");
    printf("4. 退出\n");
    printf("请选择: ");
    scanf(" %d",&op);
    switch(op)
    {   case 1: printf("查询");search();break;
        case 2: printf("借书");borrow();break;
        case 3: printf("还书");returnbook();break;
        case 4: exit(0);break;
```

```
            default: printf("选择错误,退出!");exit(0);break;
    }
}
```

3. 各函数设计

search()函数根据书号进行查阅,并给出所查书目的各项信息。如果所输入的书号存在,则查询该书的状态。如果是已借出状态,则不可再借。如果是未借出状态,则可以进一步选择借书。

borrow()函数实现借书功能,将该书的状态修改为已借出,即"book[i].flag=0;",填写借出的日期:

```
scanf("%d/%d/%d",&book[i].date.year,&book[i].date.month,&book[i].date.day);
```

并将该名学生的借书数量加1:

```
card[i].book_totle = card[i].book_totle + 1;
```

returnbook()函数实现还书功能,把所归还的书的借出标志修改为未借出状态,即"book[i].flag=1;",归还后把借书数量减1:

```
card[i].book_totle = card[i].book_totle - 1;
```

7.5.2 完整的源程序代码

```
#include "stdio.h"
#include "string.h"
#include "windows.h"
struct Card                              /*借书证类型*/
{   char card_num[10];                   /*借书证号*/
    char student_name[20];               /*学生姓名*/
    int book_totle;                      /*已借书数量*/
};
struct Card card[5] = {{"20111101","Zhanjun",3},{"20111103","YangKai",1},
        {"20111113","WuGang",4},{"20111123","Shanglei",2},
            {"20111112","ZhaoKun",5}};
struct Date                              /*日期类型*/
{   int year;
    int month;
    int day;
};
struct Book                              /*书籍类型*/
{   char book_num[10];                   /*书编号*/
    char book_name[20];                  /*书名*/
    struct Date date;                    /*借出日期*/
    int flag;                            /*借出标志*/
};
struct Book book[5] = {{"305032","History",{0,0,0},1},{"409812","Geogrophy",{0,0,0},1},
        {"213401","English",{0,0,0},1},{"3287463","Maths",{0,0,0},1},
```

```c
                    {"4102102","Physics",{0,0,0},1}};

    char num[10];
    void borrow();
    void search();
    void returnbook();
    void menu();

    void menu()                                /*菜单函数*/
    {   int op;
        printf("欢迎使用图书管理系统!\n");
        printf("请选择你要进行的操作\n");
        printf("1. 查询图书\n");
        printf("2. 借书\n");
        printf("3. 还书\n");
        printf("4. 退出\n");
        printf("请选择: ");
        scanf(" %d",&op);
        switch(op)
        {   case 1: printf("查询");search();break;
            case 2: printf("借书");borrow();break;
            case 3: printf("还书");returnbook();break;
            case 4: exit(0);break;
            default: printf("选择错误,退出!");exit(0);break;
        }
    }

    void borrow()                              /*借书函数*/
    {   int i;
        char booknum[10];
        printf("请输入要借阅的书号: ");
        scanf(" %s",booknum);
        for(i = 0;i < 5;i++)         /*把所借出书的借出标志修改为借出状态并填写借出日期*/
        { if(strcmp(booknum,book[i].book_num) == 0)
          {
                if(book[i].flag == 0)
                    printf("这本书已借出!\n");
                else
                {
                    book[i].flag = 0;
                    printf("借出日期填写:(请按年/月/日的顺序,如 2011/9/8)\n");scanf(" %d/%d/%d",&book[i].date.year,&book[i].date.month,&book[i].date.day);
                    break;
                }
          } }
        for(i = 0;i < 5;i++)                   /*借出后把该学生借书的数量加 1*/
            if(strcmp(num,card[i].card_num) == 0)
            {   card[i].book_totle = card[i].book_totle + 1;
```

```c
            break;
        }
    printf("1.确认信息并返回菜单   2.确认信息并退出 \n");
    scanf(" %d",&i);
    if(i==1) menu();else exit(0);
}

void search()                          /*查阅函数,根据书号进行查阅,并给出所查书目的各项信息*/
{   int i;
    char booknum[10];
    printf("请输入要查询的书号：");
    scanf(" %s",booknum);
    for(i=0;i<5;i++)
      if(strcmp(booknum,book[i].book_num)==0)
       {  printf("编号   书名   借出日期   状态\n");
          printf("%s  %s",book[i].book_num,book[i].book_name);
          printf("%4d年%2d月%2d日",book[i].date.year,book[i].date.month,
   book[i].date.day);
          if(book[i].flag==1) printf(" 未借出\n");else printf(" 已借出\n");}
    printf("1.确认信息并返回菜单 2.确认信息并退出\n ");
    scanf(" %d",&i);
    if(i==1) menu();else exit(0);
}

void returnbook()                        /*还书函数*/
{   int i;
    char booknum[10];
    printf("请输入要还的书号：");
    scanf(" %s",booknum);
    for(i=0;i<5;i++)                    /*把所归还的书的借出标志修改为未借出状态*/
       if(strcmp(booknum,book[i].book_num)==0)
        { book[i].flag=1;
           break;}
    if(i>=5) printf("卡号输入错误!");
    for(i=0;i<5;i++)                    /*归还后把借书的数量减1*/
       if(strcmp(num,card[i].card_num)==0)
        {  card[i].book_totle=card[i].book_totle-1;
           break;}
    printf("1.确认信息并返回菜单 2.确认信息并退出 ");
    scanf(" %d",&i);
    if(i==1) menu();else exit(0);
}

void main()                            /*main()函数*/
{   int i;
    char num[10];
    printf("请输入你的卡号");
    scanf(" %s",num);
```

```
    for(i = 0;i < 5;i++)
      if(strcmp(num,card[i].card_num) == 0) break;
    if(i >= 5) {printf("卡号不存在!"); exit(0);}
    else
      menu();
}
```

运行结果如下:

欢迎使用图书管理系统!
请选择你要进行的操作
1. 查询图书
2. 借书
3. 还书
4. 退出
请选择:1
查询请输入要查询的书号:213401
编号   书名   借出日期   状态
213401   English   0 年 0 月 0 日   未借出
1.确认信息并返回菜单   2.确认信息并退出
1
欢迎使用图书管理系统!
请选择你要进行的操作
1. 查询图书
2. 借书
3. 还书
4. 退出
请选择:2
借书请输入要借阅的书号:213401
借出日期填写:(请按年/月/日的顺序,如 2011/9/8)
2011/9/25
1.确认信息并返回菜单   2.确认信息并退出
1
欢迎使用图书管理系统!
请选择你要进行的操作
1. 查询图书
2. 借书
3. 还书
4. 退出
请选择:4

7.6 小结

构造类型是由基本类型导出的类型,本章学习了 C 语言的 3 种构造类型,即结构体、共用体及枚举类型。基本类型的数据分为常量和变量,而构造类型没有常量,只有变量。

1. 枚举数据类型

1) 枚举的概念

当一个变量具有有限个可能值，并且这些值具有可以取整型值和每个值可以有一个名字两个特点时，该变量的值就可以用枚举(enum)描述。所谓"枚举"，就是将变量可取的值一一列举出来，这些值是有意义的直观的符号，这样提高了程序的可读性。

2) 枚举类型的定义和枚举变量的定义

定义枚举(enum)类型的基本形式如下：

enum 枚举类型名 {枚举成员表列};

定义枚举变量的基本形式为

enum 枚举类型名 变量名表列;

另一种定义形式是在定义一个枚举类型的同时定义枚举变量，其形式如下：

enum 枚举类型名 {枚举成员表列} 变量名表列;

只有定义了枚举变量，系统才为该变量分配内存空间。一个枚举变量的值只能是所定义的这几个枚举常量之一。

(1) 可以将枚举常量赋给枚举变量，但不能将一个整数赋给枚举变量。若想将整数值赋给枚举变量必须做强制类型转换。例如：

workday = (enum week_day)7;

等价于

workday = sun;

转换后的值也应该在枚举范围内。

(2) 枚举变量可以进行关系运算。

2. 结构体数据类型

(1) 结构体是可以用于存储不同类型数据的数据结构，组成结构体的数据称为结构体的成员。结构体不是一种具体的数据类型，而是一类数据类型的总称或框架。具体的数据类型由用户定义。所以结构体类型不分配内存，不能赋值、存取、运算。结构体变量分配内存，可以赋值、存取、运算。

(2) 在使用结构体之前要先定义一个结构体类型，然后再用定义出来的结构体类型定义结构体变量。

(3) 结构体变量不能作为整体进行输入、输出，只能对结构体变量成员进行操作。

printf("%8d%9s%c4%4d%6.1f%4d\n",stu1);   /*错误*/

(4) 结构体变量不能整体赋值。

stu[1] = {201101,"Gao pin",'m',18,96.6,6};   /*错误/*

(5) 结构体变量不能整体进行比较。

if(stu[1] == stu[2])   /*错误*/

(6) 结构体成员可进行各种运算、赋值、输入、输出。

(7) 对结构体成员的引用还可通过指针方式进行引用。

3. 共用体数据类型

(1) 共用体的定义虽然是以结构体为基础的,但与结构体有着本质的区别。共用体是多种数据的覆盖存储,一个共用体变量可以有多个数据成员,这些数据成员共享同一个存储空间,系统将按最长的一个数据成员占用的空间作为该共用体变量的存储空间。不过,这些共享同一个存储空间的数据不可以同时使用。对于结构体来说,由于结构体中不同的成员分别使用不同的内存空间,因此一个结构体所占内存空间的大小应该是结构体中每个成员所占内存大小的总和,而且结构体中的每个成员相互独立,不占用同一个存储单元。

(2) 共用体定义的一般形式如下：

```
union  共用体名
{
    成员1定义;
    成员2定义;
    …
    成员n定义;
};
```

(3) 共用体变量的定义与结构体相似,可以用以下3种方式定义。

① 用共用体类型名定义共用体变量。

② 在定义共用体类型的同时定义共用体变量。

③ 不定义类型直接定义共用体变量。

(4) 共用体成员可以通过以下两种方法引用。

① 用成员运算符直接引用。

② 用指针方式引用。

习 题 7

1. 选择题

(1) 已知学生记录描述为

```
struct student
{   int no;
    char name[20];
    char sex;
    struct
    {
```

```
        int year;
        int month;
        int day;
    } birth;
};
    struct students;
```

设变量 s 中的"生日"应是"1984 年 11 月 11 日",下列对"生日"的赋值正确的是(　　)。

  A. year = 1984; month = 11; day = 11;

  B. birth.year = 1984; birth.month = 11; birth.day = 11;

  C. s.year = 1984; s.month = 11; s.day = 11;

  D. s.birth.year = 1984; s.birth.month = 11; s.birth.day = 11;

(2) 当说明一个共用体变量时系统分配给它的内存是(　　)。

  A. 各成员所需内存量的总和

  B. 结构中第一个成员所需的内存量

  C. 成员中占用内存量最大者所需的容量

  D. 结构中最后一个成员所需的内存量

(3) 在说明一个结构体变量时系统分配给它的存储空间是(　　)。

  A. 该结构体中第一个成员所需的存储空间

  B. 该结构体中最后一个成员所需的存储空间

  C. 该结构体中占用最大存储空间的成员所需的存储空间

  D. 该结构体中所有成员所需的存储空间的总和。

(4) C 语言共用体类型变量在程序运行期间(　　)。

  A. 所有成员一直驻留在内存中 B. 只有一个成员驻留在内存中

  C. 部分成员驻留在内存中 D. 没有成员驻留在内存中

(5) 下面对 typedef 的叙述不正确的是(　　)。

  A. 用 typedef 可以定义各种类型名,但不能用来定义变量

  B. 用 typedef 可以增加新类型

  C. typedef 只是将已存在的类型用一个新的标识符来代表

  D. 使用 typedef 有利于程序的通用和移植

(6) 设有以下枚举类型定义:

enum color{ red = 3, yellow, blue = 10, white, black } ;

其中枚举量 black 的值是(　　)。

  A. 7 B. 15 C. 14 D. 12

(7) 有以下程序:

```
# include <stdio.h>
union pw
{
    int i;
    char ch[2];
} a;
```

```
void main()
{
    a.ch[0] = 13;
    a.ch[1] = 0;
    printf("%d\n",a.i);
}
```

程序的输出结果是（　　）。

  A. 13　　　　　　　B. 14　　　　　　　C. 208　　　　　　　D. 209

(8) 以下对枚举类型名的定义正确的是（　　）。

  A. enum a = {a,b,c};　　　　　　　B. enum a{a=5,b=3,c};

  C. enum a = {"a","b","c"};　　　　D. enum a{"a","b","c"};

(9) 以下程序的输出结果是（　　）。

```
#include <stdio.h>
union myun
{
    struct  {   int x,y,z;  }u;
    int k;
}a;
void main()
{   a.u.x = 4;
    a.u.y = 5;
    a.u.z = 6;a.k = 0;
    printf("%d\n",a.u.x);
}
```

  A. 4　　　　　　　B. 5　　　　　　　C. 6　　　　　　　D. 0

(10) 以下关于枚举的叙述不正确的是（　　）。

  A. 枚举变量只能取对应枚举类型的枚举元素表中的元素

  B. 可以在定义枚举类型时对枚举元素进行初始化

  C. 枚举元素表中的元素有先后顺序，可以进行比较

  D. 枚举元素的值可以是整数或字符串

2. 填空题

(1) 以下程序中的变量 col 是_____类型的变量。

```
enum color {black,blue,red,green,white}
enum color col;
```

(2) 以下程序的运行结果是_____。

```
#include <stdio.h>
typedef union {
    long a[2];
    char b[8];
    int c[4];
}MYTYPE;
```

```
MYTYPE them;
void main(){
   printf("%d\n",sizeof(them));
}
```

(3) 在 C 语言编译中对枚举元素按常量处理,故称为枚举常量,不能对它们_____。

(4) 设已经定义"union{char a;int b;}vu;",在 VC 中存储 char 型数据需要 1 字节,存储 int 类型需要 4 字节,则存储变量 vu 需要_____字节。

3. 编程题

(1) 定义一个保存一个学生数据的结构变量,其中包括学号、姓名、性别、家庭住址及 3 门课的成绩,从键盘输入这些数据并显示出来。

(2) 定义一个结构体,它有姓名、基本工资和岗位工资 4 个成员,声明一个该结构的结构体数组。对其元素按表 7.1 初始化,然后打印每个人的姓名和工资总额。

表 7.1　编程题(2)

姓　　名	基本工资(元)	岗位工资(元)
李红	945.00	1400.00
刘强	920.00	1450.00

(3) 在上题结构定义的基础上于 main()函数中输入 5 个人员的信息,然后输出应发的工资总额、工资数最大者和最小者信息。

本章实验实训

【实验目的】

(1) 熟练掌握结构体的定义方法。
(2) 熟练掌握结构体变量的定义与赋值方法。

【实验内容及步骤】

假设有 3 个科目、3 个学生,求平均分最高的学生的名字和平均分。

```
#include "stdio.h"
struct student
{
    char name[20];
    float English;
    float Math;
    float History;
};
main()
{
    struct student s[3];
```

```c
    int i,j;
    float sum[3],ave[3],max;
    for(i = 0;i < 3;i++)
    {
        printf("请输入第%d位同学的姓名",i+1);
        scanf("%s",s[i].name);
        printf("请输入第%d位同学3门课的成绩",i+1);
        scanf("%f%f%f",&s[i].English,&s[i].Math,&s[i].History);
    }
    for(i = 0;i < 3;i++)
    {
        printf("第%d位同学的姓名%s\n",i+1,s[i].name);
        printf("第%d位同学3门课的成绩%f %f %f\n", i + 1, s[i].English, s[i].Math, s[i].History);
    }
    for(i = 0;i < 3;i++)
    {
        sum[i] = s[i].English + s[i].Math + s[i].History;
        ave[i] = sum[i]/3;
        printf("第%d位同学的平均分是%f\n",i+1,ave[i]);
    }
    max = ave[0];
    j = 0;
    for(i = 1;i < 3;i++)
    {
        if(ave[i]> max)
        {
            max = ave[i];
            j = i;
        }
    }
    printf("平均分最高的是%s,分数为%f\n",s[j].name,max);
}
```

第 3 部分　深入篇

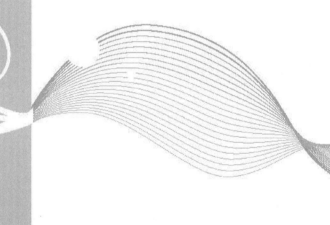

第8章　指针

第9章　文件

第 8 章 指针

C 语言程序中的变量必须先定义后使用。对于已定义的变量，编译程序在编译时会根据变量的数据类型在内存中分配一个或多个连续的存储单元，其首地址（第 1 个单元的地址）即为该变量的地址。这个地址就像一个路标，指向要进行存取的位置，故称为指针。存放指针的变量称为指针变量。也就是说指针变量是一个变量，指针变量的内容是另外一个变量的地址。

在程序中对变量访问时，编译程序按变量名查找其首地址，然后根据其数据类型所确定的存储单元个数进行数据的存取操作。前面所介绍的存取变量的方式就属于该种形式，称为直接访问。而通过指针变量访问变量的形式称为间接访问，这种方式像我们要找到宝藏，必须先找到埋宝藏的地址，才能根据地址找到宝藏。

8.1 用函数实现变量值的交换

在前面已经介绍过交换两个变量 x、y 的值的操作，大家很熟悉的方式是使用一个第三方空间 t，通过 3 个步骤实现，即{t＝x;x＝y;y＝t;}，但是如果用函数来实现此操作（引入指针）就会有返回值个数受限的问题。

8.1.1 分析与设计

由于 C 语言是函数式的编程语言，当把该功能写成一个函数时，所用代码如下：

```
int swap(int p,int q)
{   int t;
    t = p;p = q;q = t;
    …
}
void main()
{
    int x,y;
    scanf("%d%d",&x,&y);
    swap(x,y);
    printf("%d%d",x,y);
}
```

在这种方法中，main()函数中的变量 x、y 作为实参将其值单向传递给了 swap()函数

的形参 p、q，在函数内实现了 p 和 q 的交换，但是却无法把交换后的两个值都返回给主调函数。因为在该种调用中参数传递采用的是单向值传递的方式，要想得到结果值，就要通过 return 语句进行返回，而 C 语言中被调函数只能向主调函数返回一个值，故采用普通类型的变量作为参数就无法将改变后的两个结果值都返回主调函数。

解决该问题的办法有以下两种。

一种简单的方法就是将其中的变量定义为全局变量，使其携带结果值返回。但全局变量一经定义就从定义处开始在整个程序执行过程中都有效，都占用存储空间，直到程序结束。该方法既浪费空间，又不利于程序的模块化结构设计，不提倡使用。

另一种方法就是使用指针类型的变量作为函数的参数。C 语言中实参变量和形参变量之间的数据传递是单向的"值传递"方式，指针变量作为函数参数也要遵循这一规则。被调函数不能改变实参指针变量的值，但可以改变实参指针变量所指变量的值。用指针变量作为参数就能使被调函数和主函数在同一变量上操作，从而得到多个返回值。

例 8-1 输入两个变量，通过函数调用实现其值的交换。

```c
#include "stdio.h"
void swap(int *p1,int *p2)
{
    int t;
    t = *p1;
    *p1 = *p2;
    *p2 = t;
}
void main()
{
    int x,y;
    scanf("%d %d",&x,&y);
    swap(&x,&y);
    printf("\n%d %d",x,y);
}
```

运行情况如下：

1 8
8 1

说明：

(1) 在该程序中，形参 p1 和 p2 是指针变量，调用时遵循"单向值传递"的原则，将变量 x 和 y 的地址传递给 p1 和 p2，使 p1 指向变量 x、p2 指向变量 y。通过 p1 和 p2 的操作交换变量 x 和 y 的值，达到改变多个变量值的目的。

(2) 参数传递过程解析。

① 在 main() 函数中，从键盘输入两个整数存放到变量 x、y 的地址中，如图 8.1(a) 所示。

② 在调用 swap() 函数时，形参 p1 和 p2 被分配了存储单元，实参(变量 x 和变量 y 的地址)对应传递给形参 p1 和 p2，使得 p1 指向变量 x、p2 指向变量 y，如图 8.1(b) 所示。

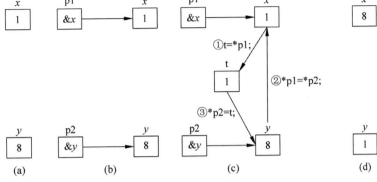

图 8.1 参数传递及数据交换示意图

③ 在 swap() 函数中,利用普通变量 t 将 p1、p2 指针所指向的变量的值进行交换,得到图 8.1(c) 所示的结果。

④ swap() 函数调用完毕,释放形参 p1 和 p2 所占用的存储单元并返回 main() 函数,这时在 main() 函数中得到图 8.1(d) 所示的结果,实现了变量 x 和 y 的交换,没有使用任何返回操作就得到了两个操作结果值。

8.1.2 指针的定义及运算

1. 定义指针变量的语法格式

类型说明符 * 指针变量名 1, * 指针变量名 2, …;

其中, * 表示变量为指针类型,以区别普通变量;"类型说明符"表示该指针变量所能指向的变量类型,可以是任何一种已有的数据类型。指针变量可以在定义时就进行初始化。

2. 指针类型的相关运算

1) 取地址运算符 &

"&"是单目运算符,用在变量前,作用是取得变量的地址(即变量的指针),常用于给指针变量赋值。例如,有以下定义:

```
float f1 = 2.5, f2[] = {1.0, 2.0, 3.0};
float * fp1 = &f1, * fp2 = f2;
```

则建立了指针变量 fp1 指向变量 f1,指针变量 fp2 指向数组 f2 的首元素(相当于 fp2=&f2[0])的指向关系。

注意:f2 是一个数组名,为什么能把一个数组名赋给一个指针变量呢?这是因为数组名是一个地址常量(即指针常量),它既是数组的起始地址,也是数组首元素的地址,所以有上述用法。

各种对象的地址分别如下所述。

(1) 变量的地址:取变量地址运算符 &。

(2) 数组的地址:数组名(为数组第一个元素的地址),由编译系统确定,为常量。

(3) 函数的地址：函数名(为函数程序代码的入口地址)。

2) 间接访问运算符 *

"*"是单目运算符,也称为取值运算符,用在指针或已有确切指向的指针变量前,得到该指针所指向的变量值。它与"&"互为逆运算,同时出现时可抵消。

例如,对 1)中定义的变量 f1,它的指针(地址)是 &f1。

对 &fp1 做取值运算的表达式为 *(&fp1),等效于直接访问 fp1,得到变量 f1 的地址；对 fp1 做取值运算的表达式为 *fp1,等效于直接访问 f1,得到变量 f1 的值 2.5。

3) 指针的赋值运算

指针变量必须被赋予一个地址值,例如:

```
p = &a;              /*将变量 a 的地址赋给 p*/
p = array;           /*将数组 array 的首地址赋给 p*/
p = &array[i];       /*将数组 array 的第 i 个元素的地址赋给 p*/
p = max;             /*max 为已定义的函数,将 max 的入口地址赋给 p*/
p1 = p2;             /*p1 和 p2 都是指针变量,将 p2 的值赋给 p1*/
```

注意：不能把一个整数赋给指针变量。

例 8-2　上机运行以下程序,体会指针的概念和运算。

```
#include "stdio.h"
void main()
{   char c1 = 'a',c2 = 'b',c3 = 'c';
    float f1 = 90.0,f2 = 80.5,f3 = 70.0;
    char *pc = &c1;
    float *pf = &f1;
    printf("&c1 = %x,c1 = %c;&f1 = %x,f1 = %4.1f\n",pc,*pc,pf,*pf);
    pc = &c2;pf = &f2;
    printf("&c2 = %x,c2 = %c;&f2 = %x,f2 = %4.1f\n",pc,*pc,pf,*pf);
    pc = &c3;pf = &f3;
    printf("&c3 = %x,c3 = %c;&f3 = %x,f3 = %4.1f\n",pc,*pc,pf,*pf);
}
```

程序运行结果:

&c1 = 12ff7c,c1 = a;&f1 = 12ff70,f1 = 90.0
&c2 = 12ff78,c2 = b;&f2 = 12ff6c,f2 = 80.5
&c3 = 12ff74,c3 = c;&f3 = 12ff68,f3 = 70.0

注意：

(1) 指针变量只能指向它在定义时指定的数据类型,不能指向其他数据类型。如例 8-2 中若有语句"pc=&f1",则该语句是错误的,因为指针变量 pc 是 char 类型,而变量 f1 是 float 类型,二者类型不一致。

(2) * 在定义变量时仅仅表示该变量是指针变量,如"char *pc;",* 在引用变量时表示取该指针指向的地址的值,如例 8-2 最后一条输出语句中的 *pf 表示取变量 f3 的值,请大家务必分清 * 在定义时和引用时分别表示的含义,这是 C 语言初学者最容易混淆的地方。

8.2 数组与指针

在 C 语言中,指针和数组之间的关系十分密切,有的人甚至认为它们之间可以互换。实际上,编译器在编译时就是将数组的下标转换成指针。

8.2.1 指向一维数组的指针

例 8-3 用指针实现从键盘上输入一维数组的元素并将其打印出来的功能。

```
#include "stdio.h"
void main()
{   int *p,i,a[10];
    p = a;                          /*确定指针指向*/
    for(i = 0;i < 10;i++)
      scanf("%d",p++);              /*指针绝对移动引用*/
    printf("\n");
    p = a;                          /*指针复位*/
    for(i = 0;i < 10;i++)
      printf("%2d",*(p+i));         /*指针相对移动引用*/
}
```

运行情况如下:

1 2 3 4 5 6 7 8 9 10
 1 2 3 4 5 6 7 8 9 10

说明:

如有定义:

int a[10], *p = a;

就可以用数组名和下标或指针变量方式操作数组,其对应性如图 8.2 所示。

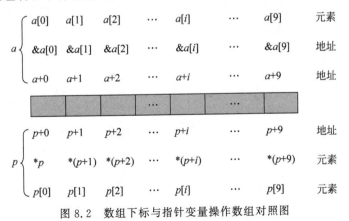

图 8.2 数组下标与指针变量操作数组对照图

由图 8.2 可以看出,当指针变量被定义指向一个数组后数组名和指针变量名几乎可以混用,这是因为一维数组名是一个指向该数组起始元素的指针。

注意：数组名不能出现在赋值运算符的左边,也不能进行自增、自减运算,因为数组名是地址(指针)常量,而指针变量则可以通过这些运算实现重定义指向关系以及进行数组元素的遍历访问等操作。

例 8-4 4 种访问数组的方法。

```
#include "stdio.h"
void main()
{   int i;
    int test[] = {20,30,90,80};
    int *p = test;
    printf("array test printed \n");
    printf(" array subscript notation \n");
    for(i = 0;i <= 3;i++)          /*数组名加下标*/
        printf("test[%d] = %d\n",i,test[i]);
    printf("\n array & offset notation \n");
    for(i = 0;i <= 3;i++)          /*数组名加偏移量*/
        printf("*(test + %d) = %d\n",i,*(test + i));
    printf("\n pointer subscript notation \n");
    for(i = 0;i <= 3;i++)          /*指针加下标*/
        printf("pointer[%d] = %d\n",i,p[i]);
    printf("\n pointer & offset notation \n");
    for(i = 0;i <= 3;i++,p++)      /*指针加1*/
        printf("*(pointer + %d) = %d\n",i,*p);
}
```

8.2.2 指针指向数组时的运算

指针一旦指向数组,指针的算术运算就有了以下具体含义。

1. 指针与整数的加减法

指针加上(减去)一个整数 n,得到的结果仍是指针,表示指针由当前的位置向前(向后)移动 n 个数据位置。这一操作要求指针指向连续存放的若干同类型的数据,并且移动 n 个数据位置后指针仍然指向这片数据时才有意义。

2. 自增/自减运算

指针进行自增/自减运算,结果仍然为指针,可以使指针向前(++)或向后(——)移动一个数据位置,要求同上。

在使用时要注意 * 和 ++(——)运算的优先级。例如,有以下定义:

int a[10], *p = &a[3];

则

(1) *p++: 相当于 *(p++),即 p 访问 a[3]之后再指向 a[4]。

(2) (*p)++: 将 a[3]元素的值增 1,p 仍然指向 a[3]。

(3) *——p: 相当于 *(——p),即 p 指向 a[2]之后再访问 a[2]。

(4) ——(*p): a[3]元素的值将减 1,p 仍然指向 a[3]。

3. 指针减法运算

指针相减反映出两个指针之间相隔的数据个数,要求这两个指针都指向同一个数组、字符串或链表,否则两个不相干的指针相减没有意义。

4. 指针的关系运算

两个指向同种数据类型的指针可做关系运算,运算结果为 0 或 1。指针的关系运算表示它们所指向的地址之间的关系。

(1) <、<=、>=、>:判断两个指针指向的数据位置的前后关系。

(2) ==、!=:判断两个指针是否指向同一个数据。

8.2.3 指向二维数组的指针

二维数组相当于由一维数组(行)组成的一维数组(列),因此二维数组的数组名可以看作:

(1) 对于行来说,它是一个指向该二维数组起始行的一级指针;

(2) 对于元素来说,它是一个指向该二维数组的第一个元素的二级指针。

假如有以下定义语句:

```
int a[3][4];
```

则有如表 8.1 所示的对应关系。

表 8.1 二维数组的形式及含义

表 示 形 式	含 义
A	二维数组名,数组首地址
a[i]、*(a+i)、*a	第 i 行第 0 列元素的地址
a+i	第 i 行地址
a[i]、*(a+i)	第 i 行第 0 列元素的地址
a[i]+j、*(a+i)+j、&a[i][j]	第 i 行第 j 列元素的地址
(a[i]+j)、(*(a+i)+j)、a[i][j]	第 i 行第 j 列元素的值

如果定义一个指针指向该二维数组,则凡是以上出现数组名的地方都可以用该指针变量代替,其含义也一致,使用的要求和指向一维数组时的要求一致。

8.3 用指针操作字符串

8.3.1 分析与设计

C 语言中的字符串是用字符数组来实现的,对字符串的处理同样可以采用字符数组或字符类型的指针两种方式。用数组处理字符串在前面已经介绍过,这里介绍用指针实现字符串操作(打印三角形)的几个实例,以帮助读者对照体会指针的灵活性与高效性。

例 8-5　用指向字符串的指针输出一个三角形。

```
#include "stdio.h"
void main()
{   char *s="******";
    for( ;*s!='\0';s++)
    {   puts(s);putchar('\n');}
}
```

```
******
*****
****
***
**
*
```

运行结果如图 8.3 所示。　　　　　　　　　　　图 8.3　例 8-5 的运行结果

说明：字符串输出函数能根据字符串的首地址逐个输出字符,直到'\0'结束输出。指针开始指向字符串的头,字符串输出函数输出整个字符串(6 个星号),如图 8.4 所示。下一次循环,指针 s 加 1,指向第二个字符,字符串输出函数从第二个字符开始输出整个字符串(5个星号)。每次循环指针 s 加 1,所输出的字符逐渐减少,输出最后一个字符后指针加 1,指向'\0',结束循环。

思考：如果要输出如图 8.5 所示的图形,程序又该如何设计？

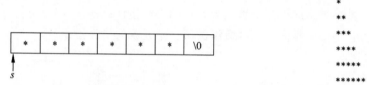

```
*
**
***
****
*****
******
```

图 8.4　指针指向字符串　　　　　图 8.5　例 8-5 中指针所指向的字符串

例 8-6　编写函数实现测试字符串长度。

```
int slen(char *s)
{   int len=0;
    while(*s++)    /*指针 s 每向后移一个字符计数一次,直到遇到空字符*/
      len++;
    return(len);
}
```

请编写 main()函数,调用该函数测试某字符串的长度。

例 8-7　编写函数实现字符串复制。

```
void scpy(char *dest,char *src)    /*复制源串 src 到目的串 dest*/
{
    while((*dest++ = *src++)!='\0');
}
```

说明：dest 和 src 是两个指向字符串的指针。在函数调用时,分别把目的字符串和源字符串的起始地址传给 dest 和 src。然后把 src 指向的字符对应赋值到 dest 所指向的空间,接着各自移动一个字符空间,进行下一个字符的赋值,直到遇到空字符'\0'。

例 8-8　编写函数实现字符串的比较。

对两个字符串中的字符一一进行比较,若两个字符串中的字符完全相同,返回 0；若两个字符串中有不同的字符,返回最先出现不同的两个字符的差值。

```
int scmp(char * s,char * t)
{   while( * s == * t)                  /* 在两个字符串中寻找出现对应字符不同的位置 */
    {   if( * s == '\0') return 0;      /* 找到'\0',说明两个字符串完全相等 */
        s++;t++;}
    return( * s - * t);                 /* 返回两个对应位置上不同的字符差值 */
}
```

说明：该函数的调用有 3 种返回值，即正值、0、负值，其中正、负具体值由参与比较的字符串本身所决定。例如：

strcmp("abc","aBc")的返回值为：32 ('b' - 'B' = 32)
strcmp("abc","abc")的返回值为：0 (直到字符串结束都相同)
strcmp("abc","aec")的返回值为：-3 ('b' - 'e' = -3)

例 8-9　将字符数组中的字符串逆序存放。

```
#include "stdio.h"
#include "string.h"
void srev(char * s)
{   char * head = s, * tail;
    char temp;
    tail = s + (strlen(s) - 1);         /* 指向倒数第一个元素 */
    while(head < tail)                   /* 进行反转操作循环 */
    {   temp = * tail;                   /* 从倒数第一个元素开始 */
        * tail = * head;
        * head = temp;
        head++;tail -- ;                 /* 对调后分别指向下一个元素 */
    }
}
void main()
{   char test[] = {"this is the test. "};
    printf(" % s\n",test);
    srev(test);
    printf(" % s\n",test);
}
```

运行情况如下：

this is the test.
.tset eht si siht

说明：该程序设置了头、尾两个指针 head 和 tail。在 main()函数中调用 srev()函数，通过实参和形参的值传递将实参 test 数组的首地址传递给形参 s，将 head 的初值设置为指向该数组的首地址，tail 指向字符串的最后一个元素('\0'除外)。然后就开始将第一个数据和最后一个数据交换，第二个数据和倒数第二个数据交换，以此类推，每交换一次，head 加 1，tail 减 1，直到二者相遇，完成反转操作。

其中数据的交换是通过一个辅助存储单元 temp 实现的，其交换过程如图 8.6 所示。

8.3.2　使用字符数组与字符指针变量的区别

虽然用字符指针变量和字符数组都能实现字符串的存储和处理，但二者是有区别的，不

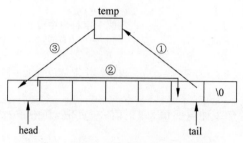

图 8.6 字符串转置的交换过程示意图

能混为一谈。

(1) 存储内容不同：字符指针变量存储的是字符串的首地址，而字符数组中存放的是字符串本身（数组的每个元素存放一个字符）。

(2) 赋值方法不同：对于字符指针变量可采用下面的赋值语句赋值。

char * pointer; pointer = " this is an example";

而字符数组虽然可以在定义时初始化，但不能用赋值语句整体赋值，下面的用法是非法的：

char array[20]; array = " this is an example";

(3) 指针变量的值是可以改变的，字符指针变量也不例外。

例如：

```
#include<stdio.h>
void main()
{
    char *a="i love china!";
    a=a+7;
    printf("%s",a);
}
```

结果：

china!

指针变量的值可以变化，输出字符串时从 a 当时所指向的单元开始输出各个字符，直到遇到'\0'为止。数组名代表数组的首地址，是一个常量，而常量是不可以改变的，下面是错误的：

```
char str[]=" i love china";
str=str+7;                /* str 表示的是首地址,是一个常量,不能赋值 */
printf("%s",str);
```

再如：

```
#include<stdio.h>
void main()
{
```

```
        char  * a = "i love china" ;
        int i;
        printf("the sixth character is %c\n" ,a[5]);
        for(i = 0; a[i]!= '\0'; i++)
        {
            printf(" %c" ,a[i]);
        }
    }
```

结果:

the sixth character is e
i love china.

在程序中虽然没定义数组 a,但字符串在内存中是以字符数组形式存放的,$a[5]$ 按 $*(a+5)$ 执行。

从以上几点可以看出字符串指针变量与字符数组在使用时的区别,同时也可以看出使用指针变量处理字符串更加方便。

8.4 指针与函数

视频讲解

8.4.1 用指向函数的指针实现函数调用

由于系统在编译时都给函数分配一个入口地址,这个函数的入口地址称为函数的指针,这样就可以用一个指针变量指向函数,然后通过该指针变量调用此函数。

例 8-10 用指向函数的指针实现求两数之和的函数调用。

程序如下:

```
#include "stdio.h"
int add(int x,int y)
{
    return(x + y);
}
void main()
{
    int add(int,int);
    int ( * p)(int,int);
    int a,b,c;
    p = add;
    scanf(" %d %d",&a,&b);
    c = ( * p)(a,b);
    printf("a= %d,b= %d,a+b= %d\n",a,b,c);
}
```

main()函数中的语句"int (* p)(int,int);"用来定义 p 是一个指向函数的指针变量,该函数有两个整型参数,函数返回值为整型。

语句"p=add;"的作用是将 add()函数的入口地址赋给指针变量 p,p 就是指向 add()

函数的指针变量。

语句"c=(*p)(a,b)"和语句"c=add(a,b);"等价,完成对 add()函数的调用。

说明:

(1) 指向函数的指针变量的一般定义形式如下:

数据类型(*指针变量名)(函数参数表列);

这里的"数据类型"是指函数返回值的类型。

(2) 函数的调用可以通过函数名调用,也可以通过函数指针调用。

(3) 语句"int(*p)(int,int);"定义了一个指向某种类型函数(这里是返回值为整型、有两个整型参数的函数)的指针变量 p,它可以指向该种类型的其他函数。

(4) 在给函数的指针变量赋值时只需给出函数名而不必给出参数。例如"p=add(a,b);"就是错误的。

(5) 在调用时只需用(*p)代替函数名即可。

(6) 对于指向函数的指针变量,指针的运算是无意义的。

有人可能会问,既然用指针调用函数与用函数名调用函数都可以完成对函数的调用,为何还要使用指针来调用函数?是否多此一举?

实际上,引入指向函数的指针的根本目的是在 C 语言的深入应用中用来把指针作为参数传递到其他函数,通过一个指针达到调用多个函数的目的(一箭多雕),以实现结构化程序设计方法的原则。

例 8-11 一箭三雕用指针操作函数。输入 a 和 b 两个数,编写一个 process()函数,调用它分别实现不同的功能。第一次调用 process()函数时求 a 和 b 的和,第二次调用时求 a 和 b 的差,第三次调用时求 a 和 b 的积。

```
#include "stdio.h"
void main()
{    float add(float,float);
     float sub(float,float);
     float mul(float,float);
     void process(float,float,float(*p)(float,float));
     float a,b;
     printf("enter a and b: ");
     scanf("%f,%f",&a,&b);
     printf("sum = ");
     process(a,b,add);
     printf("sub = ");
     process(a,b,sub);
     printf("mul = ");
     process(a,b,mul);
}

float add(float x,float y)
{    return(x+y);}

float sub(float x,float y)
{    return(x-y);}
```

```
float mul(float x,float y)
{   return(x * y);}

void process(float x,float y,float( * p)(float,float))
{   float result;
    result = ( * p)(x,y);
    printf(" % f\n",result);
}
```

运行结果如下：

```
enter a and b: 2.5, 3.6
sum = 6.100000
sub = - 1.100000
mul = 9.000000
```

说明：

(1) 在定义 process()函数时,在形参部分用 float(* p)(float,float)定义了 p 是指向函数的指针,该函数是一个单精度函数,有两个单精度形参。add()、sub()、mul()函数都属于该种类型,均可用 p 指针进行指向和调用。

(2) 在 main()函数中,3 次对 process()的调用分别完成了对 add()、sub()和 mul()的执行,函数 process()的定义没有变化,只是在调用 process()时改变实参函数名而已,可称为一箭三雕,这种方法增加了函数使用的灵活性。

8.4.2 返回指针值的函数

一个函数可以返回一个整型值、字符值、实型值等,也可以返回指针型的数值,即地址。其概念与之前类似,只是返回值的类型是指针类型而已。

这种返回指针值的函数的一般定义形式如下：

类型名 * 函数名(参数表列)

例如：

int * fun(int x, int y);

fun 是函数名,调用它之后能得到一个指向指针型数据的指针(地址)。x、y 是 fun()函数的形参,为整型。注意在 * fun 的两侧没有括号,在 fun 的两侧分别为 * 运算符和()运算符。()的优先级高于 * ,因此 fun 先与()结合,形成 fun()函数形式。这个函数前面有一个 * ,表示此函数是指针型函数(函数值是指针)。最前面的 int 表示返回的指针指向整型变量。

这种应用在"数据结构"课程中较为广泛,这里不再详述。

8.5 指针数组和指向指针的指针

8.5.1 指针数组的概念

一个数组的元素均为指针类型数据,称为指针数组。指针数组中的每一个元素都是指

针变量,指针数组的定义形式如下:

类型名 * 数组名[数组长度说明];

例如:

```
int *p[5];
```

定义了一个指针数组 p,它有 5 个元素,每个数组元素都指向一个整型变量。

为什么要使用指针数组呢?因为它比较适合于指向若干个字符串,使字符串处理更加方便、灵活。

例如,要将计算机专业的所有课程名称存储起来,一般情况下有人会想到使用一个存储字符类型的二维数组,该数组的每一行对应一个课程的名称。如果现在有 20 门课,最大课程的长度不超过 30 个字符,则可以使用一个 20×30 的二维数组来存储它,如表 8.2 所示。

表 8.2　用二维数组存储课程名称表

数组存储空间	课程英文名称存储形式
subjects[0][0]～subjects[0][29]	Operating System\0
subjects[1][0]～subjects[1][29]	Networks\0
subjects[2][0]～subjects[2][29]	Software Engineering\0
subjects[3][0]～subjects[3][29]	Maths\0
subjects[4][0]～subjects[4][29]	Data Structure\0
…	…

这样存储这 20 门课程名称的做法非常简单,而且容易理解。但是它存在很大的不足,一是课程名称的长度不一样,仅仅因为 Software Engineering 的长度较长,所有其他行的长度就必须和它一样,就会造成大量静态存储空间的浪费。对于像 Maths 这样的短名称来说,也要占用那么多的资源,就很不合理。另外,由于限定了课程名称的最大长度只能为 30 个字符,那么当一门新开课程的名称长度超过了 30 时就无法将它存入数组。因此,使用二维字符数组的做法不是最好的选择,可以使用指针数组来实现。

将数组中的每一个元素定义为一个指向字符串常量的指针,那么在访问课程名称时只需要查找到课程对应的数组下标,然后根据下标查找到字符串常量的指针,再取出它的值就可以了。其具体存储方式如图 8.7 所示。

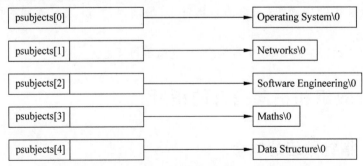

图 8.7　用指针数组指向字符串的存储方式

由图 8.7 可知，需要用二维数组解决的问题只需要一个一维指针数组就可以完成。使用指针数组既可以利用数组方便查找，又可以根据实际需要分配恰当的存储空间，完美地解决了前面采用多维字符数组存储所带来的问题。

例 8-12 使用指针数组存储多个字符串的示例。

```
#include "stdio.h"
#define NUM 5
char *psubjects[NUM] = {{"Operating System"},{"Networks"},
                        {"Software Engineering"},{"Maths"},{"Data Structure"}};
void main()
{   int i;
    for(i=0;i<NUM;i++)
       printf("%s\n",psubjects[i]);
}
```

运行结果如下：

```
Operating System
Networks
Software Engineering
Maths
Data Structure
```

8.5.2 指向指针的指针

在掌握了指针数组的概念的基础上，下面介绍指向指针数据的指针变量，简称为指向指针的指针。从图 8.7 可以看到，psubjects 是一个指针数组，数组名 psubjects 代表该指针数组首元素的地址，它的每个元素是一个指针型数据，其值为地址。对于这些指针数组或指针型数据，还可以设置一个指针变量用来实现指向和操作。指向指针数据的指针变量的定义形式如下：

类型名 ** **指向指针的指针变量名；**

例如：

```
char **ps;
```

这里的 ps 就是一个指向 char 类型的指针型数据的指针变量名。下面令它指向例 8.12 中的 char 类型的指针数组 psubjects，即 ps=psubjects，则执行"ps=ps+2;"语句后 ps 指针的指向如图 8.8 所示。

此时如果执行以下语句：

```
printf("%x\n",*ps);
printf("%s",*ps);
```

得到的结果如下：

```
1ba
Software Engineering
```

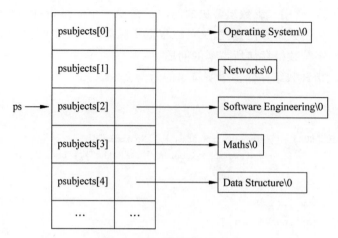

图 8.8 指向指针数组的指针

其中,第一行的 1ba 是 psubjects[2] 的值,是一个地址,该地址是字符串 Software Engineering 的起始地址;第二行的 Software Engineering 则是 psubjects[2] 所指向的字符串。当然,指针数组的元素也可以不指向字符串,而是指向整型数据或实型数据。指向指针的指针也可以指向一般的单个变量,例如:

```
int a = 5;
int * p, ** pp;
p = &a;                    /* p 指向变量 a */
pp = &p;                   /* pp 指向指针变量 p */
```

则 *p 得到的是变量 a 的值,为 5; *pp 得到的是指针变量 p 的值,即变量 a 的地址; ** pp 得到的是指针变量 p 所指向的变量 a 的值,为 5。

一般来说,对单个变量设置指向指针的指针没有太大的意义,这里就不多加讨论了。

8.5.3 指针数组作为 main() 函数的参数

指针数组的一个重要应用是作为 main() 函数的形参。在以往的程序中,main() 函数的第一行一般写成以下形式:

void main()

在括号中没有参数,实际上,main() 函数可以有参数。带参数的 main() 函数的原型如下:

void main(int argc, char * argv[])

argc 和 argv 就是 main() 函数的形参。argc 是指命令行中参数的个数,argv 是一个指向字符串的指针数组。main() 函数是由系统调用的,那么 main() 函数的形参的值从何处得到呢?显然不可能在程序中得到。实际上,实参是和命令一起给出的,也就是在一个命令行中包括命令名和需要传给 main() 函数的参数。命令行的一般形式如下:

命令名 参数 1, 参数 2, …, 参数 *n*

命令名和各参数之间用空格分隔。命令名是 main() 函数所在的执行文件名,假设为 file1(可具体化为含盘符、路径和文件扩展名的完整文件名),现想将两个字符串 Computer、Language 作为传递给 main() 函数的参数,则可以写成以下形式:

```
file1 Computer Language
```

命令行参数应该都是字符串(如上面的 file1、Computer、Language 都是字符串),这些字符串的首地址构成一个指针数组,如图 8.9 所示。

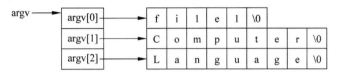

图 8.9 形参 argv 数组的指向关系

指针数组 argv 中的元素 argv[0] 指向字符串 file1,argv[1] 指向字符串 Computer,argv[2] 指向字符串 Language。

例 8-13 建立一个名为 exam.c 的源文件。

```c
#include "stdio.h"
void main(int argc, char * argv[])
{   while(argc>1)
    {   ++argv;
        printf("%s\n", * argv);
        -- argc;
    }
}
```

将其编译、连接后生成可执行文件 exam.exe,放在 D 盘的根目录下,在 DOS 命令提示符状态下输入命令行:

exam.exe Computer Language

输出结果如下:

Computer
Language

注意:main() 函数中的形参不一定命名为 argc 和 argv,可以是任意的名字,只是人们习惯用 argc 和 argv 而已。

利用指针数组作为 main() 函数的形参可以向程序传送命令行参数(这些参数是字符串),我们对这些字符串的长度事先并不知道,而且各参数字符串的长度一般并不相同。命令行参数的数目也可以是任意的。使用指针数组能较好地满足上述要求。

8.6 实战演练——验证卡布列克运算

卡布列克运算指的是任意一个四位数,只要它们各位上的数字是不全相同的,就有这样的规律。

(1) 将组成该四位数的 4 个数字由大到小排列,形成由这 4 个数字构成的最大的四位数。

(2) 将组成该四位数的 4 个数字由小到大排列,形成由这 4 个数字构成的最小的四位数(假如 4 个数中含有 0,则得到的数不足四位)。

(3) 求两个数的差,得到一个新的四位数(高位零保留)。

重复以上过程,最后得到的结果是 6174,这个数被称为卡布列克数。

题目中给出的处理过程很清楚,算法可按照题目的叙述直接进行设计和验证。

请按注释提示填空,运行程序。

```c
#include<stdio.h>
void vr6174(int);
void parse_sort(int num,int *each);
void max_min(int *each,int *max,int *min);
int count = 0;
void main()
{
    int n;
    printf("Enter a number:");
    scanf("%d",&n);              /*输入任意正整数*/
    _____;                /*调用函数进行验证*/
}
void vr6174(int num)
{
    int each[4],max,min;
    if(_____)             /*若不等于6174且不等于0则进行卡布列克运算*/
    {
        parse_sort(num,each);    /*将整数分解,数字存入each数组中*/
        max_min(each,&max,&min); /*求数字组成的最大值和最小值*/
        num = max - min;         /*求最大值和最小值的差*/
        printf("[%d]: %d - %d = %d\n",++count,max,min,num);  /*输出该步计算过程*/
        vr6174(num);             /*递归调用自身继续进行卡布列克运算*/
    }
}
void parse_sort(int num,int *each)
{
    int i,*j,*k,temp;
    for(i=0;i<=4;i++)            /*将NUM分解为数字*/
    {
        j = each + 3 - i;
        _____;            /*求num的个位数存放到j所指的地址单元*/
        num /= 10;
    }
    for(i=0;i<3;i++)             /*对各数字从小到大进行排序*/
        for(j=each,k=each+1;j<each+3-i;j++,k++)
            if(*j>*k) { _____ }    /*交换j,k所指地址单元的值*/
}
void max_min(int *each,int *max,int *min)
/*将分解的数字还原为最大整数和最小整数*/
```

```
{
    int * i;
    * min = 0;
    for( i = each;i < each + 4;i++ )        /* 还原为最小的整数 */
        * min = * min * 10 + * i;
    * max = 0;
    for( i = each + 3;i > = each;i -- )     /* 还原为最大的整数 */
        * max = * max * 10 + * i;
    return;
}
```

运行结果 1：

```
Enter a number:4312
[1]:4312 - 1234 = 3078
[2]:8730 - 378 = 8352
[3]:8532 - 2358 = 6174
```

运行结果 2：

```
Enter a number:8720
[1]:8720 - 278 = 8442
[2]:8442 - 2448 = 5994
[3]:9954 - 4599 = 5355
[4]:5553 - 3555 = 1998
[5]:9981 - 1899 = 8082
[6]:8820 - 288 = 8523
[7]:8532 - 2358 = 6174
```

运行结果 3：

```
Enter a number:9643
[1]:9643 - 3469 = 6174
```

8.7 综合设计——用指针实现数据的动态管理

在编程解决问题的过程中如何组织程序处理的对象(数据)对程序的执行效率和合理性起着决定性的作用。前面介绍的几种固定长度的数据类型(包括数组和结构等构造类型)都是在编译时分配内存的,所以用户必须事先明确其元素的个数,并且在程序执行的过程中不能改变它们的长度。

但是在现实生活中经常要处理一些无法事先预知具体数据个数的情况,如宾馆的住宿登记、个人通讯录管理、计算机系统中的多进程管理等。如果不采取合理、有效的数据管理方式,则必然会造成系统内存的浪费,也不利于数据的插入、删除等。

8.7.1 分析与设计

以某企业职工的数据管理为例：假设目前企业有 100 位职工,预计要达到 200 人的规模,在企业的经营过程中还要不断补充人员,如果不合格还要解雇,要求能根据需要实现人员的招聘和解雇的数据信息管理。

要解决该问题,可以采用固定分配空间的办法。例如用数组存放职工数据,必须事先定义固定的长度(即元素个数)。当数据个数无法确定时,只能尽量将数组的元素个数声明得比预料的数据个数多,例如定义一个 200 个元素的数组。一旦定义该数组后,在整个程序的运行过程中该数组将一直占用内存空间,而且假如人员超过 200,还要重新更改数组的定义。显然这将会浪费内存空间,还不利于数据的维护和使用。

最好的方法就是能采用一种在程序中动态可变的数据结构,这种数据结构不需要事先分配内存,而在程序执行中动态地建立和维护,当需增加数据时才给该数据分配内存。这里介绍一种灵活、有效的动态数据结构方式——单向链表。

单向链表的一个重要特点就是用指针表示两个元素之间的先后顺序关系。图 8.10 为采用单向链表管理职工基本信息的示意图,图中每一个职工的数据称为链表的一个节点。在每个职工节点数据中有一个特殊的数据——指向同类型数据节点的指针,通过这个指针就可建立元素之间的逻辑顺序关系。

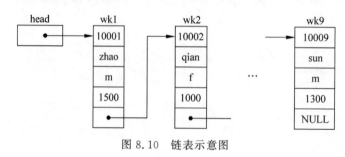

图 8.10 链表示意图

显然,单向链表是由指向下一个节点的指针(next)链接而成的,它具有与节点相同的类型。该指针以一个特殊的标志(如 head)开始,以另一个特殊的标志(如 NULL)结束。

8.7.2 程序

```
#include "stdio.h"
#include "stdlib.h"
struct workertype                                   /*节点类型声明*/
{   long workno;
    char workname[20];
    char worksex;
    float workwages;
    struct workertype * next;                       /*链接指针定义*/
};

void appendnewnode();                               /*函数声明*/
void listall();

struct workertype * head = NULL, * currnode, * newnode;  /*指向节点的指针声明*/

void main()
{   char ch;
```

```
    int flag = 1;
    while (flag)
    {
        printf("\n hit 'E' or 'e' to append new data,");
        printf("hit 'L' or 'l' to list all:");
        fflush(stdin);                              /*刷新缓冲区,过滤回车*/
        scanf(" % c",&ch);
        switch(ch)                                  /*选择操作*/
        {
        case 'e':
        case 'E':appendnewnode(); break;
        case 'l':
        case 'L':listall();break;
        default:flag = 0;          /*其他按键结束操作*/
        }
                                   /* end switch */
    }                              /* end while */
}                                  /* end main */

void appendnewnode()               /*添加新节点*/
{   char numstr[20];               /*预设一个存储输入字符串的数组*/
    newnode = (struct workertype * )malloc(sizeof(struct workertype));
                                   /*申请新节点的存储空间*/
    if(head == NULL) head = newnode;   /*原表为空,新节点就为头节点*/
    else                           /*原表不为空*/
    {   currnode = head;           /*当前节点为头节点*/
        while(currnode -> next!= NULL)  /*从当前节点起,按链接关系找到链表尾*/
        currnode = currnode -> next;
        currnode -> next = newnode;   /*将新节点链接到链表尾节点后成为新的尾节点*/
    }
    currnode = newnode;            /*指针指向新节点,进行数据输入*/
    printf("\n enter worker no:");    /*输入职工号*/
    scanf(" % d",&currnode -> workno);
    printf("\n enter worker name:");
    scanf(" % s",currnode -> workname);
    printf("\n enter worker sex:");   /*输入职工性别*/
    getchar();
    scanf(" % c",&currnode -> worksex);
    getchar();
    printf("\n enter worker wages:"); /*输入职工工资*/
    scanf(" % f",&currnode -> workwages);
    currnode -> next = NULL;       /*使新节点成为尾节点*/
}

void listall()
{   int i = 0;
    if(head == NULL)               /*如为空表*/
    {   printf("\n empty list. \n");
        return;
    }
```

```
        currnode = head;                        /*使currnode指向头节点*/
        do
        {
            printf ("\n record number:%d ",++i);
            printf ("\n worker no:%ld ",currnode->workno);
            printf ("\n worker name:%s ",currnode->workname);
            printf ("\n worker sex:%c ",currnode->worksex);
            printf ("\n worker wages:%7.2f \n",currnode->workwages);
            currnode = currnode->next;
        }while (currnode!=NULL);                 /*逐个遍历表中节点输出数据*/
    }
```

运行结果如下：

```
hit 'E' or 'e' to append new data,hit 'L' or 'l' to list all:E
enter worker no:10001
enter worker name:ZHAO
enter worker sex:m
enter worker wages:4500
hit 'E' or 'e' to append new data,hit 'L' or 'l' to list all:e
enter worker no:10002
enter worker name:QIAN
enter worker sex:f
enter worker wages:3800
hit 'E' or 'e' to append new data,hit 'L' or 'l' to list all:l
record number:1
worker no:10001
worker name:ZHAO
worker sex:m
worker wages:4500.00

record number:2
worker no:10002
worker name:QIAN
worker sex:f
worker wages:3800.00
```

说明：

(1) 在程序中使用 malloc()函数实现职工数据的动态存储空间的申请，该函数包含在头文件 stdlib.h 中，原型如下：

void * malloc(size);

该函数在内存的动态存储区中分配 size 字节的连续空间。其返回值为分配到的内存区域的起始地址，并为可赋给任何类型指针变量的 void * 类型(空指针类型)。若没有可用的内存空间分配，则 malloc()函数将返回指针 NULL。

malloc()函数通常和求字节数运算符 sizeof 一起使用。例如：

```
ptr = (struct node * )malloc(sizeof(struct node));
```

将在内存中分配 sizeof(struct node)字节的存储区域,并把该区域的首地址进行强制类型转换后保存到指针变量 ptr 中,以匹配类型。

(2) 如果定义了一个指向某种结构类型变量的指针变量,则通过指针变量访问该结构变量的成员有下面两种形式:

(＊指针变量名).成员名
指针变量名 ->成员名

其中,"—>"称为指向运算符。

(3) 本程序定义了 4 个指针变量,即 next、head、new、currnode,用于处理链表节点间的关系。

① next:指向一个节点的后继节点,以形成链表。
② head:指向链表的起始节点。当 head＝NULL 时,表明链表为空。
③ new:指向新开辟的节点空间。
④ currnode:指向当前节点。若 currnode＝head,以头节点为当前节点;若 currnode＝new,则以新节点为当前节点。

为了在链表中一个接一个地对节点进行操作,应使用以下代码:

```
currnode = head;                    /* 从头节点开始 */
while(currnode -> next!= NULL)      /* 如果当前节点的后继节点不为空,说明它不是尾节点 */
    currnode = currnode -> next;    /* 继续往后查找尾节点 */
```

当找到链表尾时,为其添加新节点应执行以下操作:

```
currnode -> next = new;
```

如果头指针 head 为空,则将 head 指向新开辟的节点空间,使新节点成为链表的第一个节点(见图 8.11(a))。

如果头指针非空,则顺序找到尾节点,使尾节点的 next 指针指向新节点,从而将新节点添加到链表末尾(见图 8.11(b))。

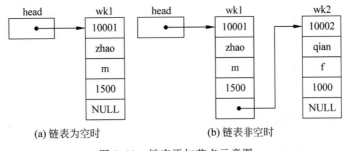

(a) 链表为空时　　　　　　　(b) 链表非空时

图 8.11　链表添加节点示意图

(4) 在该程序中不用预留很大的空间等待操作,只需在有数据时再进行内存空间的申请,不会造成系统内存的浪费。同时数据的存储也非常灵活,每次只需要申请一个职工节点数据所需要的空间,不同的节点分配的空间可以是连续的,也可以是不连续的,这就可以将一些小的、零散的空间"碎片"充分加以利用。通过指针 next 则可以将这些任意存储的数据有机地联系起来,形成逻辑上的先后顺序关系,不影响数据的管理和操作。

8.7.3 动态数据管理在插入、删除操作中的优点

在固定数据结构中进行数据的插入和删除往往要进行大量的数据移动,这必然导致程序的执行效率降低,而利用指针实现动态数据管理可以将其简化。

例如,在 n 个元素的数组 a 中要删除第 i 个元素,就要将第 $i+1$ 个元素到第 $n-1$ 个元素逐个往前移一个位置,将要删除的元素覆盖掉才能实现,如图 8.12 所示。

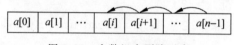

图 8.12 在数组中删除元素

而在链表操作中,删除一个节点只需修改一下前一个节点的后继指针即可。如图 8.13 所示,要删除节点 B,只需将节点 A 的后继指针 next 指向节点 B 的后继(即节点 C),然后将节点 B 用标准库函数 free()释放即可。

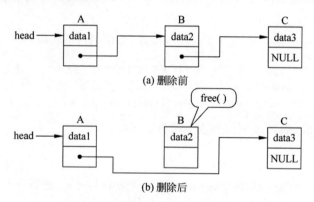

图 8.13 链表中删除节点示意图

至于程序代码,在这里不做介绍,有兴趣的同学可参考"数据结构"的教材。

8.8 小结

本章用到了有关指针的数据类型和指针的运算,为了使读者有系统、完整的概念,现总结如下。

1. 内存数据的访问方法

在 C 语言中,内存数据的访问方法主要有下面两种。

1) 直接访问

直接访问即直接引用变量名访问内存中的数据。

2) 间接访问

间接访问即通过指针(地址)访问内存中的数据。

2. 指针的定义

和普通变量一样,如果要使用指针变量,必须先定义它。在定义指针变量时,类型说明符决定它所指向的实体的类型。对于指向数据实体的指针来说,它的类型实际上是用于说明指针变量的类型,即指针增减1(移动一个位置)所跳过的内存空间。

3. 指针运算小结

1) 指针变量的赋值

可以将一个地址赋给指针变量,但不能将一个整数赋给指针变量。

2) 指针变量加(减)一个整数

C语言规定,一个指针变量加(减)一个整数不是简单地加(减)一个整数,而是将该指针变量的地址和它指向的变量所占用的内存字节数相加(减),以确保加(减)n可以实现向后(前)移动n个数据的功能。

3) 指针变量相减

指针变量相减可以得到两者间的元素个数。

4) 指针变量的比较运算

通过指针变量的比较运算可以知道两个指针变量所指对象在内存中的前后关系。

4. 指针操作数组

1) 使用指针处理数组时要注意的内容

数组名本身就是一个地址常量,它指向该数组的第一个元素。在定义了一个指向数组的指针变量以后,多数情况下都可以将指针变量与数组名通用(除了数组名不能出现在赋值号的左边)。

例如,对于定义语句:

```
float f[10], * pf = f;
```

则有:

$f+i$、$pf+i$、$\&f[i]$、$\&pf[i]$都是f数组的第i个元素的地址。

$f[i]$、$*(f+i)$,$*(pf+i)$,$pf[i]$都是f数组的第i个元素。

pf可以进行$p=p+n$、$p++$、$p--$等运算,而f不能。

2) 指向指针的指针与二维数组

指针变量本身也有存储地址,可以定义一个变量来保存指针变量的地址,能够存放指针变量地址的变量称为指向指针的指针。其定义形式如下:

类型说明符 ** **指针变量名**;

如有以下声明:

```
int a, * p, ** q;
```

则可有以下运算:

```
p = &a; q = &p;
```

二维数组名本身就是一个二级指针,在使用一级指针变量指向二维数组时一定要注意它们之间的对应关系。

5. 指针与函数

指针与函数的关系包括以下 3 方面。

1) 函数的参数是指针

函数调用中实参表达式的值单向传递给对应的形参,不能将形参的值直接返回给实参,但将指针作为函数参数则可以将变量的地址传入函数内部,达到间接访问该函数外的变量的目的。

2) 函数的返回值是指针

函数可以带回一个整型值、字符型值、实型值等,也可以返回指针。对于该类函数,主调函数需要设置相应的指针变量进行返回值的接收。

3) 指向函数的指针

指向函数的指针属于高级应用,在这里暂不介绍。

6. 指针的使用总结

指针的使用一般有以下 6 种形式。

```
int * p;            /* 指向整型量的指针 */
int * p[];          /* 指针数组,每个元素指向整型量 */
int ( * p)[];       /* 一个指针,指向一维整型数组 */
int * p();          /* 一个函数,返回指向整型的指针 */
int ( * p)();       /* 一个指针,指向返回值为整型数的函数 */
int ** p;           /* 二级指针 */
```

基于本书的编写大纲及面向的专业,对于一些深层次的操作在本书中不作介绍。

7. 优缺点

本章介绍了指针的基本概念和初步应用,读者可以体会到指针是 C 语言的重要概念,是 C 语言的一个特色。使用指针的优点在于可以提高程序效率;在调用函数时,变量改变了值能够为主调函数使用,即可以从函数调用得到多个可改变的值;可以实现动态存储分配。

但是读者同时也应该看到指针的使用实在太灵活,对熟练的程序人员来说可以利用它编写出颇有特色的、质量优良的程序,实现许多用其他高级语言难以实现的功能,但也十分容易出错,而且这种错误往往难以发现。如果使用指针不当,特别是赋给它一个错误的值时,会成为一个极其隐蔽的、难以发现和排除的故障。因此,大家在使用指针时要十分小心,要多调试程序,多积累经验。

习 题 8

1. 选择题

(1) 已有定义 int k = 2; int * p1, * p2;,且 p1 和 p2 均已指向变量 k,下面不能正确执

行的赋值语句是（　　）。

  A. k = * p1 + * p2;　　　　　　B. p2 = k;
  C. p1 = p2;　　　　　　　　　　D. k = * p1 * (* p2);

(2) 变量的指针是指该变量的（　　）。

  A. 值　　　　B. 地址　　　　C. 名　　　　D. 一个标志

(3) 若有语句 int * point, a = 4; 和 point = &a;，下面均代表地址的一组选项是（　　）。

  A. a、point、* &a　　　　　　　B. & * a、&a、* point
  C. &point、* point、&a　　　　　D. &a、& * point、point

(4) 下面能正确进行字符串赋值操作的是（　　）。

  A. char s[5] = {"ABCDE"};
  B. char s[5] = { 'A', 'B', 'C', 'D', 'E' };
  C. char * s; s = "ABCDE";
  D. char * s; scanf(" % s",&s);

(5) 下面程序段的运行结果是（　　）。

```c
#include <stdio.h>
void main()
{
    char a[] = "language", * p;
    p = a;
    while( * p!= 'u')
    {
        printf(" % c", * p - 32);
        p++;
    }
}
```

  A. LANGUAGE　　B. language　　C. LANG　　D. langUAGE

(6) 若有定义 int a[5], * p = a;，则对 a 数组元素的引用正确的是（　　）。

  A. * &a[5]　　B. a + 2　　C. * (p + 5)　　D. * (a + 2)

(7) 以下程序执行后输出的结果是（　　）。

```c
#include <stdio.h>
void main()
{
  int a[3][3], * p,i;
  p = &a[0][0];
  for(i = 0;i < 9;i++)
    p[i] = i;
  for(i = 0;i < 3;i++)
    printf(" % d",a[1][i]);
}
```

  A. 012　　　　B. 123　　　　C. 234　　　　D. 345

(8) 以下程序执行后输出的结果是（　　）。

```
#include <stdio.h>
#include <string.h>
void main()
{
    char s1[10], * s2 = "ab\0cdef";
    strcpy(s1,s2);
    printf("%s",s1);
}
```

  A. ab\0cdef   B. abcdef   C. ab   D. 以上答案都不对

2. 填空题

(1) 以下程序的运行结果是_____。

```
#include <stdio.h>
void sub (int x, int y, int * z)
{ * z = y - x; }
void main()
{
    int a,b,c;
    sub(10,5,&a);
    sub(7,a,&b);
    sub(a,b,&c);
    printf("%4d,%4d,%4d\n",a,b,c);
}
```

(2) 以下程序的运行结果是_____。

```
#include <stdio.h>
int sub(int * s)
{
    static int t = 0;
    t = * s + t;
    return t;
}
void main()
{
    int i,k;
    for(i = 0; i < 4; i++)
    {
        k = sub(&i);
        printf("%3d",k);
    }
    printf("\n");
}
```

(3) 以下程序的运行结果是_____。

```
#include "stdio.h"
#include "string.h"
int * p;
void pp(int a, int * b)
```

```
        {
                int c = 4;
                * p = * b + c;
                a = * p - c;
                printf(" (2) %d %d %d\n",a, * b, * p);
        }
void main()
{
        int a = 1,b = 2,c = 3;
        p = &b;
        pp(a + c,&b);
        printf(" (1) %d %d %d\n",a,b, * p);
}
```

(4) 下面程序的运行结果是_____。

```
#include <stdio.h>
void fun(char * p1,char * p2,int n)
{   int i;
    for (i = 0;i < n;i++)
        p2[i] = (p1[i] - 'A' - 3 + 26) % 26 + 'A';
    p2[n] = '\0';
}
void main()
{
    char * s1,s2[5];
    s1 = "ABCD";
    fun(s1,s2,4);
    puts(s2);
}
```

3. 编程题

(1) 利用函数和指针编写程序，将数组 a 中的最小数保存到 $a[0]$ 中、最大数保存到 $a[9]$ 中。假设整型数组 a 有 10 个元素。

(2) 利用函数和指针编写一个程序，在 main() 函数中建立并输入 10 个元素的一个数组，在 swap_five(int * p) 函数中实现前 5 个元素和后 5 个元素之间的对调。

(3) 利用函数和指针编写一个程序，在 main() 函数中输入一个字符串，在 pcopy() 函数中将此字符串从第 n 个字符开始到第 m 个字符为止的所有字符全部显示出来。

(4) 利用函数和指针编写一个程序，从键盘输入 3 个字符串，并按由小到大的顺序显示出来。

本章实验实训

【实验目的】

(1) 熟练掌握指针变量的定义方法。

(2) 熟练掌握指针变量的赋值与引用方法。

(3) 熟练掌握指针变量与数组的关系。

【实验内容及步骤】

(1) 反序输出:从键盘输入一串字符,将其反序输出。

```
#include "stdio.h"
void Reverse(char * p)
{
    int i;
    for(_____;i>=0;i--)    /* 通过循环变量 i 反序访问字符串 */
    {
        printf("%c",p[i]);
    }
    printf("\n");
}
main()
{
    char a[10];
    printf("输入: ");
    _____;                  /* 输入字符串 */
    printf("输出: ");
    _____;                  /* 调用 Reverse()函数 */
}
```

运行结果如下:

输入: ABC
输出: CBA

(2) 用尽可能多的方法输入一个字符数组。

```
#include "stdio.h"
main()
{
    char a[20] = {"Hello,world!"};
    char * p = a, * q;
    int i;
    q = p + strlen(a);
    printf("第 1 种方法");
    for(i = 0;i <= strlen(a);i++)
        printf("%c",a[i]);
    printf("\n");
    printf("第 2 种方法");
    for(i = 0;i <= strlen(p);i++)
        printf("%c",p[i]);
    printf("\n");
    printf("第 3 种方法");
    printf("%s\n",p);
```

```c
        printf("第 4 种方法");
        printf(" %s\n",a);
        printf("第 5 种方法");
        puts(a);
        printf("第 6 种方法");
        puts(p);
        printf("第 7 种方法");
        for(p = a;p <= q;p++)
            printf(" %c", *p);
        printf("\n");
        printf("第 8 种方法");
        p = a;
        for(i = 0;i <= strlen(a);i++)
            printf(" %c", *(p + i));
        printf("\n");
}
```

第 9 章 文件

在前面几章的程序中所用到的简单变量、数组和结构体类型的变量都是基于内存的数据结构,程序中所用到的数据绝大部分都是通过标准输入(键盘)/输出(显示器)设备来输入/输出的。这种输入/输出数据的方法在数据量不大时是可行的,但由于内存空间有限,当数据量变得庞大时就很难满足程序的需求了。例如,当一个程序的运行结果要提供给另一个程序使用时就要提供保存程序运行结果的方法。在实际应用中通常以磁盘文件为对象实现大批量数据的输入/输出,即从磁盘文件读出(输入)数据供程序使用,或将数据写入(输出)到磁盘文件,这样既可以方便地进行大批量数据的输入/输出,又能永久地保存输入数据和程序的运行结果。

视频讲解

9.1 学生数据文件的创建与读取

从键盘输入一个班全体学生的信息,把它们保存起来。在需要时读出并显示在屏幕上,或者只显示其中指定部分的学生信息。如果要把数据永久地保存起来,必须建立一个磁盘文件,把内存中的数据写到磁盘文件中以进行保存。当需要使用这些数据时,再将这个文件中的数据读出到内存中并显示出来。

9.1.1 分析与设计

这个问题需要从两方面来考虑,一是需要输入/输出结构体等"数据块"的变量的值,用C语言中的数据块输入/输出函数 fread()和 fwrite()来输入/输出数据;二是前面介绍的对文件的读/写方式都是顺序读/写,即读/写文件只能从头开始,顺序读/写各个数据。在这个问题中只需要读/写文件中某一指定的部分,这样就需要移动文件内部的位置指针到需要读/写的位置再进行读/写,这种方式称为文件的随机读/写。通过文件读/写数据的操作步骤如图 9.1 所示。

对文件的随机读/写需要使用文件定位函数来强制改变文件的读/写位置,文件定位函数有 fseek()函数、ftell()函数、rewind()函数。

例 9-1 从键盘输入 10 名学生的信息,包括学号、姓名、成绩,并把它们保存到磁盘文件 student.dat 中,然后从文件中再将第 4 名学生的信息读出,显示在屏幕上。

```
#include "stdio.h"
#include "windows.h"
```

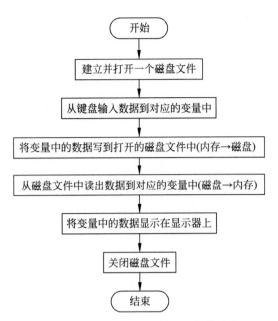

图 9.1 通过文件读/写数据的操作步骤

```
#define N 10
#define M 4
struct STUDENT
{
    char stu_num[15];
    char stu_name[20];
    float score;
}std[N];
void main()
{
    int i;
    FILE * fp;
    if((fp = fopen("student.dat","wb + ")) == NULL)    /* 建立、打开文件 */
    {
        printf("\n Can't open this file!\n");
        exit(0);                                        /* 文件读/写错误,退出程序 */
    }
    /* 输入学生信息: 学号、姓名、成绩 */
    printf("Please input student information:\n");
    for(i = 0; i < N; i++)
        scanf("%s%s%f",std[i].stu_num,std[i].stu_name,&std[i].score);
    /* 将学生信息写入文件 */
    for(i = 0; i < N; i++)
        if(fwrite(&std[i],sizeof(struct STUDENT),1,fp)!= 1)    /* 判断是否出错 */
            printf("file write error\n");
    printf("data is saved\n");
    /* 读出学生信息 */
    fseek(fp,sizeof(struct STUDENT) * (M - 1),0);
    fread(&std[M - 1],sizeof(struct STUDENT),1,fp);
```

```c
        printf("No. % d student's:\n",M);
        printf("Num: % s, Name: % s, Score: % .2f\n",std[M - 1].stu_num,
        std[M - 1].stu_name,std[M - 1].score);
        fclose(fp);                              /* 关闭文件 */
        printf("data is read\n");
}
```

运行结果：

```
Please input student information:
2011101 王宇 78
2011102 张力 68
2011103 刘欣 98
2011104 李露 85
2011105 程可明 67
2011106 任晓东 91
2011107 江山 84
2011108 罗成 56
2011109 陆娜 61
2011110 尚锋 72
data is saved
No.4 student's:
Num:2011104, Name:李露, Score: 85.00
data is read
press any key to continue
```

这个程序运行后，查看磁盘就会发现已经建立了磁盘文件 student.dat。由于在程序中没有指定这个文件的路径，所以这个文件将建立在系统默认的文件目录中。

9.1.2 文件操作入门

（1）磁盘文件数据与普通文件相同，要对文件中的数据进行操作，必须先打开文件（fopen()函数），而对文件中的数据进行操作之后要关闭文件（fclose()函数）。即 C 语言程序对文件操作的一般过程为打开文件——读/写/修改文件——关闭文件。

在 C 语言中，系统专门定义了结构体类型 FILE 来存放文件的有关信息。如果要使用文件，首先要定义对应的文件指针，如该程序中定义了文件指针 FILE * fp；然后使用库函数 fopen()打开文件，同时指定对文件的操作方式。

当文件成功打开时，fopen()函数返回一个地址给文件指针 fp，使之指向被打开文件（student.dat）的内存首地址，以后就可以通过指向该结构体的文件指针 fp 来对文件进行各种操作，而不再使用文件名。

为了判别文件是否能正确打开，通常使用下面的程序段。当程序打开失败时可以输出打开失败信息，并退出此次程序的执行。代码如下：

```c
if((fp = fopen("student.dat","wb + ")) == NULL)
{
    printf("\n Can't open this file!\n");
    exit(0);
}
```

语句中的"w"指定了对文件的操作方式为"只写"方式,"+"表示文件可读可写,"b"表示该文件为二进制文件。对于二进制文件,无法直接打开阅读,必须通过程序才能读出其中的数据值。

exit(0)函数的功能是关闭所有打开的文件,结束程序运行并返回操作系统。在 VC++ 中要想正确地使用该功能,需要在程序开头加上"♯include "windows.h""。

(2) fclose(fp)的作用是关闭 fp 指向的文件,即释放管理该文件的文件结构体。文件在使用后必须关闭,以防止数据丢失。

(3) fwrite()函数将以 str[i]为首地址的一个 sizeof(struct STUDENT)大小的数据块写入 fp 指向的文件中。

(4) fseek()函数实现文件的随机读/写,将文件指针 fp 指向第 M 组结构体数据的开始位置。

(5) fread()函数读出并显示数据。

(6) C 语言提供以下 7 种文件操作函数。
- 文件的打开关闭:fopen()、fclose()。
- 字符的输入/输出:fgetc()、fputc()。
- 字符串的输入/输出:fgets()、fputs()。
- 格式化的输入/输出:fscanf()、fprintf()。
- 数据块的输入/输出:fread()、fwrite()。
- 文件的定位:fseek()、ftell()、rewind()。
- 文件的出错检测:feof()、ferror()、clearer()。

9.2 文件的概念

9.2.1 文件的定义

在程序设计中,文件是一个很重要的概念。文件是建立在外部设备上的数据结构。简单地说,文件是用一个名字命名的存储在外部存储器上的一些数据。所谓"文件"就是一组相关数据的有序集合,一个数据集合用一个名字进行标识,这个名字就是文件名。操作系统以文件为单位对数据进行管理。也就是说,如果想找存储在外部设备上的数据,必须先按文件名进行查找,然后再从该文件中读取数据;要向外部设备上存储数据也必须先建立一个文件才能向其输出数据。

C 语言将文件操作分为两个层次,把与具体设备有关的操作细节交给操作系统完成,而把与具体设备操作细节无关的部分抽象为"流"。这样就统一了程序与设备的接口,并把对文件的操作抽象为对流的操作。

9.2.2 文件的分类

1. 普通文件与设备文件

从用户的角度看,把文件分为普通文件和设备文件两类。普通文件是指存储在磁盘或其他外部介质上的一个有序数据集,如程序文件、数据文件。设备文件则是把与主机相连的设备看作一个文件进行管理,把通过它们进行的输入、输出等同于对磁盘的读和写。系统指定了3个使用最频繁的设备文件为标准设备文件,这3个标准设备文件是标准输入文件、标准输出文件、标准错误文件。其中,标准输入文件、标准输出文件分别对应键盘和显示器。

C语言把文件看作无结构的字符流,与标准设备文件相联系的是3个标准流,即标准输入流、标准输出流和标准错误流。这3个流是在程序开始时由系统自动建立的,而无须程序人员建立。也就是说,标准设备文件在启动系统时自动打开,并且自动分配文件缓冲区和文件指针,退出系统时自动关闭。

C语言提供了下面3套输入/输出函数对标准流进行输入/输出操作。

(1) 对字符的输入/输出: getchar()、putchar()。

(2) 对字符串的输入/输出: gets()、puts()。

(3) 格式化的输入/输出: scanf()、printf()。

2. 文本文件与二进制文件

从文件编码方式看,文件可分为 ASCII 文件和二进制(Binary)文件。

ASCII 文件也称为文本文件,这种文件在磁盘中存储时每个字符对应1字节,用于存放对应的 ASCII 码,以字符为单位,文件由 0 个或多个字符系列组成。

二进制文件是按二进制的编码方式来存放文件的,与数据在内存中的存储形式(二进制码)组成的字节系列表示是一致的。

例如,数 5678 的存储形式如下。

十进制码:　　　　5　　　　　6　　　　　7　　　　　8

ASCII 码:　　00110101　00110110　00110111　00111000　　(在内存中占 4 字节)

而 5678 的二进制存储形式为"00010110　00101110"(与 5678 的二进制码一致),在内存中只占 2 字节。

从上面的分析看出,ASCII 码以字符为单位比较直观,但占用的存储空间比较大,二进制码以字节为单位,占用的存储空间小。

文本文件可以在终端屏幕上显示(或打印),而二进制文件无法在终端屏幕上显示(或打印)。

3. 顺序读/写文件与随机读/写文件

文件的读/写方式可分为顺序读/写文件与随机读/写文件。顺序读/写文件是按从头到尾的顺序读出或写入,不能跳过文件前面的数据而直接读/写后面的数据。随机读/写文件则可以直接读/写文件中的任意部分数据,也可以在不破坏其他数据的情况下把数据插入文件中。

通常对文本文件采用顺序读/写的方法,二进制文件采用随机读/写的方法。

9.2.3　文件缓存区

由于内存之间数据的传输效率要高得多,所以系统为输入和输出操作开辟了一个内存区域,称为文件缓存区,以提高文件操作的效率。这样,文件操作时不直接在程序数据区和外存介质间进行,而是通过文件缓存区进行。如图 9.2 所示,C 语言规定,在进行输出时(即从内存向磁盘文件输出(写)数据时)必须先把输出的数据送到文件缓存区,装满后再一起送到磁盘中;在进行输入时(即从磁盘向内存输入(读)数据时),则一次从磁盘中读一批数据到文件缓存区,然后由程序将数据逐个读到程序数据区。文件缓存区的大小因C的版本而异,一般为512B。

图 9.2 从磁盘读/写文件到缓存区示意图

9.2.4 文件类型与文件指针

在对文件读/写的过程中系统需要确定文件信息、当前的读/写位置、缓存区状态等信息,这样才能顺利地实现文件操作。在C语言中用一个指针变量指向一个文件,这个指针称为文件指针,通过这个文件指针就可以对它所指向的文件进行各种操作。

系统为每一个文件定义一个FILE类型的结构体变量来存放这些控制信息,FILE定义在头文件stdio.h中,一般形式如下:

```
typedef struct
{
    short level;              /*缓存区"满"或"空"的程度*/
    unsigned flag;            /*文件状态标志*/
    char fd;                  /*文件描述符*/
    unsigned char hold;       /*如缓存区不读取字符*/
    short bsize;              /*缓存区的大小*/
    unsigned char buffer;     /*缓存区中的读/写位置*/
    unsigned char curp;       /*文件读/写位置*/
    unsigned istemp;          /*临时文件指示器*/
    short token;              /*用于有效性检查*/
}FILE;
```

说明:

(1) FILE不是一个结构体变量名,而是用typedef定义的新类型名,在程序中每当用到一个文件时,系统就会为之生成一个FILE类型的变量,这个变量不用变量名表示,而是用指向该类型的指针表示。

(2) 在编写程序时不必关心FILE结构的细节,但一定要定义一个指向该结构体类型的指针,例如:

`FILE *fp;`

表示fp是指向该结构体类型的指针变量,通过fp即可找到存放某些信息的结构体变量,然后按结构体变量提供的信息找到该文件,因此把fp称为指向文件的指针。

由于FILE定义在头文件stdio.h中,因此用FILE定义文件指针fp时在定义语句前一定要有#include "stdio.h"语句。

9.2.5 文件的操作过程

通过程序对文件进行操作,达到从指定文件中读数据(输入内存中)或向指定文件中写数据(输出到磁盘)的目的,操作的一般过程为建立/打开文件——读/写文件——关闭文件。

打开文件就是将指定文件与程序联系起来,为读/写做好准备,在打开一个文件时,如果这个文件不存在,则应建立这个文件后打开它。

关闭文件就是将仍留在文件缓存区的数据送给文件,然后取消程序与指定文件之间的联系,表示文件操作结束,释放文件存储区,使文件指针不再指向所联系的文件。

9.3 文件的打开和关闭

在进行文件操作(读/写)之前一定要先将文件打开,再进行文件的操作,在文件操作结束之后一定要将文件关闭。

9.3.1 文件的打开

fopen()函数用来打开应该打开的一个文件,调用 fopen()函数的一般形式如下:

文件指针名 = fopen(文件名,文件使用方式);

其中:

"文件指针名"必须说明为 FILE 类型的指针变量,即由 FILE 说明的指针变量。

"文件名"是要打开的文件的文件名,它可以是字符串常量或字符串数组。

"文件使用方式"是指文件的类型和文件打开后的操作方式。

例如:

```
FILE * fp;
fp = fopen("filename.dat","r");
```

其作用是在当前目录下打开文件 filename.dat,只允许进行"读"操作,并使指针 fp 指向该文件。

又如:

```
FILE * fp;
fp = fopen("d:\\text\\tc\\filename.dat","wb");
```

其作用是打开 d:\text\tc\目录中的文件 filename.dat,这是一个二进制文件,只允许进行写操作。

常见的"文件打开方式"及含义如表 9.1 所示。

表 9.1 文件打开方式

文件类型	方式	处理操作	含义
文本文件	"r"	只读	只读打开一个文本文件,只允许读数据
	"w"	只写	只写打开或建立一个文本文件,只允许写数据
	"a"	追加	追加打开一个文本文件,并在文件末尾写数据
	"r+"	读/写	读/写打开一个文本文件,允许读和写
	"w+"	读/写	读/写打开或建立一个文本文件,允许读和写
	"a+"	读/写	读/写打开一个文本文件,允许读,或在文件末追加数据

续表

文件类型	方式	处理操作	含义
二进制文件	"rb"	只读	只读打开一个二进制文件,只允许读数据
	"wb"	只写	只写打开或建立一个二进制文件,只允许写数据
	"ab"	追加	追加打开一个二进制文件,并在文件末尾写数据
	"rb+"	读/写	读/写打开一个二进制文件,允许读和写
	"wb+"	读/写	读/写打开或建立一个二进制文件,允许读和写
	"ab+"	读/写	读/写打开一个二进制文件,允许读,或在文件末追加数据

说明：

(1) 用"r"(或"rb")方式打开的文件只能用于向计算机输入(不能输出)数据,而且该文件应该已经存在,不能用"r"(或"rb")方式打开一个并不存在的文件。

(2) 用"w"(或"wb")方式打开的文件只能用于向该文件写数据,而不能用来向计算机输入。如果原来不存在该文件,则在打开时新建一个以指定名字命名的文件；如果原来已存在一个以该文件名命名的文件,则在打开时将该文件删除,然后新建一个新的空白文件。

(3) 如果要向一个已存在的文件追加新的信息,则只能用"a"方式打开文件。但此时该文件必须是存在的,否则将会出错。

(4) 用"r+"、"w+"、"a+"(或"rb+"、"wb+"、"ab+")方式打开的文件既可以输入,也可以输出。在用"r+"(或"rb+")方式时,该文件应该已经存在；用"w+"(或"wb+")方式则新建一个文件,先向此文件写数据,然后可以读此文件中的数据；用"a+"(或"ab+")方式打开的文件,原有的文件不被删除,文件指针指向文件末尾,可以添加,也可以读。

(5) fopen()函数如果不能打开文件,将会返回一个空指针值 NULL,因此可以通过判断 fopen()函数的返回值来确定文件是否正常打开,然后才决定是否对文件进行对应操作。采用下列语句打开文件：

```
if((fp = fopen("c:\\hzk16","rb") == NULL)
{
    printf("\n Can't open this file!\n");
    exit(0);
}
```

这段程序的意义是如果返回的指针为空,表示不能打开 C 盘根目录下的 hzk16 文件,则给出提示信息"Can't open this file!",然后执行 exit(0)退出程序。

(6) 标准设备文件是由系统打开的,可直接使用。在系统中自动定义了下面 3 个文件指针。

① stdin：标准输入文件指针(系统分配为键盘)。

② stdout：标准输出文件指针(系统分配为显示器)。

③ stderr：标准错误文件指针(系统分配为显示器)。

9.3.2 文件的关闭

文件一旦使用完毕,要使用关闭文件函数 fclose()把文件关闭,以免文件数据丢失或文件再次被使用。调用 fclose()函数的一般形式如下：

```
fclose(文件指针);
```

例如:

```
fclose(fp);
```

文件在正常关闭时返回0,出错时返回EOF(−1),可以用ferror()函数测试。

文件使用完后必须用fclose()函数,因为当向文件写数据时是先将数据写到缓存区,待缓存区满后才整块传送到磁盘文件中。如果程序结束时缓存区尚未满,则其中的数据并没有传送到磁盘上,必须使用fclose()函数把文件关闭,强制系统将缓存区中的所有数据送到磁盘,并释放该文件指针变量,否则这些数据可能只是被输出到了缓存区中,并没有真正写入磁盘文件中。

由系统打开的标准设备文件系统会自行关闭。

视频讲解

9.4 文件的读/写操作

文件打开后就可以对其进行操作了,文件的操作包括文件的读/写控制,而文件的读/写是通过调用系统提供的读/写标准函数实现的,常用的读/写函数如下。

9.4.1 字符读/写函数fgetc()和fputc()

1. fgetc()函数

fgetc()函数的功能是从指定的文件中读一个字符,函数的调用形式如下:

```
字符变量 = fgetc(文件指针);
```

例如:

```
ch = fgetc(fp);
```

如果ch是一个字符型变量,则从指针fp指向的文件中读取一个字符送入变量ch中。

对于fgetc()函数的使用有以下3点说明。

(1) 在fgetc()函数调用中,读取的文件必须是以读或读/写方式打开的。

(2) 读取字符的结果也可以不向字符变量赋值,但是读出的字符不能保存。

(3) 在文件内部有一个位置指针,用来指向文件的当前读/写字节。在文件打开时,该指针总是指向文件的第1字节。在使用fgetc()函数后,该位置指针将向后移动1字节,因此可连续多次使用fgetc()函数读取多个字符。注意文件指针和文件内部的位置指针不是一回事。文件指针是指向整个文件的,需在程序中定义说明,只要不重新赋值,文件指针的值是不变的。文件内部的位置指针用于指示文件内部的当前读/写位置,每读/写一次,该指针均向后移动,它不需要在程序中定义说明,而是由系统自动设置。

2. fputc()函数

fputc()函数的功能是把一个字符写入文件指针指向的文件中,函数的调用形式如下:

```
fputc(字符变量,文件指针);
```

例如：

```
fputc(ch,fp);
```

如果 ch 是一个已定义的字符型变量，则把变量 ch 的值写入指针 fp 指向的文件中。例如：

```
fputc('a',fp);
```

表示把字符'a'写入指针 fp 指向的文件中。

对于 fputc()函数的使用也要说明 3 点。

(1) 被写入的文件可以用写、读/写、追加方式打开，在用写或读/写方式打开一个已存在的文件时将清除原有的文件内容，写入字符从文件首开始。如果需保留原有文件内容，并希望写入的字符从文件末开始存放，则必须以追加方式打开文件。被写入的文件若不存在，则创建该文件。

(2) 每写入一个字符，文件内部位置指针向后移动 1 字节。

(3) fputc()函数有一个返回值，如写入成功则返回写入的字符，否则返回一个 EOF，可通过此来判断写入是否成功。

3. 使用举例

例 9-2　从键盘输入若干行字符，写入文件 f1.txt 中，再把该文件内容读出显示在屏幕上。

```
#include "stdio.h"
#include "windows.h"
void main()
{
    FILE * fp;                                  /*定义文件指针 fp*/
    char str;
    if((fp = fopen("f1.txt","w + ")) == NULL)   /*用读/写方式打开文件 f1.txt*/
    {
        printf("\n Can't open this file!\n");
        exit(0);
    }
    str = getchar();
    while(str!= '\n')
    {
        fputc(str,fp);        /*把输入的字符写到指针 fp 指向的文件*/
        str = getchar();
    }
    rewind(fp);               /*使指针 fp 所指的文件读/写位置指针定位于文件开头*/
    str = fgetc(fp);          /*将指针 fp 指向的文件中的字符赋给变量 str*/
    while(str!= EOF)
    {
        putchar(str);         /*显示变量 str 中的字符*/
        str = fgetc(fp);
```

```
        }
        printf("\n");
        fclose(fp);                    /*关闭指针fp所指向文件f1.txt*/
}
```

运行结果：

abcdgsdkhf
abcdgsdkhf

该程序运行后，在系统默认目录中可以找到文件f1.txt，用记事本打开可以看到里面的内容与输入内容相同。

该程序中的第6行以读/写文本文件方式打开文件；第10行从键盘读入一个字符后进入循环，当读入的字符不为回车符时则把该字符写入文件之中，然后继续从键盘读入下一个字符，每输入一个字符，文件的内部位置指针向后移动1字节，写入完毕后该指针已指向文件末，如果要把文件从头读出，需把指针移向文件头；第15行的rewind()函数用于把指针fp所指文件的内部位置指针移到文件头；第16～19行用于读出文件中的一行内容。

思考：本例中由于需要先读后写，所以选择用"w+"方式打开文件，可以试验看用其他方式(如"w"、"r")打开文件的区别。

9.4.2 字符串读/写函数fgets()和fputs()

1. fgets()函数

fgets()函数的功能是从指定的文件中读一个字符串到字符数组中，函数的调用形式如下：

fgets(字符数组名,n,文件指针);

其中，n是一个正整数。fgets()函数的功能是从指针fp指向的文件中读入一个字符串（最多$n-1$个字符）输入以字符数组名为起始地址的存储空间内，若在未读到$n-1$个字符时就读到或遇到文件结束标志('\n')，则结束本次读入。在读入的最后一个字符后加上串结束标志'\0'。

例如：

fgets(str,n,fp);

功能是从指针fp指向的文件中读出$n-1$个字符送入字符数组str中。
对fgets()函数有下面两点说明。
(1) 在读出$n-1$个字符之前如果遇到了换行符或EOF，则读出结束。
(2) fgets()函数也有返回值，其返回值是字符数组的首地址。

2. fputs()函数

fputs()函数的功能是向指定的文件写入一个字符串，其调用形式如下：

fputs(字符串,文件指针);

其中,字符串可以是字符串常量、字符数组名或指针变量。fputs()函数的功能是将一个字符串写入指针 fp 指向的文件中。需要注意的是,字符串最后的'\0'不输出。

例如:

```
fputs(str,fp);
```

功能是将字符数组 str 的值写入指针 fp 指向的文件中。

```
fputs("file",fp);
```

功能是将字符串"file"写入指针 fp 指向的文件中。

3. 使用举例

例 9-3 从程序文件"例 9-2.c"中读入一个含 10 个字符的字符串。

```
#include "stdio.h"
#include "windows.h"
void main()
{
    FILE *fp;
    char str[11];
    if((fp = fopen("例 9-2.c","r")) == NULL)
    {
        printf("Cannot open file!");
        exit(0);
    }
    fgets(str,11,fp);
    printf("%s",str);
    fclose(fp);
}
```

运行结果:

```
#include "
```

本例定义了一个字符数组 str,共 11 字节,在以读文本文件方式打开文件"例 9-2.c"后从中读出 10 个字符送入数组 str,在数组的最后一个单元内将加上'\0',然后在屏幕上显示输出数组 str,输出的 10 个字符正是"例 9-2.c"程序的前 10 个字符。

例 9-4 在例 9-2 建立的文件 f1.txt 中追加一个字符串。

```
#include "stdio.h"
#include "windows.h"
void main()
{
    FILE *fp;
    char ch,st[20];
    if((fp = fopen("f1.txt","a+")) == NULL)
    {
        printf("Cannot open file!");
        exit(0);
    }
```

```
        printf("input a string:\n");
        scanf("%s",st);
        fputs(st,fp);
        rewind(fp);
        ch = fgetc(fp);
        while(ch!= EOF)
        {
            putchar(ch);
            ch = fgetc(fp);
        }
        printf("\n");
        fclose(fp);
}
```

运行结果：

input a string:
12315ab   /*用户输入*/
abcdgsdkhf12315ab

程序运行后，可以打开记事本查看文件 f1.txt，内容如上行。

本例要求在 f1.txt 文件末加写字符串，因此在程序第 6 行以追加读/写文本文件的方式打开文件 f1.txt。然后输入字符串，并用 fputs() 函数把该串写入文件 f1.txt。在程序第 13 行用 rewind() 函数把文件的内部位置指针移到文件首。之后进入循环逐个显示当前文件中的全部内容。

9.4.3 格式化读/写函数 fscanf()和 fprintf()

1. 函数说明

fscanf(文件指针,格式控制字符串,输入地址表列);
fprintf(文件指针,格式控制字符串,输出表列);

这两个函数的操作与 scanf() 和 printf() 函数的操作相似，与 scanf() 和 printf() 函数不同的是 fscanf() 和 fprintf() 函数的读/写对象不是键盘和显示器，而是磁盘文件，即由函数的参数指定了输入/输出文件。

例如：

fscanf(fp,"%d%s",&k,str);

把指针 fp 指向的文件中的两个数据赋给变量 k 和数组 str。

fprintf(fp,"%d%c",j,ch);

在指针 fp 指向的文件中保存 j、ch 两个变量的数据。

2. 使用举例

例 9-5 从键盘输入两个学生的数据，写入一个文件中，再读出这两个学生的数据显示在屏幕上。

```c
#include "stdio.h"
#include "windows.h"
struct STUDENT
{
    char stu_num[15];
    char stu_name[20];
    char sex;
    int age;
}sa[2],sb[2];
void main()
{
    FILE *fp;
    char ch;
    int i;
    if((fp=fopen("stu_list","wb+"))==NULL)
    {
        printf("Cannot open file!");
        exit(0);
    }
    printf("\n input data:num name sex age\n");
    for(i=0;i<2;i++)
        scanf("%s%s %c %d",sa[i].stu_num,sa[i].stu_name,&sa[i].sex,&sa[i].age);
    for(i=0;i<2;i++)
        fprintf(fp,"%s %s %c %d\n",sa[i].stu_num,sa[i].stu_name,sa[i].sex,sa[i].age);
    rewind(fp);
    for(i=0;i<2;i++)
        fscanf(fp,"%s %s %c %d\n",sb[i].stu_num,sb[i].stu_name,&sb[i].sex,&sb[i].age);
    printf("\n\n number\tname\tsex\tage\n");
    for(i=0;i<2;i++)
        printf("%s\t%s\t%c\t%d\n",sb[i].stu_num,sb[i].stu_name,sb[i].sex,sb[i].age);
    fclose(fp);
}
```

运行结果：

```
input data:num name sex age
200901 zhang f 20
200902 yang m 21

number    name     sex    age
200901    zhang    f      20
200902    yang     m      21
```

程序运行后，系统默认目录中出现了文件 STU_LIST。

本程序定义了一个结构 STUDENT，声明了两个结构数组 sa 和 sb。程序第 13 行以读/写方式打开二进制文件"stu_list"，接受输入的两个学生数据之后将数据写入该文件中，然后把文件的内部位置指针移到文件首，读出两个学生数据后在屏幕上显示。本程序中的 fscanf() 和 fprintf() 函数每次只能读/写一个结构数组元素，因此采用了循环语句来读/写全部数组元素。

同时需要注意的是，scanf() 函数中为了规范字符串、字符和整数的输入格式，统一采用空格区分,所以在"％c"的前后各加了一个空格。

9.4.4 数据块读/写函数 fread()和 fwrite()

C语言提供了读/写数据块的 fread()和 fwrite()函数,用于读/写实数或结构体变量等数据块形式的变量的值。

1. 函数说明

```
fread(buffer,size,count,fp);
fwrite(buffer,size,count,fp);
```

buffer:一个指针。对于 fread()函数来说,它是读入数据存放的内存起始地址;对于 fwrite()函数来说,它是要输出的数据在内存中的起始地址。

size:要读/写的数据项的字节数。一般由含 sizeof 运算符的表达式给出,sizeof 是一个单目运算符,它的引用格式如下:

sizeof(变量名)或 sizeof(类型名)

count:要读/写多少个 size 字节的数据项,即读/写的次数。

fp:文件类型指针,指向所要读/写的文件。

(1) fread()函数的功能是从指针 fp 指向的二进制文件中读取 count 个 size 大小的数据块,将读出的数据依次存入以 buffer 为首地址的内存单元中。

(2) fwrite()函数的功能是将以 buffer 为首地址的连续 count 个 size 大小的数据块写入指针 fp 指向的文件中。

fread()和 fwrite()函数在调用成功时返回函数值为 count 的值,即输入/输出数据项的个数。如果调用失败(读/写出错),则返回 0。

在应用中可以改变 size 和 count 的大小,这两个函数可以从二进制文件中读/写任意多个指定类型的数据。

例如:

```
int b;
fread(&b,sizeof(int),1,fp);
```

该函数可以从指针 fp 指向的文件中每次读取一个整数。这里的 sizeof(int)表示整型所占的字节数。

特别需要注意的是,利用 fread()和 fwrite()函数可以从二进制文件中读/写结构体类型的数据。

例如:

```
struct tech
{
    char name[20];
    char sex;
    int age;
    float salary;
}teacher = {"wang ping",'m',28,1289.6};
```

用 fwrite(&teacher,sizeof(struct tech),1,fp)即可将结构体变量 teacher 的值写入指针 fp 指向的文件中。该文件必须以 wb 方式打开,并且写入的文件是二进制形式的,即无法直接打开阅读,只能由程序文件以二进制方式打开来读/写。

2. 使用举例

用 fread()和 fwrite()函数也可以完成例 9-5 的问题,改写后的程序见例 9-6。

例 9-6 用 fread()和 fwrite()函数改写例 9-5。

```
#include "stdio.h"
#include "windows.h"
struct STUDENT
{
   char stu_num[15];
   char stu_name[20];
   char sex;
   int age;
}sa[2],sb[2];
void main()
{
   FILE *fp;
   char ch;
   int i;
   if((fp = fopen("stu_list","wb+")) == NULL)
   {
      printf("Cannot open file!");
      exit(0);
   }
   printf("\n input data:num name sex age\n");
   for(i = 0;i < 2;i++)
      scanf("%s%s %c %d",sa[i].stu_num,sa[i].stu_name,&sa[i].sex,&sa[i].age);
   fwrite(sa,sizeof(struct STUDENT),2,fp);         /*替换 fprintf 循环*/
   rewind(fp);
   fread(sb,sizeof(struct STUDENT),2,fp);          /*替换 fscanf 循环*/
   printf("\n\n number\tname\tsex\tage\n");
   for(i = 0;i < 2;i++)
      printf("%s\t%s\t%c\t%d\n",sb[i].stu_num,sb[i].stu_name,
             sb[i].sex,sb[i].age);
   fclose(fp);
}
```

程序的运行结果同例 9-5。

与例 9-5 相比,本程序中的 fread()和 fwrite()函数能够一次性读取多个结构体数组元素的数据,因此不需要循环。

9.5 文件的定位操作

在文件中有一个内部的位置指针,指向当前的读/写位置。在采用顺序读/写方式时,用户可以不用关心这个指针是否存在。但在实际问题中有时需要只读/写文件中的某一指定部分,为了解决这个问题,需要移动文件内部的位置指针到需要读/写的位置,再进行读/写,这种方式称为随机读/写。

通常对文本文件采用顺序读/写的方法,对二进制文件采用随机读/写的方法。实现随机读/写的关键是按要求移动位置指针,这称为文件的定位。

1. 文件的位置指针与读/写定位

在每个文件的控制块中都存在一个读/写的定位指针,指向当前读/写位置。顺序读/写文件是指按从头到尾的顺序读出或写入,不能跳过文件前面的数据而直接读/写后面的数据。随机读/写文件则可以直接读/写文件中的任意部分数据,也可以在不破坏其他数据的情况下把数据插入文件中,这时就需要使用文件定位函数进行读/写定位。

C语言提供了3个文件定位函数,即 fseek()、ftell()和 rewind()函数。

1) fseek()函数

fseek()函数的功能是移动文件内部位置指针。fseek()函数的一般形式如下:

fseek(文件指针,位移量,起始点);

其中:

"文件指针"指向被移动的文件。

"位移量"表示移动的字节数,即从起始点到指定位置的字节数。通常要求位移量是 long 型数据,以便在文件长度大于 64KB 时不会出错,当用常量表示位移量时要求加后缀"L"。

"起始点"表示从何处开始计算位移量,规定的起始点有 3 种,即文件首、当前位置、文件末尾,起始点为这 3 种之一,分别用"表示符号"和"数字表示"两种方法表示。其表示方法如表 9.2 所示。

表 9.2 fseek()函数的表示方法

起始点	表示符号	数字表示
文件首	SEEK-SET	0
当前位置	SEEK-CUR	1
文件末尾	SEEK-END	2

例如:

fseek(fp,26L,0);

把位置指针移到离文件首 26 字节处。

fseek(fp,-6L*sizeof(double),2);

把位置指针移到距文件末尾 6×8 字节(即 6 个 double 数据)处。

当位移量为正数时,表示位置指针向文件尾部移动,当位移量为负数时,表示位置指针向文件头部移动。

fseek()函数一般用于二进制文件。

2) ftell()函数

ftell()函数的功能是获取文件指针的当前位置。其正常执行后,返回文件指针相对于文件头的偏移量(字节数),若出错(如文件不存在),返回值为-1L。ftell()函数的一般形式如下:

n = ftell(文件指针);

其中,n 是 long int 数据。

3) rewind()函数

rewind()函数的功能是将文件指针重新设置在文件开始处,相当于执行 fseek(fp,0,0) 函数。调用 rewind()函数的一般形式如下:

rewind(文件指针);

2. 使用举例

例 9-7 在例 9-5 建立的学生文件 stu_list 中读出第二个学生的数据。

```
#include "stdio.h"
#include "windows.h"
struct STUDENT
{
   char stu_num[15];
   char stu_name[20];
   char sex;
   int age;
}stu;
void main()
{
   FILE *fp;
   char ch;
   int i = 1;
   if((fp = fopen("stu_list","rb")) == NULL)
   {
      printf("Cannot open this file!");
      exit(0);
   }
   rewind(fp);
   fseek(fp,i*sizeof(struct STUDENT),0);
   fread(&stu,sizeof(struct STUDENT),1,fp);
   printf("number\tname\tsex\tage\n");
   printf("%s\t%s\t%c\t%d\n",stu.stu_num,stu.stu_name,stu.sex,stu.age);
}
```

运行结果:

```
number  name   sex   age
200902  yang   m     21
```

本程序用随机读/写的方法读出第二个学生的数据。本程序中定义 stu 为 STUDENT

类型变量。以读二进制文件方式打开文件,程序第18行用fseek()函数移动文件位置指针,其中i值为1,表示移动一个STUDENT类型的长度,0表示移动起始点从文件头开始,然后fread()函数再读出数据(即为第二个学生的数据)。

例9-8　从键盘输入一个文件的名字,求出这个文件的长度。

```
#include "stdio.h"
#include "windows.h"
void main()
{
    FILE * fp;
    char filename[80];
    long length;
    printf("Input file name:");
    gets(filename);
    /* 以二进制读文件方式打开文件 */
    if((fp = fopen(filename,"rb")) == NULL)
    {
        printf("file not found!\n");
        exit(0);
    }
    fseek(fp,0L,2);                          /* 把文件的位置指针移到文件尾 */
    length = ftell(fp);                      /* 获取文件长度 */
    printf("The length of file is %ld bytes",length);
    fclose(fp);
}
```

运行结果:

```
Input file name:f1.txt
The length of file is 17 bytes
```

本程序用fseek()函数把位置指针移到文件尾,再用ftell()函数获得这时位置指针距文件头的字节数,这字节数就是文件的长度。

在C语言中把文件看作无结构的字节流,所以记录的说法在C语言中是不存在的。而在实际应用程序中,为了满足特定的应用程序要求,程序员提供的文件结构往往具有记录结构。例如,每个职工的信息、每个学生的信息就可以看成是一些不等长的记录。

随机读/写文件的记录通常有固定的长度,这样才能做到直接、快速地访问指定的记录,因此可以用fseek()函数迅速定位到指定的某一个记录,实现对文件中指定记录的存取。

9.6　文件的出错检测

在文件的访问中有时会出现错误,例如不能打开指定的文件、文件不存在等。在前面的介绍中,对于不能正确打开文件的错误采用if语句来判断,用printf()函数给出错误提示信息的方法来处理。除了这种用户自定义的错误处理方法之外,C语言标准库函数stdio.h提供了一些函数来检测文件错误。

1. feof 函数

feof()函数用于文件结束的检测。对于文本文件,通常可以用 EOF(-1)作为结束标志;但对于二进制文件,-1 可能是字节数据的值。为了正确地判定文件的结束,可以通过使用 feof()函数来完成,它的一般格式如下:

feof(文件指针);

若结束,返回非 0 值,否则返回 0 值。

例如:

```
while(!feof(fp))
    fgetc(fp);
```

表示读出文件中的字符直到文件结束。

2. ferror()函数

ferror()函数是检测文件读/写错误的函数,它的一般格式如下:

ferror(文件指针);

该函数返回 0 值表示未出错,返回非 0 值表示出错。

注意,对同一个文件每次调用输入/输出函数均产生一个新的 ferror()函数值,因此应该在调用一个输入/输出函数后立即检查 ferror()函数的值,否则信息会丢失。

在执行 fopen()函数时,ferror()函数的初始值自动置为 0。

3. clearer 函数

clearer()函数用于清除文件错误标志,使文件错误标志和文件结束标志置为 0。它的一般格式如下:

clearer(文件指针);

假设在调用一个输入/输出函数时出现错误,ferror()函数的值为一个非 0 值,在调用 clearer(fp)后,ferror(fp)的值变成 0。

另外,只要出现错误标志就一直保留,直到对同一文件调用 clearer()函数或 rewind()函数,或任何其他一个输入/输出函数。

4. 使用举例

例 9-9 读文件 stu_list 并显示在屏幕上。使用 ferror()函数检测读/写错误,当出现错误时给出提示信息,并退出程序。

```c
# include "stdio.h"
# include "windows.h"
void main()
{
    char ch;
```

```
            FILE * fp;
            if((fp = fopen("stu_list","rb")) == NULL)
            {   printf("\nCan't open this file!\n");
                exit(0);
            }
            while(!feof(fp))
            {   ch = fgetc(fp);
                if(ferror(fp)) /*判断读/写是否出错*/
                {   printf("File Error!\n");
                    exit(0);
                }
                putchar(ch);
            }
            fclose(fp);
    }
```

在本例中利用 feof()函数判断文件是否结束,同时添加了对于 fgetc()函数的执行的判断。可以看出,如果程序正常运行,ferror()函数使用与否并不会对程序的结果造成任何影响。使用出错检测函数的意义在于预防异常情况发生,就如数组下标越界处理程序一般,是一种良好的编程习惯。

例 9-10 编写一个复制文件的程序。添加错误处理代码,发现错误时显示错误信息并清除错误标志。

```
#include "stdio.h"
#include "windows.h"
void main()
{
    FILE * in, * out;
    char ch;
    int flag = 0;          /*标志位:表示文件读/写是否正确,初始值为 0(正确)*/
    if((in = fopen("student.dat","rb")) == NULL)
    {
        printf("Can't open this file!\n");
        exit(0);
    }
    if((out = fopen("student2.dat","wb")) == NULL)
    {
        printf("Can't open this file!\n");
        exit(0);
    }
    while(!feof(in))
    {
        ch = fgetc(in);
        if(flag = ferror(in))
        {
            printf("Read Error!");
            clearer(in);
            break;
        }
        else
```

```
        {
            fputc(ch,out);
            if(flag = ferror(out))
            {    printf("Write Error!");
                clearer(out);
                break;
            }
        }
    }
    if(!flag)                                           /*正确复制*/
        printf("File copy is finished!");
    fclose(in);
    fclose(out);
}
```

程序运行后,如果正确复制,则显示"File copy is finished!"。若出现读错误,显示"Read Error!";出现写错误,显示"Write Error!"。

9.7 实战演练

1. 查找功能设计

用随机函数自动生成200个100～300的任意三位数存放在一个数据文件data.dat中,从键盘任意输入一个三位数,查找该数据文件中是否有这个数存在。若有,则输出"YES!",否则输出"NO!"。当输入-1时结束查找。

分析:随机函数rand()在使用前要加#include"cstdlib",其缺陷在于每次产生的数据都是相同的。如果想每次产生的数据不同,则需要使用srand(time(0))函数随机获得任意种子,每次可以产生不同的随机数,前提是要加上#include"ctime"。

请读者根据题意及分析,将程序补充完整。

```
#include "cstdlib"
#include "ctime"
#include "stdio.h"
void main()
{
    int x,n,i;
    FILE _____;                            /*定义文件指针*/
    if((fp = fopen("data.dat","w+")) == NULL)
    {
        printf("Cannot open file!");
        exit(0);
    }
    srand(time(0));
    for(i = 0;i < 200;i++)
    {
        x = 100 + rand()%200;                   /*产生[100,100+200]的数据*/
        fprintf(fp," %d ",x);
        if(i%10 == 0)
```

```
            printf("\n");
        printf("%5d",x);
    }
    while(1)
    {
        rewind(fp);
        printf("\n please enter the search number:\n");
        scanf("%d",&n);
        if(n==-1)
            _____;                          /* 输入-1时结束查找 */
        while(!feof(fp))                         /* 当文件未结束时 */
        {
            fscanf(fp,"%d",&x);
            if(_____)                       /* 找到即提前结束 */
            {
                printf("YES!\n");
                break;
            }
        }
        if(feof(fp))
            printf("NO!\n");
    }
    fclose(fp);
}
```

运行结果如下(200 个随机数运行时会不同)：

```
229  256  193  263  160  120  259  163  260  178
231  214  253  259  262  205  201  152  102  231
271  180  262  198  176  205  227  147  260  104
106  191  112  113  142  159  111  208  148  143
270  176  101  155  228  122  133  106  202  298
162  140  223  144  206  293  200  177  296  298
182  167  120  220  144  254  146  203  171  112
141  100  246  156  197  270  267  187  109  145
227  131  209  264  225  103  202  185  210  166
163  139  299  163  261  159  228  262  214  170
268  145  174  257  141  285  293  190  241  229
159  243  269  203  250  244  284  123  210  186
230  157  219  245  284  278  103  233  245  121
183  196  259  193  231  247  250  203  102  100
286  274  203  263  294  131  295  239  272  186
278  111  198  204  295  280  200  239  111  210
186  247  200  170  295  298  152  110  245  246
207  111  131  193  249  142  120  161  190  274
118  158  270  257  256  229  128  133  271  230
231  297  155  288  112  244  152  115  297  125
please enter the search number:
297
YES!
please enter the search number:
116
NO!
```

2. 文件复制操作

将例 9-2 所建的文本文件 f1.txt 的内容显示在屏幕上,并将所有内容复制到另一个文件 f2.txt 中。该操作需要同时打开多个文件,要求必须定义与文件数量相同的文件指针,使之指向每一个文件。关闭文件时也必须使用多个 fclose() 函数关闭所有文件。

程序在将文件 f1.txt 的内容显示在屏幕上后,其位置指针已经指向文件末尾。要想实现复制操作,需要执行 rewind() 函数,使位置指针重新指向文件开头。

请读者根据题意及分析将程序补充完整。

```
#include "stdio.h"
#include "windows.h"
void main()
{
    FILE *fp1, *fp2;
    char ch;
    if((fp1 = fopen("f1.txt","r")) == NULL)
    {
        printf("Can't open f1.txt!\n");
        exit(0);
    }
    if((fp2 = fopen("f2.txt","w")) == NULL)
    {
        printf("Can't open f2.txt!\n");
        exit(0);
    }
    while((ch = fgetc(fp1))!= EOF)
        putchar(ch);
    _____;                        /* f1.txt 文件指针复位 */
    while((ch = fgetc(fp1))!= EOF)
        fputc(ch,fp2);
    fclose(fp1);
    _____;                        /* 关闭 f2.txt 文件 */
}
```

9.8 综合设计

在前面的章节中分别对学生学籍管理系统的数据录入、成绩分析等方面进行了详细介绍,在本节中将结合文件的相关功能和函数实现学生学籍管理系统信息的磁盘文件输入、输出、查询、复制等操作。

9.8.1 分析与设计

本程序设计主要涉及结构体数组中学生数据与磁盘文件之间的交互,包括从磁盘文件中读数据、将处理好的数据写入磁盘文件、查询学生数据、复制文件等文件操作。对于其他更多的操作,如排序、统计等,请读者参看前面的章节。

程序应实现：
- 将从用户输入的学生信息（平均分通过成绩计算）写入文件 s1.dat；
- 读出其中的某条记录，并显示在屏幕上；
- 复制文件 s1.dat 到 s2.dat 中；
- 读出文件 s2.dat 的内容，并显示到屏幕上。

1. 数据结构设计

定义学生结构体类型：

```
struct STUDENT
{   char stu_num[15];        /*学号,定义为字符串,长度可更改*/
    char stu_name[20];       /*姓名*/
    char sex;                /*性别*/
    int age;                 /*年龄*/
    float score[3];          /*3门功课的成绩*/
    float ave;               /*平均分*/
}
```

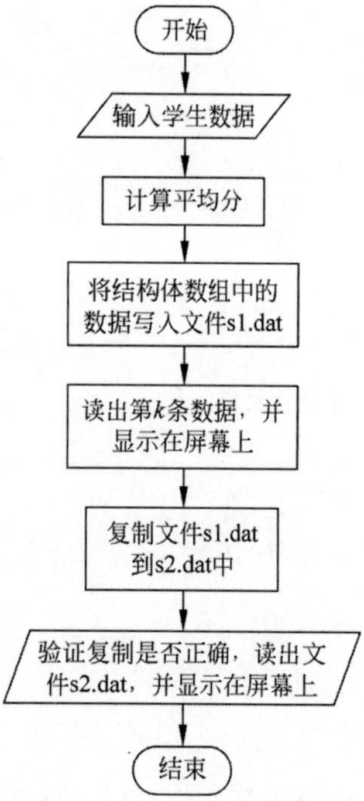

2. 函数设计

根据程序需要定义以下4个函数。

1) write()函数

功能：将结构体数组的数据写入文件。

参数：struct STUDENT s[],char * filename。

2) read()函数

功能：将文件中的记录读到结构体数组中。

参数：struct STUDENT s[],char * filename。

3) selectone()函数

功能：查询指定的某条记录。

参数：int i,char * filename。

返回值：struct STUDENT sone。

4) copyfile()函数

功能：复制文件 filename1 的内容到新文件 filename2 中。

参数：char * filename1,char * filename2。

具体程序流程图如图9.3所示。

图 9.3 综合应用程序流程图

9.8.2 完整的源程序代码

```
#include "stdio.h"
#include "windows.h"
#define N 3
struct STUDENT
{
    char stu_num[15];                              /*学号,定义为字符串,长度可更改*/
```

```c
    char stu_name[20];                              /*姓名*/
    char sex;                                       /*性别*/
    int age;                                        /*年龄*/
    float score[3];                                 /*3门功课的成绩*/
    float ave;                                      /*平均分*/
};

void write(struct STUDENT s[],char *filename);      /*写文件*/
void read(struct STUDENT s[],char *filename);       /*读文件*/
struct STUDENT selectone(int i,char *filename);     /*读出第i条记录*/
void copyfile(char *filename1,char *filename2);     /*复制文件*/

void main()
{
    struct STUDENT stu[N],stu2[N],student;
    int i,j,k;
    float sum;
    char *file1="s1.dat", *file2="s2.dat";
    /*学生信息的输入*/
    printf("Please input %d students' information:\n",N);
    printf("Number Name Sex Age Score1 Score2 Score3\n");    /*输入格式说明*/
    for(i=0;i<N;i++)
        scanf("%s%s %c %d%f%f%f",stu[i].stu_num,stu[i].stu_name,&stu[i].sex,
            &stu[i].age,&stu[i].score[0],&stu[i].score[1],&stu[i].score[2]);
    /*计算平均分*/
    for(i=0;i<N;i++)
    {
        sum=0;
        for(j=0;j<3;j++)
            sum+=stu[i].score[j];
        stu[i].ave=sum/3;
    }
    write(stu,file1);                               /*写入文件*/
    /*读出第i条记录*/
    printf("\n Choose a student:1- %d\n",N);
    scanf("%d",&k);
    student=selectone(k,file1);
    printf("%s\t%s\t%c\t%d\t%.2f\t%.2f\t%.2f\t%.2f\n",student.stu_num,
        student.stu_name,student.sex,student.age,student.score[0],
        student.score[1],student.score[2],student.ave);
    /*复制文件s1.dat到s2.dat*/
    copyfile(file1,file2);
    /*读文件s2.dat,并显示在屏幕上*/
    read(stu2,file2);
    for(i=0;i<N;i++)
        printf("%s\t%s\t%c\t%d\t%.2f\t%.2f\t%.2f\t%.2f\n",stu2[i].stu_num,
            stu2[i].stu_name,stu2[i].sex,stu2[i].age,stu2[i].score[0],
            stu2[i].score[1],stu2[i].score[2],stu2[i].ave);
}

void write(struct STUDENT s[],char *filename)       /*写文件函数*/
```

```c
{
    FILE *fp;
    if((fp = fopen(filename,"wb")) == NULL)
    {
        printf("\n Can't open this file!\n");
        exit(0);
    }
    fwrite(s,sizeof(struct STUDENT),N,fp);
    if(ferror(fp))                              /*判断读/写是否出错*/
    {
        printf("File Error!\n");
        exit(0);
    }
    fclose(fp);
    printf("\n%s write finished!\n",filename);
}

void read(struct STUDENT s[],char *filename)    /*读文件函数*/
{
    FILE *fp;
    if((fp = fopen(filename,"rb")) == NULL)
    {
      printf("\n Can't open this file!\n");
        exit(0);
    }
    fread(s,sizeof(struct STUDENT),N,fp);
    if(ferror(fp))                              /*判断读/写是否出错*/
    {
        printf("File Error!\n");
        exit(0);
    }
    fclose(fp);
    printf("\n%s read finished!\n",filename);
}

struct STUDENT selectone(int i,char *filename)  /*读出第i条记录函数*/
{
    FILE *fp;
    struct STUDENT sone;
    if((fp = fopen(filename,"rb")) == NULL)
    {
        printf("\n Can't open this file!\n");
        exit(0);
    }
    fseek(fp,(i-1)*sizeof(struct STUDENT),0);
    fread(&sone,sizeof(struct STUDENT),1,fp);
    if(ferror(fp))                              /*判断读/写是否出错*/
    {
        printf("File Error!\n");
        exit(0);
    }
```

```
        fclose(fp);
        return sone;
}

void copyfile(char *filename1,char *filename2)        /*复制文件函数*/
{
    FILE *fp1,*fp2;
    char ch;
    if((fp1 = fopen(filename1,"rb")) == NULL)
    {
        printf("\n Can't open this file!\n");
        exit(0);
    }
    if((fp2 = fopen(filename2,"wb")) == NULL)
    {
        printf("\n Can't open this file!\n");
        exit(0);
    }
    while((ch = fgetc(fp1))!= EOF)
        fputc(ch,fp2);
    fclose(fp1);
    fclose(fp2);
    printf("\n%s to %s copy finished!\n",filename1,filename2);
}
```

程序运行结果：

```
Please input 3 students' information:
Number Name Sex Age Score1 Score2 Score3
201101 lin f 20 78 89 69
201102 zhan m 20 69 87 98
201103 wang f 20 96 87 58

s1.dat write finished!

Choose a student:1－3
2
201102 zhan      m    20      69.00     87.00     98.00    84.67

s1.dat to s2.dat copy finished!

s2.dat read finished!
201101        lin  f    20      78.00     89.00     69.00    78.67
201102        zhan m    20      69.00     87.00     98.00    84.67
201103        wang f    20      96.00     87.00     58.00    80.33
```

9.9 小结

在实际应用中常以磁盘文件为对象实现大批量数据的输入/输出，即从磁盘文件读取（输入）数据供程序使用，或将数据写（输出）到磁盘文件。C语言没有设置专门的文件输入/

输出语句,所有的文件操作都是通过调用由编译系统提供的文件处理库函数实现的。本章介绍文件的基本概念以及文件的处理过程。

(1) 磁盘文件数据与内存数据结构不同,在对文件中的数据进行操作之前先要进行"打开"操作,对文件中的数据进行操作之后要进行"关闭"操作。C语言程序对文件操作的一般过程为打开文件——读/写文件——关闭文件。

通过程序对文件进行操作,达到从指定文件中读数据(输入内存中)或向指定文件中写数据(输出到磁盘)的目的。

(2) C语言把文件看作无结构的字节流,即C语言中的文件是一种流式文件。与标准文件相联系的是3个标准流,即标准输入流、标准输出流和标准错误流。这3个标准流是在程序开始时由系统自动建立的,无须程序人员建立。也就是说,标准文件在启动系统时自动打开,并且自动分配文件缓冲区和文件指针,在退出系统时自动关闭。

(3) 在C语言中用一个指针变量指向一个文件,这个指针称为文件指针,通过这个文件指针就可以对它所指向的文件进行各种操作。

(4) 文件分为二进制文件和文本文件两种,主要区别在于读/写方式和存储方式不同。

(5) 打开文件的方式。

文件指针名 = fopen(文件名,文件使用方式);

(6) 关闭文件的方式。

fclose(文件指针);

(7) 按顺序读/写文件。

① 字符的输入/输出:fgetc()、fputc()。

② 字符串的输入/输出:fgets()、fputs()。

③ 格式输入/输出:fscanf()、fprintf()。

(8) 随机读/写文件。

数据块的输入/输出:fread()、fwrite()。

(9) 文件定位函数。

fseek()、ftell()、rewind()函数。

(10) 出错检测函数。

feof()、ferror()、clearer()函数。

习 题 9

1. 选择题

(1) 系统的标准输入文件是指( )。

    A. 键盘   B. 显示器   C. 软盘   D. 硬盘

(2) 若执行fopen()函数时发生错误,则函数的返回值是( )。

    A. 地址值   B. 0   C. 1   D. EOF

(3) 若要用fopen()函数打开一个新的二进制文件,该文件要既能读也能写,则文件方式字符串应是( )。

  A. "ab+"   B. "wb+"   C. "rb+"   D. "ab"

(4) 当顺利执行了文件关闭操作时,fclose()函数的返回值是( )。

  A. −1   B. TRUE   C. 0   D. 1

(5) fgetc()函数的作用是从文件读入一个字符,该文件的打开方式必须是( )。

  A. 只写   B. 追加

  C. 读或读/写   D. 答案 B 和 C 都正确

(6) 利用 fseek()函数可实现的操作是( )。

  A. 改变文件的位置指针   B. 文件的顺序读/写

  C. 文件的随机读/写   D. 以上答案均正确

(7) 标准库函数 fgets(s, n, f)的功能是( )。

  A. 从文件 f 中读取长度为 n 的字符串存入指针 s 所指的内存

  B. 从文件 f 中读取长度不超过 $n-1$ 的字符串存入指针 s 所指的内存

  C. 从文件 f 中读取 n 个字符串存入指针 s 所指的内存

  D. 从文件 f 中读取长度为 $n-1$ 的字符串存入指针 s 所指的内存

(8) 若指针 fp 是指向某文件的指针,且已读到文件的末尾,则表达式 feof(fp)的返回值是( )。

  A. EOF   B. −1   C. 非 0 值   D. NULL

(9) 下列 main()函数的参数的说明形式正确的是( )。

  A. main(int argc,char * argv)   B. main(int abc,char ** abv)

  C. main(int argc,char argv)   D. main(int c,char v[ ])

(10) 使用语句 fp = fopen("d:\\pic.dat","ab+")成功打开文件后,文件指针的位置在( )。

  A. 文件头   B. 文件尾   C. 不确定   D. NULL

2. 填空题

(1) 在 C 语言程序中,数据可以用_____两种代码形式存放。

(2) 在 C 语言中,文件的存取是以字符为单位的,这种文件被称为_____文件。

(3) 函数调用语句 fgets(buf,n,fp);表示从指针 fp 指向的文件中读入_____个字符放到 buf 字符数组中,函数值为指针 buf。

(4) feof(fp)函数用来判断文件是否结束,如果遇到文件结束,函数值为_____。

(5) 在对文件进行操作的过程中,若要求文件的位置回到文件的开头,应当调用_____函数。

(6) 下面程序由终端键盘输入字符,存放到文件中,用! 结束输入,在横线上填入适当的内容。

```
#include <stdio.h>
void main()
{
    FILE * fp;
```

```
        char ch,fname[10];
        printf("Input name of file\n");
        gets(fname);
        if((fp = fopen(fname, "w")) == NULL)
        {
            printf("can not open\n");
            exit(0);
        }
        printf("Enter data:\n");
        while(____①____ != '!') fputc(____②____);
        fclose(fp);    }
```

(7) 下面程序把从终端读入的 10 个整数以二进制方式写到一个名为 bi.dat 的新文件中,填空完成程序。

```
#include<stdio.h>
FILE *fp;
void main()
{   int i,j;
    if((fp = fopen(_____, "wb")) == NULL) exit(0);
    for(i = 0;i < 10;i++)
    {   scanf("%d",&j);
        fwrite(&j,sizeof(int),1,);
    }
    fclose(fp);
}
```

(8) 下列程序实现的功能是_____。

```
#include<stdio.h>
void main()
{
    FILE *fp1;
    char str[100];
    if((fp1 = fopen("file1.dat","r")) == NULL)
    {
        printf("can not open file1\n");
        exit(1);
    }
    while(fgets(str,100,fp)!= NULL)
    printf("%s",str);
    fclose(fp);
}
```

(9) 下列程序实现的功能是_____。

```
#include<stdio.h>
main()
{
    FILE *fp;
    char ch;
    if((fp = fopen("e10_1.c","rt")) == NULL)
```

```
        {
            printf("Can not open file strike any key exit!"); exit(1);
        }
        ch = fgetc(fp);
        while (ch!= EOF)
        {
            putchar(ch);    ch = fgetc(fp);
        }
        fclose(fp);
}
```

(10) 下列程序实现的功能是_____。

```
#include "stdio.h"
char buff[512];
void main(int argc,char * argv[])
{   FILE * fp1, * fp2;
    char ch;
    unsigned int bfsz = 32768;
    int k = 0;
    if((fp1 = fopen(argv[1], "rb")) == 0)
    {
        printf("can not open file % s",argv[1]);
        exit(1);
    }
    if((fp2 = fopen(argv[2], "wb")) == 0)
    {
        printf("can not open file % s",argv[2]);
        exit(1);
    }
    while(fread(buff,bfsz,1,fp1))
    {
        fwrite(buff,bfsz,1,fp2);
        k++;
    }
    fseek(fp1,512L * k,0);
    ch = fgetc(fp1);
    while(!feof(fp1))
    {
        fputc(ch,fp2);
        ch = fgetc(fp1);
    }
    fclose(fp1);
    fclose(fp2);
}
```

3. 编程题

(1) 编写程序,从键盘输入 50 个整数,并存入 C:\tc\idata.dat 文件中。

(2) 编写程序,用变量 count 统计文件中的字符个数,文件名从键盘读入。

(3) 输入若干行字符,直到输入'#'结束,将输入的字符以文本文件方式保存在磁盘中,然后统计文件中字符的个数,并在屏幕上显示这些字符。

(4) 有两个磁盘文件 a.txt 和 b.txt,将 b.txt 的内容追加到 a.txt 末尾。

(5) 编程实现两个文本文件的比较,文件名由命令行参数给定,要求显示两个文件中不相同的行的行号以及该行中不相同的字符的开始位置。

本章实验实训

【实验目的】

(1) 掌握文件以及缓冲文件系统、文件指针的概念。
(2) 掌握文件的打开、关闭、读和写等文件操作及其应用。
(3) 掌握文件的定位、判断错误等操作及其应用。

【实验内容及步骤】

设计一个日程管理程序,要求每条日程记录中包含的数据域为序号、日期时间、活动、地点。程序的主要功能如下:

(1) 增加活动记录,按照时间顺序建立和保存活动记录到磁盘文件;

(2) 查找活动记录,可以从磁盘文件按照序号、日期时间、活动查找记录,读取活动记录到内存;

(3) 更新活动记录,查找到活动记录并修改更新活动记录;

(4) 删除活动记录。

说明:本程序设计主要涉及结构体数组中数据与磁盘文件之间的交互,包括从磁盘文件中读数据、将处理好的数据写入磁盘文件、查询学生数据、复制文件等文件操作。

附录 A

Visual C++ 6.0开发环境

Visual C++ 6.0(以下简称为 VC++ 6.0)是 Microsoft 公司推出的使用极为广泛的基于 Windows 平台的可视化开发环境,分为标准版、专业版和企业版 3 种,本附录介绍其简体中文企业版开发环境。

A.1 开发环境概述

在 Windows 操作系统下正确安装好 VC++ 6.0 之后,单击"开始"按钮,选择"程序"→ Microsoft Visual C++ 6.0→Microsoft Visual C++ 6.0,即可运行 VC++ 6.0,并进入 VC++ 6.0 开发环境,如图 A.1 所示。

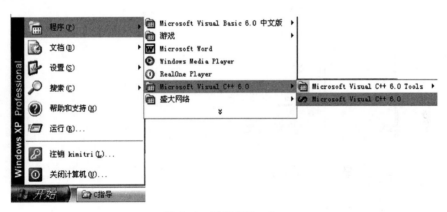

图 A.1 运行 VC++ 6.0

第一次进入 VC++ 6.0 时,屏幕上会显示"每日提示"对话框,如图 A.2 所示。单击"下一条"按钮可看到有关各种操作的提示,单击"关闭"按钮将关闭对话框。如果不选择"启动时显示提示"复选框,则以后再进入 VC++ 6.0 时就不会出现"每日提示"对话框。

VC++ 6.0 开发环境界面由标题栏、菜单栏、工具栏、项目工作区窗口、文档窗口、输出窗口及状态栏等组成,如图 A.3 所示。

(1) 标题栏:标题栏的左端显示当前文档窗口中文档的文件名,右端有最大化或还原、最小化以及关闭按钮。

(2) 菜单栏:菜单栏包括了开发环境中几乎所有的命令,它为用户提供了文档操作、程序编译、调试、窗口操作等一系列的功能。

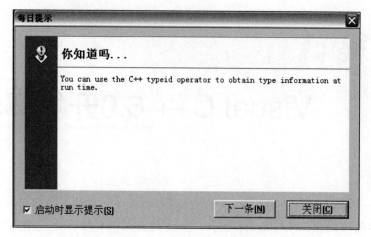

图 A.2 "每日提示"对话框

图 A.3 VC++ 6.0 开发环境界面

(3) 工具栏：工具栏上是一些常用命令的按钮,其功能与菜单命令相同。

(4) 项目工作区窗口：项目工作区窗口包括用户项目的一些信息,如类、项目文件以及资源等。在项目工作区窗口中的任何标题或图标处右击,都会弹出相应的快捷菜单,其中包含当前状态下的一些常用操作。

(5) 文档窗口：一般位于开发环境的右边,各种程序代码的源文件、资源文件、文档文件等都可以通过文档窗口显示。

(6) 输出窗口：一般位于开发环境窗口的底部,用于显示组建(编译和连接)、调试以及在文件中查找时输出的相关信息。

（7）状态栏：状态栏一般位于开发环境的最底部，用来显示当前操作状态、注释以及文本光标所在的行、列号等信息。

A.2 菜单栏简介

菜单栏中包括文件、编辑、查看、插入、工程、组建、工具、窗口和帮助共 9 个选项，每个选项下又有一系列的菜单命令，通过执行这些命令能完成各项任务。

（1）文件：文件选项中包含的命令如图 A.4 所示，主要用来对文件和项目进行操作，如"新建""打开""保存""关闭""打印"等操作。

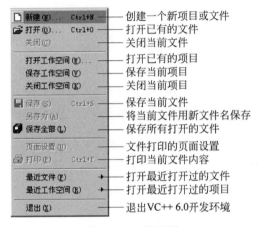

图 A.4 文件选项

（2）编辑：编辑选项中包含的命令如图 A.5 所示，主要用来对文件内容进行编辑操作，如"删除""复制""查找"等操作。

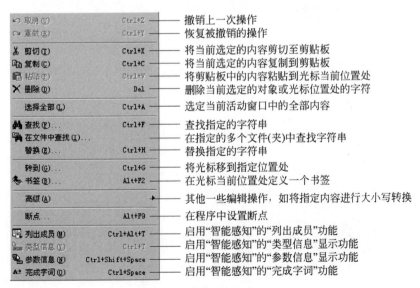

图 A.5 编辑选项

(3) 查看：查看选项中包含的命令如图 A.6 所示，主要用来改变窗口和工具栏的显示方式。

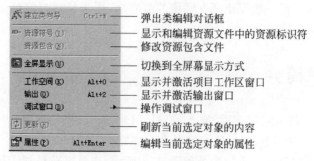

图 A.6　查看选项

(4) 插入：插入选项中包含的命令如图 A.7 所示，主要用于项目及资源的创建和添加。

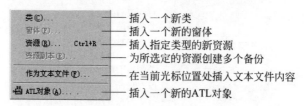

图 A.7　插入选项

(5) 工程：工程选项中包含的命令如图 A.8 所示，主要用于项目的一些操作，如向项目中添加源文件等。

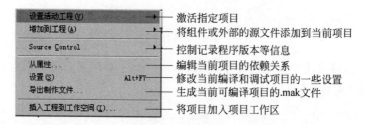

图 A.8　工程选项

(6) 组建：组建选项中包含的命令如图 A.9 所示，主要用于应用程序的编译、连接、调试、运行。

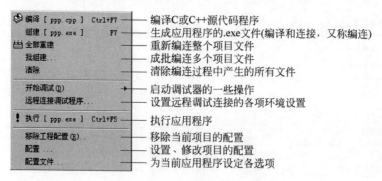

图 A.9　组建选项

(7) 工具：工具选项中包含的命令如图 A.10 所示，主要用于选择或定制开发环境中的一些实用工具。

(8) 窗口：窗口选项中包含的命令如图 A.11 所示，主要用于文档窗口的操作，如排列文档窗口、打开或关闭一个文档窗口、重组或分割文档窗口等。

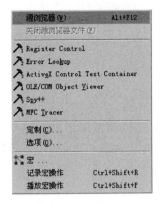

图 A.10　工具选项

图 A.11　窗口选项

(9) 帮助：帮助选项中包含的命令如图 A.12 所示，提供了大量的帮助信息。

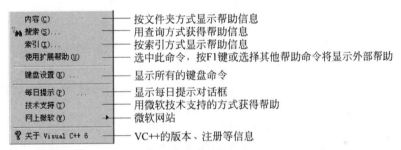

图 A.12　帮助选项

注意：上面介绍的是一般情况下开发环境所显示的菜单命令。随着开发环境当前状态的改变，菜单栏以及菜单选项中的命令项也随之变化。例如，当打开对话框编辑器时，开发环境自动增加了"布局"选项，而当文档窗口中没有任何源文件时，许多菜单命令是灰色的，用户不能使用它们。

A.3　开发环境的工具栏

工具栏是一种图形化的操作界面，它由一系列工具按钮组成，具有直观和快捷的特点，熟练地使用工具栏能提高工作效率。当鼠标指针停留在工具按钮上时按钮凸起，主窗口底端的状态栏上显示该按钮的一些提示信息；如果鼠标指针停留的时间长一些，就会出现一个小的弹出式的"工具提示"窗口，显示按钮的名称。工具栏上的按钮通常和菜单选项中的一些命令相对应。

第一次运行 VC++ 6.0 时，开发环境中显示的工具栏有标准工具栏、类向导工具栏及小型编连工具栏。

(1) 标准工具栏如图 A.13 所示,其中的工具按钮大多数是常用的文档编辑命令,如新建、保存、撤销、恢复、查找等。

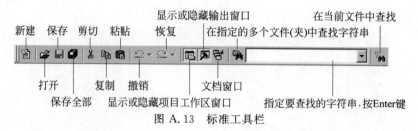

图 A.13 标准工具栏

(2) 类向导工具栏如图 A.14 所示。单击 Actions 控制按钮可以将光标移动到指定类成员函数在相应的源文件中的定义和声明位置处。单击 Actions 旁的向下按钮会弹出一个快捷菜单,从中可以选择要执行的命令。

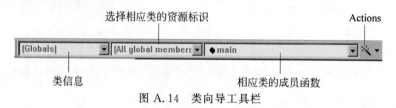

图 A.14 类向导工具栏

(3) 小型编连工具栏如图 A.15 所示,提供了常用的编译、连接操作命令。

上述这些工具栏不仅可以显示或隐藏,而且还可以根据自己的需要对工具栏的按钮及命令进行定制。另外,工具栏上的按钮有时处于未激活状态。例如,标准工具栏上的"复制"按钮在没有选定对象前是灰色的,这时用户不能使用它。

右击菜单栏或开发环境界面中的任何工具栏,这时会弹出一个包含工具栏名称的快捷菜单,如图 A.16 所示,通过在此快捷菜单中选择或不选择某个工具栏可以快速地在开发环境界面中显示或隐藏该工具栏。

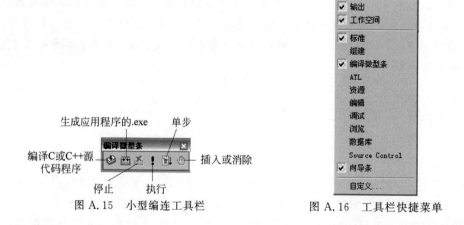

图 A.15 小型编连工具栏   图 A.16 工具栏快捷菜单

保存文件有两种方式,用户可以在菜单栏中选择"文件"→"保存"命令,在弹出的对话框中将文件保存在指定位置,如图 A.17 所示,也可以在工具栏中单击"保存"按钮进行保存。

附录A　Visual C++ 6.0开发环境

图 A.17　"保存为"对话框

A.4　VC++ 6.0 的主要窗口

1. 项目工作区窗口

项目工作区窗口显示了当前工作区中各个工程的类、资源和文件信息。当新建或打开一个工作区后,项目工作区窗口通常会出现 ClassView(类视图)、ResourceView(资源视图)和 FileView(文件视图)3 个树视图。如果在 VC++ 6.0 企业版中打开了数据库工程,还会出现第 4 个视图 DataView(数据视图)。如前所述,在项目工作区窗口的各视图内右击可以得到很多有用的关联菜单。

ClassView 显示当前工作区中所有工程定义的 C++类、全局函数和全局变量,展开每个类后可以看到该类的所有成员函数和成员变量。如果双击类的名字,VC++ 6.0 会自动打开定义这个类的文件,并把文档窗口定位到该类的定义处,如果双击类的成员或者全局函数及变量,文档窗口则会定位到相应函数或变量的定义处。

ResourceView 显示每个工程中定义的各种资源,包括快捷键、位图、对话框、图标、菜单、字符串资源、工具栏和版本信息。如果双击一个资源项目,VC++ 6.0 会进入资源编辑状态,打开相应的资源,并根据资源的类型自动显示出 Graphics、Color、Dialog、Controls 等停靠式窗口。

FileView 显示了隶属于每个工程的所有文件。除了 C/C++源文件、头文件和资源文件外,还可以向工程中添加其他类型的文件,如 Readme.txt 等。这些文件对工程的编译连接不是必需的,但将来制作安装程序时会被一起打包。同样,在 FileView 中双击源程序等文本文件,VC++ 6.0 会自动为该文件打开一个文档窗口,双击资源文件,VC++ 6.0 也会自动打开其中包含的资源。

在 FileView 中对一个工程右击后,关联菜单中会有一个"清除"命令,在此特别解释一下它的功能:VC++ 6.0 在建立一个工程时,会自动生成很多中间文件,如预编译头文件、程序数据库文件等,这些中间文件加起来大小往往有数兆字节,很多人在开发一个软件期间会使用办公室或家里的数台计算机,如果不把这些中间文件删除,在多台计算机之间使用软盘复制工程就很麻烦。"清除"命令的功能就是把 VC++ 6.0 生成的中间文件全部删除,避免了手工删除时可能会出现误删或漏删的问题。另外,在某些情况下,VC++ 6.0 编译器可能无法正确识别哪些文件已被编译过了,以至于在每次建立工程时都进行完全重建,很浪费时间,此时使用"清除"命令删除中间文件就可以解决这一问题。

应当指出,承载一个工程的还是存储在工作文件夹下的多个文件(物理上),在项目工作区窗口中的这些视图都是逻辑意义上的,它们只是从不同的角度去自动统计总结了工程的信息,以方便和帮助大家查看工程,更有效地开展工作。如果开始时用户不习惯且工程很简单(学习期间很多时候都只有一个.cpp 文件),则完全没有必要去理会这些视图,只需要在.cpp 文件内容窗口中工作。

2. 输出窗口

和项目工作区窗口一样,输出窗口也被分成了数栏,其中前面 4 栏最常用。在建立工程时,组键栏将显示工程在建立过程中经过的每个步骤及相应信息,如果出现编译连接错误,那么发生错误的文件及行号、错误类型编号和描述都会显示在组键栏中,双击一条编译错误,VC++ 6.0 就会打开相应的文件,并自动定位到发生错误的那一条语句。

工程通过编译连接后,运行其调试版本,Debug 栏中会显示出各种调试信息,包括 DLL 装载情况、运行时警告及错误信息、MFC 类库或程序输出的调试信息、进程中止代码等。

两个在文件中查找栏用于显示从多个文件中查找字符串后的结果,当用户想看某个函数或变量出现在哪些文件中时,可以从"编辑"菜单中选择"在文件中查找"命令,指定要查找的字符串、文件类型及路径,单击"查找"按钮后结果就会输出在输出窗口的在文件中查找栏中。

3. 窗口的布局调整

VC++ 6.0 的智能化界面允许用户灵活地配置窗口布局,如菜单和工具栏的位置都可以重新定位。在菜单或工具栏左方类似于把手的两个竖条纹处或其他空白处单击并按住鼠标左键,然后试着把它拖到窗口的不同地方,可以发现菜单和工具栏能够停靠在窗口的上方、左方和下方,双击竖条纹后,它们还能以独立子窗口的形式出现,独立子窗口能够始终浮动在文档窗口的上方,并且可以被拖到 VC++ 6.0 主窗口之外。如果有双显示器,甚至可以把这些子窗口拖到另外一个显示器上,以便进一步加大编辑区域的面积。项目工作区窗口和输出窗口等停靠式窗口也能以相同的方式进行拖动,或者切换成独立的子窗口。此外,这些停靠式窗口还可以切换成普通的文档窗口模式,不过文档窗口不能被拖出 VC++ 6.0 的主窗口,切换的方法是选中某个停靠式窗口,然后在"窗口"菜单中把"组合"置于非选中状态。

A.5 新建、编辑、编译、连接、运行一个 C 语言程序

C 语言是一种编译型语言,用户编写好的程序(称为源程序,扩展名为.c 或.cpp)不能直接执行,必须经过一个翻译程序(称为编译程序)将其编译成机器代码指令(称为目标程

序,扩展名为.obj),再经过一个连接程序对目标程序进行连接装配,即将它所需的程序库中的程序及其他目标程序装入,最后产生一个可以执行的程序(扩展名为.exe)。

下面通过一个实例来说明 VC++ 6.0 开发环境的使用过程,即 C 语言程序的新建、编辑、编译、连接及运行。

(1) 新建、编辑一个 C 语言程序的步骤。

① 在开发环境中单击标准工具栏上的"新建"按钮,打开一个新的空白文档窗口。

② 在空白文档窗口中输入以下程序:

```
#include <stdio.h>
main()
{
  double r = 0,area = 0;
  printf("\n请输入圆的半径: ");
  scanf("%lf",&r);
  area = 3.14159 * r * r;
  printf("\n输出圆的面积为: %lf\n",area);
}
```

③ 选择"文件"菜单中的"另存为"命令,打开"保存为"对话框,如图 A.17 所示。在"保存在"框中选择所需的保存路径,在"文件名"框中输入文件名 ex-1.c,然后单击"保存"按钮。

这样就将输入的求圆面积的程序以文件名 ex-1.c 存储在指定的路径下。

(2) 编译、连接一个 C 语言程序的步骤。

① 选择"组建"菜单中的"编译"命令,将 ex-1.c 源程序编译成 ex-1.obj 目标程序。若在输出窗口中显示信息"ex-1.obj-0 error(s), 0 warning(s)",表示 ex-1.obj 目标程序已经正确生成,可进行下一步操作;否则根据输出窗口中显示的出错信息在改正程序中的语法错误后编译源程序,如此反复直到没有语法错误为止。

第一次编译源程序时,系统会弹出如图 A.18 所示的对话框,询问是否要建立一个默认的工作空间,这时必须单击"是"按钮,因为在组建时需要一个活动的工作空间。

图 A.18 提示框

② 选择"组建"菜单中的"组建"命令,将 ex-1.obj 目标程序连接成 ex-1.exe 可执行程序。若在输出窗口中显示信息"ex-1.exe-0 error(s), 0 warning(s)",表示 ex-1.exe 可执行程序已经正确生成,可进行下一步操作;否则根据输出窗口中显示的出错信息在改正程序中的错误后组建程序,如此反复直到没有错误为止。

(3) 运行一个 C 语言程序的步骤。

① 选择"组建"菜单中的"执行"命令,将运行 ex-1.exe 可执行程序并自动打开显示运行

结果的运行窗口,如图 A.19 所示。

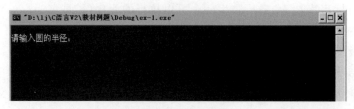

图 A.19　运行窗口

② 在字符串"请输入圆的半径:"后输入半径数值,然后按 Enter 键就会得到运行结果,即圆的面积,如图 A.20 所示。

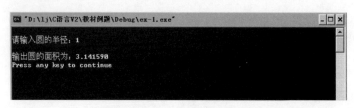

图 A.20　运行结果

运行窗口中显示的 Press any key to continue 信息是系统自动加上去的,表示程序运行后按任意键可返回到文档窗口。运行窗口也可以通过单击窗口上的"关闭"按钮来关闭。

注意:当一个程序调试完成并得到正确的结果后,若要调试另外的程序,请务必先选择"文件"中的"关闭"命令来关闭当前程序的文档窗口,选择"文件"中的"关闭工作空间"命令来关闭当前工作空间,然后再创建新的文档窗口,编辑新的程序。

A.6　常见问题处理

初学者第一次接触 VC++ 6.0 时往往会遇到以下问题。

(1) 项目工作区窗口不见了?

解答:检查标准工具栏上的 ▣ 按钮是否为按下的状态,如果不是,则单击它将其按下去。

如果此时看不到项目工作区窗口,则一定查找屏幕四周是否存在被隐藏的窗口边框,如果有,拖动到屏幕中。然后将它拖动到开发环境的左侧,当出现停泊的细框线时释放鼠标,则项目工作区窗口停泊到默认的左侧位置。

若此时看到了项目工作区窗口,但不在开发环境的左侧位置,则将其拖动到默认的左侧位置。

(2) 程序编译后就一直停留在编译状态,是死机了吗?

解答:一般情况下,出现这种问题只要按一两次 Ctrl+Break 快捷键就可中断当前编译。

如果无法中断,则可按 Ctrl+Alt+Delete 快捷键,弹出"Windows 任务管理器",切换到"进程"选项卡,找到并选中 MSDEV.EXE 项,然后单击 结束进程(E) 按钮强制终止。注意,大家不用担心开发环境的程序代码会丢失,因为在编译前系统已将所有打开的文件保存。

(3) 程序编译后出现的语法错误太多怎么办？

解答：首先要养成3个习惯：一是用空行、空格、缩进和注释等来提高代码的可读性；二是标识符等的命名规则,许多程序员采用"匈牙利标记法",即在每个变量名前面加上表示数据类型的小写字符,变量名中每个单词的首字母均大写。例如,用 nWidth 或 iWidth 表示整型(int)变量；三是要理解程序思想,尤其是程序中的关键词以及预定义标识,它们都有自身的含义,不能拼写错(从这一点来看需要有一定的英文基础)。

常见的语法错误除前面介绍的以外还有一些,如双引号、单引号、中括号、小括号等都是成对出现的。在程序中除字符串、注释以外,其余的都应是可见的 ASCII 字符。

有的初学者经常会从网站上直接复制一些程序到 VC++ 6.0 的文档窗口中,一旦编译就会出现多个错误。这大多与双字节的中文编码以及看不见的字符有关,因此大家在复制程序时一定要先复制到记事本中,然后再从记事本中复制到文档窗口中。

附录 B ASCII码表

十进制	十六进制	符号	十进制	十六进制	符号
0	0H	(NULL)	32	20H	空格符
1	1H		33	21H	!
2	2H		34	22H	"
3	3H		35	23H	#
4	4H		36	24H	$
5	5H		37	25H	%
6	6H		38	26H	&
7	7H	BEEP	39	27H	'
8	8H		40	28H	(
9	9H	'\t'	41	29H	)
10	AH	'\n'	42	2AH	*
11	BH	'\v'	43	2BH	+
12	CH	'\f'	44	2CH	,
13	DH	'\r'	45	2DH	—
14	EH		46	2EH	.
15	FH		47	2FH	/
16	10H		48	30H	0
17	11H		49	31H	1
18	12H		50	32H	2
19	13H		51	33H	3
20	14H		52	34H	4
21	15H		53	35H	5
22	16H		54	36H	6
23	17H		55	37H	7
24	18H		56	38H	8
25	19H		57	39H	9
26	1AH		58	3AH	: ;
27	1BH	ESC	59	3BH	<?
28	1CH		60	3CH	=
29	1DH		61	3DH	>?
30	1EH		62	3EH	?
31	1FH		63	3FH	

续表

十进制	十六进制	符号	十进制	十六进制	符号
64	40H	@	96	60H	`
65	41H	A	97	61H	a
66	42H	B	98	62H	b
67	43H	C	99	63H	c
68	44H	D	100	64H	d
69	45H	E	101	65H	e
70	46H	F	102	66H	f
71	47H	G	103	67H	g
72	48H	H	104	68H	h
73	49H	I	105	69H	i
74	4AH	J	106	6AH	j
75	4BH	K	107	6BH	k
76	4CH	L	108	6CH	l
77	4DH	M	109	6DH	m
78	4EH	N	110	6EH	n
79	4FH	O	111	6FH	o
80	50H	P	112	70H	p
81	51H	Q	113	71H	q
82	52H	R	114	72H	r
83	53H	S	115	73H	s
84	54H	T	116	74H	t
85	55H	U	117	75H	u
86	56H	V	118	76H	v
87	57H	W	119	77H	w
88	58H	X	120	78H	x
89	59H	Y	121	79H	y
90	5AH	Z	122	7AH	z
91	5BH	[	123	7BH	{
92	5CH	\	124	7CH	|
93	5DH	]	125	7DH	}
94	5EH	^	126	7EH	~
95	5FH	_	127	7FH	DEL

C语言中的关键字

auto	break	case	char	const
continue	default	do	double	else
enum	extern	float	for	goto
if	int	long	register	return
short	signed	sizeof	static	struct
switch	typedef	union	unsigned	void
volatile	while			

附录 D

C语言标准库函数

库函数并不是 C 语言的一部分,它是由人们根据需要编制并提供给用户使用的。每种 C 语言编译系统都提供了一批库函数,不同的编译系统所提供的库函数的数目和函数名以及函数功能是不完全相同的。ANSI C 标准提出了一批建议提供的标准库函数,它包括了目前多数 C 语言编译系统所提供的库函数,但也有一些是某些 C 语言编译系统未曾实现的。考虑到通用性,本书列出 ANSI C 标准建议提供的、常用的部分库函数。对于多数 C 语言编译系统,可以使用这些函数的绝大部分。由于 C 语言库函数的种类和数目很多(例如,还有屏幕和图形函数、时间日期函数、与系统有关的函数等,每类函数又包括各种功能的函数),限于篇幅,本附录不能全部介绍,只从教学需要的角度列出最基本的函数。读者在编制 C 语言程序时可能要用到更多的函数,请查阅所用系统的手册。

1. 数学函数

在使用数学函数时应该使用 #include"math.h" 把 math.h 包含到源程序文件中。数学函数表如表 D.1 所示。

表 D.1 数学函数表

函数名	函数类型和形参类型	功能	返回值	说明
acos	double acos (x) double x;	计算 $\cos^{-1}(x)$ 的值	计算结果	x 应在 $-1 \sim 1$ 范围内
asin	double asin (x) double x;	计算 $\sin^{-1}(x)$ 的值	计算结果	x 应在 $-1 \sim 1$ 范围内
atan	double atan (x) double x;	计算 $\tan^{-1}(x)$ 的值	计算结果	
atan2	double atan2 (x,y) double x,y;	计算 $\tan^{-1}(x/y)$ 的值	计算结果	
cos	double cos (x) double x;	计算 $\cos(x)$ 的值	计算结果	x 的单位为弧度
cosh	double cosh (x) double x;	计算 x 的双曲余弦 $\mathrm{ch}(x)$ 的值	计算结果	
exp	double exp (x) double x;	求 e^x 的值	计算结果	
fabs	double fabs (x) double x;	求 x 的绝对值	计算结果	

续表

函数名	函数类型和形参类型	功　能	返　回　值	说　明
floor	double floor(x) double x;	求不大于 x 的最大整数	该整数的双精度实数	
fmod	double fmod(x,y) double x,y;	求整除 x/y 的余数	返回余数的双精度实数	
frexp	double frexp(val, eptr) double val; int *eptr;	把双精度数 val 分解为数字部分(尾数)x 和以 2 为底的指数 n，即 $val=x*2^n$，n 存放在 eptr 指向的变量中	返回数字部分 x，$0.5 \leqslant x < 1$	
log	double log(x) double x;	求 $\log_e x$，即 $\ln x$	计算结果	
log10	double log10(x) double x;	求 $\log_{10} x$	计算结果	
modf	double modf(val,iptr) double val; double *iptr;	把双精度数 val 分解为整数部分和小数部分，把整数部分存到 iptr 指向的单元	val 的小数部分	
pow	double pow(x,y) double x,y;	计算 x^y 的值	计算结果	
sin	double sin(x) double x;	计算 $\sin(x)$ 的值	计算结果	x 的单位为弧度
sinh	double sinh(x) double x;	计算 x 的双曲正弦函数 $sh(x)$ 的值	计算结果	
sqrt	double sqrt(x) double x;	计算 $\sqrt{x}$ 的值	计算结果	$x \geqslant 0$
tan	double tan(x) double x;	计算 $\tan(x)$ 的值	计算结果	x 的单位为弧度
tanh	double tanh(x) double x;	计算 x 的双曲正切函数 $th(x)$ 的值	计算结果	

2. 字符函数和字符串函数

ANSI C 标准要求在使用字符串函数时要包含头文件 string.h，在使用字符函数时要包含文件 ctype.h。有的 C 语言编译不遵循 ANSI C 标准的规定而用其他名称的头文件，请用户在使用时查阅有关手册。字符和字符串函数如表 D.2 所示。

表 D.2　字符和字符串函数表

函数名	函数和形参类型	功　能	返　回　值	包含文件
isalnum	int isalnum(ch) int ch;	检查 ch 是否为字母或数字	是字母或数字返回 1，否则返回 0	ctype.h
isalpha	int isalpha(ch) int ch;	检查 ch 是否为字母	是，返回 1；不是，则返回 0	ctype.h

续表

函数名	函数和形参类型	功　　能	返　回　值	包含文件
iscntrl	int　iscntrl (ch) int　ch;	检查 ch 是否为控制字符（其 ASCII 码在 0 和 0x1F 之间）	是,返回1;不是,则返回 0	ctype.h
isdigit	int　isdigit (ch) int　ch;	检查 ch 是否为数字(0~9)	是,返回1;不是,则返回 0	ctype.h
isgraph	int　isgraph (ch) int　ch;	检查 ch 是否为可打印字符（其 ASCII 码在 0x21 到 0x71 之间），不包括空格	是,返回1;不是,则返回 0	ctype.h
islower	int　islower(ch) int　ch;	检查 ch 是否为小写字母(a~z)	是,返回1;不是,则返回 0	ctype.h
isprint	int　isprint (ch) int　ch;	检查 ch 是否为可打印字符（包括空格），其 ASCII 码在 0x20 到 0x7E 之间	是,返回1;不是,则返回 0	ctype.h
ispunct	int　ispunct (ch) int　ch;	检查 ch 是否为标点字符（不包括空格），即除字母、数字和空格以外的所有可打印字符	是,返回1;不是,则返回 0	ctype.h
isspace	int　isspace (ch) int　ch;	检查 ch 是否为空格、跳格符(制表符)或换行符	是,返回1;不是,则返回 0	ctype.h
isupper	int　isupper (ch) int　ch;	检查 ch 是否为大写字母(A~Z)	是,返回1;不是,则返回 0	ctype.h
isxdigit	int　isxdigit(ch) int　ch;	检查 ch 是否为一个十六进制数学字符（即 0~9,或 A~F,或 a~f)	是,返回1;不是,则返回 0	ctype.h
strcat	char　* strcat(str1,str2) char　* str1, * str2;	把字符串 str2 接到 str1 后面,str1 最后面的'\0'被取消	str1	string.h
strchr	char　* strchr(str,ch) char　* str; int　ch;	找出指针 str 指向的字符串中第一次出现字符 ch 的位置	返回指向该位置的指针,如找不到,则返回空指针	string.h
strcmp	int　strcmp(str1,str2) char　* str1, * str2;	比较 str1、str2 两个字符串	str1<str2,返回负数; str1 = str2,返回 0; str1>str2,返回正数	string.h
strcpy	char　* strcpy(str1,str2) char　* str1, * str2	把指针 str2 指向的字符串复制到 str1 中	返回 str1	string.h
strlen	unsigned int　strlen(str) char * str;	统计字符串 str 中字符的个数(不包括终止符'\0')	返回字符的个数	string.h
strstr	char　* strstr(str1,str2) char　* str1, * str2;	找出 str2 字符串在 str1 字符串中第一次出现的位置（不包括 str2 的串结束符）	返回该位置的指针。如果找不到,返回空指针	string.h

续表

函数名	函数和形参类型	功能	返回值	包含文件
tolower	int tolower(ch) int ch;	将ch字符转换为小写字母	返回ch所代表的字符的小写字母	ctype.h
toupper	int toupper(ch) int ch;	将ch字符转换为大写字母	与ch对应的大写字母	ctype.h

3. 输入/输出函数

凡用以下输入/输出函数，应该使用#include"stdio.h"把stdio.h头文件包含到源程序文件中。输入/输出函数及文件操作函数表如表D.3所示。

表 D.3　输入/输出函数及文件操作函数表

函数名	函数和形参类型	功能	返回值	说明
clearer	void clearer(fp) FILE *fp;	清除文件指针错误	无	
close	int close(fp) int fp;	关闭文件	关闭成功返回0，不成功返回-1	非ANSI标准函数
creat	int creat(filename,mode) char *filename; int mode;	以mode所指定的方式建立文件	成功则返回正数，否则返回-1	非ANSI标准函数
eof	int eof(fd) int fd;	检查文件是否结束	遇文件结束符返回1；否则返回0	非ANSI标准函数
fclose	int fclose(fp) FILE *fp;	关闭指针fp所指的文件，释放文件缓冲区	有错则返回非0，否则返回0	
feof	int feof(fp) FILE *fp;	检查文件是否结束	遇文件结束符返回非零值，否则返回0	
fgetc	int fgetc(fp) FILE *fp;	从指针fp所指定的文件中取得下一个字符	返回所得到的字符。若读入出错，返回EOF	
fgets	char *fgets(buf,n,fp) char *buf; int n; FILE *fp;	从指针fp指向的文件读取一个长度为n-1的字符串，存入起始地址为buf的空间	返回地址buf，若遇文件结束或出错，返回NULL	
fopen	FILE *fopen(filename,mode) char *filename,*mode;	以mode指定的方式打开名为filename的文件	成功则返回一个文件指针（文件信息区的起始地址），否则返回0	
fprintf	int fprintf(fp,format,args,…) FILE *fp; char *format;	把args的值以format指定的格式输出到指针fp所指定的文件中	实际输出的字符数	
fputc	int fputc(ch,fp) char ch; FILE *fp;	将字符ch输出到指针fp指向的文件中	成功则返回该字符；否则返回EOF	

续表

函数名	函数和形参类型	功 能	返 回 值	说 明
fputs	int fputs(str,fp) char * str; FILE * fp;	将指针 str 指向的字符串输出到指针 fp 所指定的文件	返回0,若出错返回非0	
fread	int fread(pt,size,n,fp) char * pt; unsigned size; unsigned n; FILE * fp;	从指针 fp 所指定的文件中读取长度为 size 的 n 个数据项,存到指针 pt 所指向的内存区	返回所读的数据项个数,如遇文件结束或出错返回0	
fscanf	int fscanf (fp,format,args,…) FILE * fp; char format;	从指针 fp 指定的文件中按 format 给定的格式将输入数据送到 args 所指向的内存单元(args 是指针)	已输入的数据个数	
fseek	int fseek (fp,offset,base) FILE * fp; long offset; int base;	将指针 fp 所指向的文件的位置指针移到以 base 所指出的位置为基准、以 offset 为位移量的位置	返回当前位置,否则返回 −1	
ftell	long ftell(fp) FILE * fp;	返回指针 fp 所指向的文件中的读/写位置	返回指针 fp 所指向的文件中的读/写位置	
fwrite	int fwrite (ptr,size,n,fp) char * ptr; unsigned size; unsigned n; FILE * fp;	把指针 ptr 所指向的 n*size 字节输出到指针 fp 所指向的文件中	写到指针 fp 文件中的数据项的个数	
getc	int getc(fp) FILE * fp;	从指针 fp 所指向的文件中读入一个字符	返回所读的字符。若文件结束或出错,返回 EOF	
getchar	int getchar()	从标准输入设备读取下一个字符	所读字符。若文件结束或出错,返回−1	
getw	int getw(fp) FILE * fp;	从指针 fp 所指向的文件读取下一个字(整数)	输入的整数。如文件结束或出错,返回−1	非 ANSI 标准函数
open	int open (filename,mode) char * filename; int mode;	以 mode 指出的方式打开已存在的名为 filename 的文件	返回文件号(正整数)。如打开失败,返回−1	非 ANSI 标准函数
printf	int printf (format,args,…) char * format;	将输出表列 args 的值输出到标准输出设备	输出字符的个数。若出错,返回负数	format 可以是一个字符串,或字符数组的起始地址

续表

函数名	函数和形参类型	功能	返回值	说明
putc	int putc(ch,fp) int ch; FILE * fp;	把一个字符 ch 输出到指针 fp 所指的文件中	输出的字符 ch。若出错,返回 EOF	
putchar	int putchar(ch) char ch;	把字符 ch 输出到标准输出设备	输出的字符 ch。若出错,返回 EOF	
puts	int puts(str) char * str;	把指针 str 指向的字符串输出到标准输出设备,将'\0'转换为回车换行	返回换行符。若失败,返回 EOF	
putw	int putw(w,fp) int w; FILE * fp;	将一个整数 w(即一个字)写到指针 fp 指向的文件中	返回输出的整数。若出错,返回 EOF	非 ANSI 标准函数
read	int read(fd,buf,count) int fd; char * buf; unsigned count;	从文件号 fd 所指示的文件中读 count 字节到由 buf 指示的缓冲区中	返回真正读入的字节数。如遇文件结束返回 0,出错返回 -1	非 ANSI 标准函数
rename	int rename (oldname,newname) char * oldname, * newname;	把由 oldname 所指的文件名改为由 newname 所指的文件名	成功返回 0,出错返回 -1	
rewind	void rewind(fp) FILE * fp;	将指针 fp 指示的文件中的位置指针置于文件开头位置,并清除文件结束标志和错误标志	无	
scanf	int scanf (format,args,…) char * format;	从标准输入设备按指针 format 指向的格式字符串规定的格式输入数据给 args 所指向的单元	读入并赋给 args 的数据个数。遇文件结束返回 EOF,出错返回 0	args 为指针
write	int write(fd,buf,count) int fd; char * buf; unsigned count;	从指针 buf 指示的缓冲区输出 count 字节到 fd 所标志的文件中	返回实际输出的字节数。如出错返回 -1	非 ANSI 标准函数

4. 动态存储分配函数

ANSI 标准建议设 4 个有关动态存储分配的函数,即 calloc()、malloc()、free()、realloc()函数。实际上,许多 C 语言编译系统实现时往往增加了其他一些函数。ANSI 标准建议在 stdlib.h 头文件中包含有关的信息,但许多 C 语言编译要求用 malloc.h 而不是 stdlib.h。读者在使用时应查阅有关手册。

ANSI 标准要求动态分配系统返回 void 指针。void 指针具有一般性,它们可以指向任何类型的数据。目前,绝大多数 C 语言编译所提供的这类函数都返回 char 指针。无论是以上两种情况的哪一种,都需要用强制类型转换的方法把 char 指针转换成所需的类型。存储分配和回收函数表如表 D.4 所示。

表 D.4 存储分配和回收函数表

函数名	函数和形参类型	功　　能	返　回　值
calloc	void（或 char）　* calloc(n,size) unsigned　n; unsigned　size;	分配 n 个数据项的连续内存空间,每个数据项的大小为 size	分配内存单元的起始地址。如果不成功,则返回 0
free	void　free(p) void(或 char)　* p	释放指针 p 所指的内存区	无
malloc	void(或 char) * malloc(size) unsigned　size;	分配 size 字节的存储区	所分配的内存区地址。如果内存不够,则返回 0
realloc	void(或 char)　* realloc(p,size) void(或 char)　* p; unsigned　size;	将指针 f 所指出的已分配内存区的大小改为 size。size 可以比原来分配的空间大或小	返回指向该内存区的指针

参 考 文 献

[1] 李向阳.研究式学习——C语言程序设计[M].北京:中国铁道出版社,2005.
[2] 方娇莉,李向阳.研究式学习——C语言程序设计[M].2版.北京:中国铁道出版社,2010.
[3] 谭浩强.C语言程序设计[M].3版.北京:清华大学出版社,2005.
[4] 何钦铭,颜辉.C语言程序设计[M].北京:高等教育出版社,2008.